PROFESSIONAL ENGINEER SOIL MECHANICS FOUNDATION

| 최신판 |

토질및기초 기술사

수험 요령 및 핵심문제 풀이

최정식 저

이 책의 구성

Prologue _수험 요령

Chapter _핵심문제 풀이
01 흙의 성질 | 02 투수 | 03 압밀 | 04 전단 | 05 토압/막이 | 06 기초 | 07 연약지반
08 사면/조사 | 09 진동/암반 | 10 터널

Appendix _토질및기초기술사 필기시험 동향분석(2023 최신 기출 반영)

| 최신판 |

토질및기초 기술사

수험 요령 및 핵심문제 풀이

최정식 저

머리말

토질및기초기술사 자격증을 손에 쥐려면 오랜 공부와 기다림보다는 간절함과 수험자 환경에 맞춘 효율적인 전략 수립이 필요하다.

『토질및기초기술사』 수험자 대부분은 직장생활, 외부활동 등을 병행하며 어렵게 개인시간을 할애하여 평일 밤, 주말 등을 이용해 힘들게 수험생활을 하고 있을 것으로 생각합니다.

본 저자도 마찬가지로 직장생활을 하고 가장으로서의 역할도 수행하며 기술사 수험생활을 하였습니다. 그 과정에서 어떻게 하면 **"목표하는 기간 내에 기술사를 취득할 수 있을까?"** 라는 고민을 수없이 하며 수험생활의 최종 목표로서 시험장에 가서 1교시 10문제, 2~4교시 4문제씩 합격수준의 답안을 제한시간 내에 작성하기 위한 방법을 모색하였습니다.

독자분들의 수험생활에 효과적인 도움을 위해 각 챕터별로 본서에 나오는 기준, 이론 등의 방대한 내용을 전부 기술하지 않고, **실제 시험시간 안에 작성 가능한 핵심사항 위주의 중요 필수문제에 대한 답안을 제시**하는 바입니다. 풀이 답안은 본 저자가 단답형은 1문제당 9분, 서술형은 1문제당 23분 이내로 각각 작성한 사항입니다.

토질및기초기술사 필기시험에 합격하는 데 직장생활을 병행한다면 통상적으로 짧게는 1년, 길게는 5년 이상의 시간이 걸린다고 합니다. 수험기간이 길어질수록 당연히 심신이 지쳐서 합격할 수 있는 확률은 감소하고, 가족들과 함께 행복한 시간을 보낼 수 있는 기회도 줄어들게 됩니다.

기술사라는 명예와 영광을 얻기 위해서는 되도록 **개인이 목표하는 기간 안에 필기합격을 하는 것이 중요**하다고 생각합니다. 그래서 본 수험서를 공부하는 수험자께 도움이 되고자 **수험생활의 Know-how, 효과적인 답안 작성을 위한 방법 등을 기술**하였습니다.

본 저자는 도전의 첫째 분야인 토목시공기술사 필기시험은 2번 만에 합격하였고[면접은 1번 응시 합격(2015년 취득)], 둘째 분야인 토질및기초기술사 필기시험은 1번 만에 합격(68.0점) 하였으며[면접은 1번 응시 합격(2019년 취득)], 셋째 분야인 지질및지반기술사도 1번 만에 합격하였습니다[면접은 2번 응시 합격(2020년 취득)].

PREFACE

세 번의 기술사 필기합격의 시험 응시 횟수 목표는 모두 6개월 이내(필기 2번 응시)였습니다. 불가능해 보였지만 스스로 떳떳하게 요령 없이 목표를 위해 꾸준히 노력하였고 직장생활 및 가장역할을 동시에 문제 없이 수행하며 얻은 결과이기에 더욱 값지다고 생각합니다.

그리고 기술사 수험생활을 시작하기 전에 가족들과 상의하여 수험생활 시작을 위한 동의를 구하는 것이 중요하다고 생각합니다. 저는 수험기간 동안 아내가 육아를 맡으며 내조를 해준 덕에 쉽게 공부를 할 수 있었습니다.

이 수험서를 집필하며 어떻게 하면 이 책으로 공부하는 수험자 본인이 목표로 하는 기간 내에 합격할 수 있을지 많은 고민을 하였습니다. 그래서 답안 작성에 효과적인 도움이 될 수 있도록 다음과 같은 사항을 중점적으로 집필하였습니다.

[이 책의 핵심사항]

① 기술사 수험생활 관리를 위한 Know-how
② 실제 기출된 각 챕터별 중요 문제를 엄선하여 답안 작성 요령 공개
③ 실제 시험 시 답안 작성 완료를 위한 시간관리 방법
④ 복잡한 기준, 그래프 등을 나만의 것으로 요약·작성하는 방법
⑤ 암기가 아닌 이해를 위주로 하는 답안 작성방법

이 책은 토질및기초기술사 **수험생활을 시작하는 수험자**에게는 공부시간 계획 요령, 막연한 답안 작성의 실체적 기술 등의 학습에 좋고, 토질및기초기술사 **이론을 공부 중인 수험자**에게는 수험생활의 점검, 본인만의 답안 작성과의 비교 등에 좋고, **이론 공부 후 합격을 앞둔 수험자**에게는 본인만의 답안 마무리 검토 측면에 도움이 될 수 있다고 추천드리고 싶습니다.

부디 이 책으로 공부하는 모든 토질및기초기술사 수험생이 학습에 대한 긍정적이고 희망적인 영감을 받아 도중에 포기하지 않고 합격의 영광을 얻기를 진심으로 기원합니다.

마지막으로 이 책을 출판하기까지 물심양면 도와주신 예문사 정용수 사장님과 직원들에게 진심으로 감사드리며, 사랑하는 어머니, 아내와 두 아이에게 모든 영광을 돌립니다.

저 자 올림

시험 정보

토질및기초기술사 수험자를 위한 참고자료(출처 : 한국산업인력공단 Q-net)

1 국가자격 종목별 상세정보

- 자격명 : 토질및기초기술사
- 영문명 : Professional Engineer Soil Mechanics Foundation
- 관련부처 : 국토교통부
- 시행기관 : 한국산업인력공단

- 기본정보

[개요]
토목건설에 있어서 각종 토목구조물이 대형화됨에 따라 토질 및 기초공학 분야의 중요성이 강조되고 있으며, 토질과 지반에 대한 물리적 특성과 역학적 특성을 구하여 안정된 구조물의 기초를 제공할 수 있는 고도의 전문 인력을 양성하기 위하여 자격제도 제정

[변천과정]

'74.10.16. 대통령령 제7283호	'91.10.31. 대통령령 제13494호	현재
토목기술사(토질및기초)	토질및기초기술사	토질및기초기술사

[수행직무]
토질 및 기초분야에 관한 고도의 전문지식과 실무경험에 입각하여 흙과 암석의 중요한 성질들을 과학적으로 연구·분석하고 기초, 토류구조물 및 지하구조물의 설계, 시공 평가 및 감리 등 기술 업무를 수행

[실시기관 홈페이지]
http://www.q-net.or.kr

[실시기관명]
한국산업인력공단

[진로 및 전망]
일반건설회사와 전문건설회사, 감리전문회사에 취업할 수 있으며, 그 밖에 엔지니어링 회사와 측량회사 또는 품질검사전문기관, 유지관리회사, 건설교육기관 등에 진출할 수 있다. 모든 토목 구조물과 자연구조까지도 지반 위나 지반 속에 존재하여 지지된다는 점에서 토질 및 기초분야는 매우 중요한 기술이다. 현대에 이르러 중량화된 구조물들의 형상과 기능이 다양하고 복잡하며 정밀해짐에 따라 고도로 전문화된 토질 및 기초분야에 관심이 높아지고 있다. 또한 대만, 일본 등 여러 나라가 지진으로 인하여 많은 인명 및 재산 피해가 속출하고 있어 우리나라에서도 내진 설계에 대한 중요성이 날로 증가되고 있다.

우리나라의 토질 및 기초분야는 연구투자부족과 기술개발에 대한 인식부족 등 연구환경이 미흡하여 기술수준이 선진국에 비하여 매우 낮은 수준으로 평가되고 있어 향후 지반환경, 지반보강, 지반조사 시험계측 등에 연구투자가 증대되는 등 토질및기초기술사 자격취득자에 대한 인력수요는 증가할 것이다. 이와 더불어 토질 및 기초기술사는 고급지반공학 기술을 수용하여 급변하는 주변 환경에 대처할 수 있는 능력을 함양해야 한다.

[토질및기초기술사 합격현황 통계 Chart]

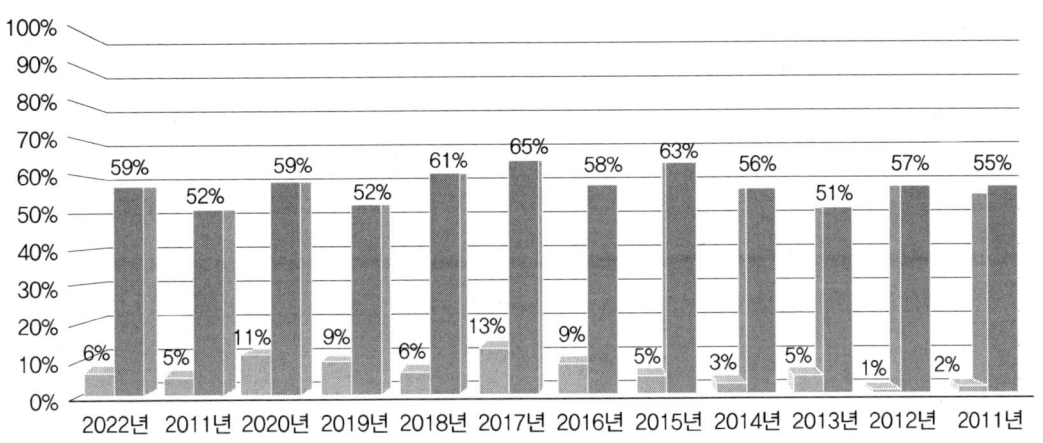

시험 정보

[토질및기초기술사 검정현황표]

연도	필기			실기		
	응시	합격	합격률(%)	응시	합격	합격률(%)
소계	27,580	1,615	5.9%	2,709	1,662	61.4%
2022	960	53	5.5%	157	92	58.6%
2021	979	51	5.2%	134	70	52.2%
2020	802	90	11.2%	157	92	58.6%
2019	823	77	9.4%	134	70	52.2%
2018	861	55	6.4%	107	65	60.7%
2017	793	102	12.9%	144	93	64.6%
2016	742	64	8.6%	90	52	57.8%
2015	713	37	5.2%	60	38	63.3%
2014	772	25	3.2%	64	36	56.3%
2013	822	42	5.1%	55	28	50.9%
2012	1,169	15	1.3%	30	17	56.7%
2011	1,347	26	1.9%	47	26	55.3%
2010	1,282	29	2.3%	52	33	63.5%
2009	1,231	46	3.7%	144	72	50%
2008	1,133	27	2.4%	86	39	45.3%
2007	1,068	43	4%	88	55	62.5%
2006	1,003	34	3.4%	81	36	44.4%
2005	910	15	1.6%	42	20	47.6%
2004	1,070	36	3.4%	74	39	52.7%
2003	981	50	5.1%	87	38	43.7%
2002	951	35	3.7%	75	49	65.3%
2001	981	56	5.7%	111	57	51.4%
1977~2000	6,187	607	9.8%	794	598	75.3%

② 토질및기초기술사 자격취득자에 대한 법령상 우대현황

- 본 자료는 종목별 국가기술자격 취득자 우대 법령을 자체 조사한 자료임
- 본 자료는 2020년 하반기에 법제처(www.law.go.kr) 홈페이지를 통해 조사하였으며, 법령 개정 시점 등에 따라 변경된 내용이 미반영될 수 있음
- 법령별 세부 우대현황에 대한 적용은 관련법령을 담당하는 부처 유권해석에 따름

[토질및기초기술사 우대현황]

우대법령	조문내역	활용내용
건설기술 진흥법 시행령	제101조의2 가설구조물의 구조적 안정성 확인	가설구조물의 구조적 안정성 확인 관계전문가기준
건설기술 진흥법 시행령	제4조 건설기술인의 범위(별표1)	건설기술인의 범위
건설산업기본법 시행령	제34조 하도급계약의 적정성 심사 등	하도급계약금액이 미달하는 경우
건설산업기본법 시행령	제35조 건설기술인의 현장배치기준 등(별표5)	공사예정금액의 규모별 건설기술인 배치기준
건축물관리법 시행령	제21조 건축물 해체의 신고 대상 건축물 등(별표2의2)	등록하여야 하는 기술사의 직무의 종류 및 범위
건축법 시행령	제91조의3 관계전문기술자와의 협력	건축물에 건축설비를 설치하는 경우 협력해야 하는 관계전문기술자의 자격
고압가스 안전관리법 시행령	제23조의2 가스기술기준위원회 위원의 선임 등	가스기술기준위원회 위원의 선임자격
공무원수당 등에 관한 규정	제14조 특수업무수당(별표11)	특수업무수당 지급
공무원임용시험령	제27조 경력경쟁채용시험등의 응시자격 등(별표7, 별표8)	경력경쟁채용시험등의 응시
공무원임용시험령	제31조 자격증 소지자 등에 대한 우대 (별표12)	6급 이하 공무원채용시험 가산대상 자격증
공연법 시행령	제10조의4 무대예술 전문인 자격검정의 응시기준(별표2)	무대예술 전문인 자격검정의 등급별 응시기준
공직자윤리법 시행령	제34조 취업승인	관할 공직자윤리위원회가 취업승인을 하는 경우
공직자윤리법의 시행에 관한 대법원규칙	제37조 취업승인 신청	퇴직공직자의 취업승인요건

시험 정보

우대법령	조문내역	활용내용
공직자윤리법의 시행에 관한 헌법재판소규칙	제20조 취업승인	퇴직공직자의 취업승인요건
광업법 시행령	제11조 현장조사를 하지 아니할 수 있는 사유	현장조사를 안 할 수 있는 사유
교육감 소속 지방공무원 평정규칙	제23조 자격증 등의 가산점	5급 이하 공무원, 연구사 및 지도사 관련 가점사항
국가공무원법	제36조의2 채용시험의 가점	공무원채용시험 응시가점
국가과학기술 경쟁력 강화를 위한 이공계지원 특별법	제16조 기업 등의 이공계인력의 활용 지원	기술사자격 취득자에 대해 재정 지원 또는 세금감면 등 지원
국가과학기술 경쟁력 강화를 위한 이공계지원 특별법 시행령	제20조 연구기획평가사의 자격시험	연구기획평가사 자격시험 일부면제자격
국가과학기술 경쟁력 강화를 위한 이공계지원 특별법 시행령	제2조 이공계인력의 범위 등	이공계지원 특별법 해당자격
국가과학기술 경쟁력 강화를 위한 이공계지원 특별법 시행령	제6조 실태조사의 시기 및 방법 등	이공계분야의 박사학위를 취득한 사람 및 주요 이공계인력자격
군무원인사법 시행령	제10조 경력경쟁채용 요건	경력경쟁채용시험으로 신규 채용할 수 있는 경우
군인사법 시행규칙	제14조 부사관의 임용	부사관 임용자격
군인사법 시행령	제44조 전역 보류(별표2, 별표5)	전역 보류자격
근로자직업능력 개발법 시행령	제27조 직업능력개발훈련을 위하여 근로자를 가르칠 수 있는 사람	직업능력개발훈련교사의 정의
근로자직업능력 개발법 시행령	제28조 직업능력개발훈련교사의 자격취득(별표2)	직업능력개발훈련교사의 자격
근로자직업능력 개발법 시행령	제38조 다기능기술자과정의 학생선발 방법	다기능기술자과정 학생선발방법 중 정원 내 특별전형
근로자직업능력 개발법 시행령	제42조 교원 등의 자격(별표4)	기능대학교원자격
근로자직업능력 개발법 시행령	제44조 교원 등의 임용	교원임용 시 자격증 소지자에 대한 우대

우대법령	조문내역	활용내용
기술사법	제6조 기술사사무소의 개설등록 등	합동사무소 개설 시 요건
기술사법 시행령	제19조 합동기술사사무소의 등록기준 등(별표1)	합동사무소구성원 요건
기술심리관규칙	제2조 기술심리관의 자격	기술심리관의 자격
기술의 이전 및 사업화 촉진에 관한 법률 시행령	제16조 기술거래기관의 지정기준 등	기술거래기관에 필요한 인력기준
기술의 이전 및 사업화 촉진에 관한 법률 시행령	제19조의2 사업화 전문회사의 지정기준 등	전담인력 및 시설 등 대통령령으로 정하는 기준
기술의 이전 및 사업화 촉진에 관한 법률 시행령	제21조 기술거래사의 자격 등	대통령령으로 정하는 기술거래의 경력 및 자격 등의 기준
기술의 이전 및 사업화 촉진에 관한 법률 시행령	제32조 기술평가기관의 지정기준 등	기술평가를 위한 전담인력 및 관리조직 등 대통령령으로 정하는 기준을 갖춘 기관의 인력기준
기초연구진흥 및 기술개발지원에 관한 법률 시행규칙	제2조 기업부설연구소 등의 연구시설 및 연구전담요원에 대한 기준	연구전담요원의 자격기준
독학에 의한 학위취득에 관한 법률 시행규칙	제4조 국가기술자격 취득자에 대한 시험면제 범위 등	같은 분야 응시자에 대해 교양과정 인정시험, 전공기초과정 인정시험 및 전공심화과정 인정시험 면제
목재의 지속가능한 이용에 관한 법률	제31조 기술인력의 양성	임업직공무원의 채용 및 경력산정 시 가점
목재의 지속가능한 이용에 관한 법률 시행령	제28조 목구조기술자 자격의 종류와 자격요건 등(별표5)	목구조기술자 자격의 종류와 자격요건
문화산업진흥 기본법 시행령	제26조 기업부설창작연구소 등의 인력·시설 등의 기준	기업부설창작연구소의 창작전담요원 인력기준
방위사업법	제6조 청렴서약제 및 옴부즈만제도	옴부즈만이 될 수 있는 자의 자격
법원공무원규칙	제19조 경력경쟁채용시험 등의 응시요건 등(별표5의1, 2)	경력경쟁시험의 응시요건
산업디자인진흥법 시행령	제4조 연구 및 진흥사업의 참여기관 등	연구 및 진흥사업 참여기관 범위
산업안전보건법 시행규칙	제43조 유해위험방지계획서의 건설안전분야 자격 등	유해위험방지계획서의 건설안전분야 자격
산업안전보건법 시행령	제58조 설계변경 요청 대상 및 전문가의 범위	설계변경 요청 대상 및 전문가의 범위
산지관리법 시행령	제28조 중앙산지관리위원회의 구성	중앙산지관리위원회 위원자격

시험 정보

우대법령	조문내역	활용내용
산지관리법 시행령	제31조 지방산지관리위원회의 설치 · 운영 등	지방산지관리위원회 위원자격
선거관리위원회공무원 규칙	제89조 채용시험의 특전(별표15)	6급 이하 공무원채용시험에 응시하는 경우 가산
선거관리위원회공무원 평정규칙	제23조 자격증의 가점(별표5)	자격증 소지자에 대한 가점평정
소재 · 부품전문기업 등의 육성에 관한 특별조치법 시행령	제14조 소재 · 부품기술개발전문기업의 지원기준 등	소재 · 부품기술개발전문기업의 기술개발 전담요원
소프트웨어산업 진흥법 시행령	제14조의2 소프트웨어사업과업변경 심의위원회의 구성	과업변경심의위원회의 위원
수도법 시행규칙	제12조 수도시설관리자의 자격	수도시설관리자의 자격
엔지니어링산업 진흥법	제13조 엔지니어링전문인력의 양성 등	기술사 등 엔지니어링의 전문적인 기술 또는 기능을 보유한 인력에 대한 정부지원
엔지니어링산업 진흥법 시행령	제33조 엔지니어링사업자의 신고 등 (별표3)	엔지니어링활동 주체의 신고기술인력
엔지니어링산업 진흥법 시행령	제4조 엔지니어링기술자(별표2)	엔지니어링기술자의 범위
여성과학기술인 육성 및 지원에 관한 법률 시행령	제2조 정의	여성과학기술인의 해당요건
연구직 및 지도직공무원의 임용 등에 관한 규정	제12조 전직시험의 면제(별표2의5)	연구직 및 지도직공무원경력경쟁채용 등과 전직을 위한 자격증구분 및 전직시험이 면제되는 자격증구분표
연구직 및 지도직공무원의 임용 등에 관한 규정	제26조의2 채용시험의 특전(별표6, 별표7)	연구사 및 지도사공무원채용시험 시 가점
연구직 및 지도직공무원의 임용 등에 관한 규정	제7조의2 경력경쟁채용시험 등의 응시자격	경력경쟁채용시험 등의 응시자격
유해 · 위험작업의 취업 제한에 관한 규칙	제3조 자격 · 면허 등이 필요한 작업의 범위 등(별표1)	자격 · 면허 · 경험 또는 기능이 필요한 작업 및 해당 자격 · 면허 · 경험 또는 기능
유해 · 위험작업의 취업 제한에 관한 규칙	제4조 자격취득 등을 위한 교육기관 (별표1의2)	지정교육기관의 인력기준
재해경감을 위한 기업의 자율활동 지원에 관한 법률 시행령	제11조 계획 수립 대행자 등록요건 등 (별표4)	계획 수립 대행자 등록을 위한 기술인력요건

우대법령	조문내역	활용내용
전기사업법 시행규칙	제33조 전기설비검사자의 자격	전기설비검사자의 자격
전기사업법 시행규칙	제43조 전기안전관리자의 직무대행자의 지정요건	전기안전관리자의 직무대행자자격
전기사업법 시행규칙	제50조의3 중대한 사고의 통보·조사 (별표20)	사고조사자의 지정요건
중소기업 인력지원 특별법	제28조 근로자의 창업 지원 등	해당 직종과 관련 분야에서 신기술에 기반한 창업의 경우 지원
중소기업창업지원법 시행령	제20조 중소기업상담회사의 등록요건 (별표1)	중소기업상담회사가 보유하여야 하는 전문인력기준
중소기업창업지원법 시행령	제6조 창업보육센터사업자의 지원 (별표1)	창업보육센터사업자의 전문인력기준
지방공무원법	제34조의2 신규임용시험의 가점	지방공무원 신규임용시험 시 가점
지방공무원 수당 등에 관한 규정	제14조 특수업무수당(별표9)	특수업무수당 지급
지방공무원임용령	제17조 경력경쟁임용시험등을 통한 임용의 요건	경력경쟁시험등의 임용
지방공무원임용령	제55조의3 자격증 소지자에 대한 신규임용시험의 특전	6급 이하 공무원 신규 임용 시 필기시험 점수 가산
지방공무원평정규칙	제23조 자격증 등의 가산점	5급 이하 공무원연구사 및 지도사 관련 가점 사항
지방자치단체를 당사자로 하는 계약에 관한 법률 시행규칙	제7조 원가계산 시 단위당 가격의 기준	노임단가가산
지방자치법 시행령	제26조 감사청구심의회	감사청구심의회 위원자격
초고층 및 지하연계 복합건축물 재난관리에 관한 특별법 시행규칙	제2조 총괄재난관리자의 업무 및 자격	총괄재난관리자의 자격
해양환경관리법 시행규칙	제23조 오염물질저장시설의 설치·운영기준(별표10)	오염물질저장시설 설치 시 필요한 기술인력
해양환경관리법 시행규칙	제74조 업무대행자의 지정(별표28)	해양환경측정기기의 정도검사·성능시험·검정 업무 대행자 지정기준
해외건설촉진법 시행령	제5조 해외건설업의 업종 및 자격	해외건설업의 신고자격

시험 정보

우대법령	조문내역	활용내용
행정안전부 소관 비상대비자원 관리법 시행규칙	제2조 인력자원의 관리 직종(별표)	인력자원 관리 직종
헌법재판소공무원규칙	제14조 경력경쟁채용의 요건(별표3)	동종 직무에 관한 자격증 소지자에 대한 경력경쟁채용
헌법재판소 공무원 수당 등에 관한 규칙	제6조 특수업무수당(별표2)	특수업무수당 지급구분표
헌법재판소 공무원 평정규칙	제23조 자격증가점(별표4)	5급 이하 및 기능직공무원 자격증 취득자 가점평정
환경분야 시험·검사 등에 관한 법률 시행규칙	제10조 검사기관의 지정 등(별표6)	환경측정기기 검사기관의 기술능력·시설 및 장비의 세부기준
환경영향평가법 시행규칙	제17조 관리책임자 자격기준(영 별표5)	관리책임자의 자격기준
환경영향평가법 시행령	제68조 환경영향평가업의 등록(별표5)	환경영향평가업의 등급별 기술인력
국가기술자격법	제14조 국가기술자격 취득자에 대한 우대	국가기술자격 취득자 우대
국가기술자격법 시행규칙	제21조 시험위원의 자격 등(별표16)	시험위원의 자격
국가기술자격법 시행령	제27조 국가기술자격 취득자의 취업 등에 대한 우대	공공기관 등 채용 시 국가기술자격 취득자 우대
국가를 당사자로 하는 계약에 관한 법률 시행규칙	제7조 원가계산을 할 때 단위당 가격의 기준	노임단가의 가산
국외유학에 관한 규정	제5조 자비유학자격	자비유학자격
국회인사규칙	제20조 경력경쟁채용 등의 요건	동종 직무에 관한 자격증 소지자에 대한 경력경쟁채용
군무원인사법 시행규칙	제16조 시험과목의 일부 면제 등	임용예정직급과 관련 시 관련 자격면허 시험에 대한 면제
군무원인사법 시행규칙	제18조 채용시험의 특전	채용시험의 특전
군무원인사법 시행규칙	제27조 가산점(별표6)	군무원 승진 관련 가산점
목재의 지속가능한 이용에 관한 법률 시행규칙	제27조 목구조기술자 자격증의 발급절차(영 별표5)	목구조기술자 자격의 종류와 자격요건
비상대비자원관리법	제2조 대상자원의 범위	비상대비자원의 인력자원범위

3 기술사 응시자격

등급	응시자격
기술사	다음 각 호의 어느 하나에 해당하는 사람 1. 기사 자격을 취득한 후 응시하려는 종목이 속하는 직무분야(고용노동부령으로 정하는 유사 직무분야를 포함한다. 이하 "동일 및 유사 직무분야"라 한다)에서 4년 이상 실무에 종사한 사람 2. 산업기사 자격을 취득한 후 응시하려는 종목이 속하는 동일 및 유사 직무분야에서 5년 이상 실무에 종사한 사람 3. 기능사 자격을 취득한 후 응시하려는 종목이 속하는 동일 및 유사 직무분야에서 7년 이상 실무에 종사한 사람 4. 응시하려는 종목과 관련된 학과로서 고용노동부장관이 정하는 학과(이하 "관련학과"라 한다)의 대학졸업자등으로서 졸업 후 응시하려는 종목이 속하는 동일 및 유사 직무분야에서 6년 이상 실무에 종사한 사람 5. 응시하려는 종목이 속하는 동일 및 유사직무분야의 다른 종목의 기술사 등급의 자격을 취득한 사람 6. 3년제 전문대학 관련학과 졸업자등으로서 졸업 후 응시하려는 종목이 속하는 동일 및 유사 직무분야에서 7년 이상 실무에 종사한 사람 7. 2년제 전문대학 관련학과 졸업자등으로서 졸업 후 응시하려는 종목이 속하는 동일 및 유사 직무분야에서 8년 이상 실무에 종사한 사람 8. 국가기술자격의 종목별로 기사의 수준에 해당하는 교육훈련을 실시하는 기관 중 고용노동부령으로 정하는 교육훈련기관의 기술훈련과정(이하 "기사 수준 기술훈련과정"이라 한다) 이수자로서 이수 후 응시하려는 종목이 속하는 동일 및 유사 직무분야에서 6년 이상 실무에 종사한 사람 9. 국가기술자격의 종목별로 산업기사의 수준에 해당하는 교육훈련을 실시하는 기관 중 고용노동부령으로 정하는 교육훈련기관의 기술훈련과정(이하 "산업기사 수준 기술훈련과정"이라 한다) 이수자로서 이수 후 동일 및 유사 직무분야에서 8년 이상 실무에 종사한 사람 10. 응시하려는 종목이 속하는 동일 및 유사 직무분야에서 9년 이상 실무에 종사한 사람 11. 외국에서 동일한 종목에 해당하는 자격을 취득한 사람

시험 정보

등급	응시자격
비고	1. "졸업자등"이란 「초·중등교육법」 및 「고등교육법」에 따른 학교를 졸업한 사람 및 이와 같은 수준 이상의 학력이 있다고 인정되는 사람을 말한다. 다만, 대학(산업대학 등 수업연한이 4년 이상인 학교를 포함한다. 이하 "대학등"이라 한다) 및 대학원을 수료한 사람으로서 관련 학위를 취득하지 못한 사람은 "대학졸업자등"으로 보고, 대학등의 전 과정의 2분의 1 이상을 마친 사람은 "2년제 전문대학졸업자등"으로 본다. 2. "졸업예정자"란 국가기술자격 검정의 필기시험일(필기시험이 없거나 면제되는 경우에는 실기시험의 수험원서 접수마감일을 말한다. 이하 같다) 현재 「초·중등교육법」 및 「고등교육법」에 따라 정해진 학년 중 최종 학년에 재학 중인 사람을 말한다. 다만, 「학점인정 등에 관한 법률」 제7조에 따라 106학점 이상을 인정받은 사람(「학점인정 등에 관한 법률」에 따라 인정받은 학점 중 「고등교육법」 제2조제1호부터 제6호까지의 규정에 따른 대학 재학 중 취득한 학점을 전환하여 인정받은 학점 외의 학점이 18학점 이상 포함되어야 한다)은 대학졸업예정자로 보고, 81학점 이상을 인정받은 사람은 3년제 대학졸업예정자로 보며, 41학점 이상을 인정받은 사람은 2년제 대학졸업예정자로 본다. 3. 「고등교육법」 제50조의2에 따른 전공심화과정의 학사학위를 취득한 사람은 대학졸업자로 보고, 그 졸업예정자는 대학졸업예정자로 본다. 4. "이수자"란 기사 수준 기술훈련과정 또는 산업기사 수준 기술훈련과정을 마친 사람을 말한다. 5. "이수예정자"란 국가기술자격 검정의 필기시험일 또는 최초 시험일 현재 기사 수준 기술훈련과정 또는 산업기사 수준 기술훈련과정에서 각 과정의 2분의 1을 초과하여 교육훈련을 받고 있는 사람을 말한다.

4 토질및기초기술사 필기시험 출제기준

직무분야	건설	중직무분야	토목	자격종목	토질및기초기술사	적용기간	2023.1.1.~2026.12.31.

- 직무내용 : 토질 및 기초분야에 관한 고도의 전문지식과 실무경험에 입각하여 흙과 암석의 중요한 성질들을 과학적으로 연구·분석하고 기초, 토류구조물 및 지하구조물의 설계, 시공, 평가 및 건설사업관리 등 기술업무를 수행하는 직무이다.

검정방법	단답형/주관식논문형	시험시간	400분(1교시당 100분)

시험과목	주요항목	세부항목
토질, 토질구조물 및 기초, 그 밖에 토질과 기초에 관한 사항	1. 지반의 공학적 특성분석	1. 원위치시험을 통한 지반특성 평가 2. 실험실시험을 통한 지반특성 평가 3. 설계정수의 결정(강도 및 변위 등) 4. 지반 내 응력의 평가와 활용
	2. 지반공학의 기본이론	1. 지반의 물리적 특성의 이해와 응용 2. 지반과 지하수의 관계(투수, 세굴, 간극수압 영향 등)이해와 활용 3. 지반강도특성의 이해와 활용 4. 지반변위(압축 및 팽창)특성의 이해와 활용 5. 지반의 다짐과 다짐지반의 공학적 거동특성
	3. 각종 구조물의 기초	1. 확대기초/깊은기초 2. 복합기초(확대기초+깊은기초) 3. 기초의 지지력평가(지내력평가, 말뚝지지력 평가)
	4. 지반구조물 및 지반보강	1. 비탈면 안정성 평가법의 이해와 활용 2. 비탈면 안정화공법(앵커 등의 보강공법, 표면 안정화공법) 3. 댐 및 제방의 제체와 기초의 안정성 4. 연약지반 개량 및 지반보강

시험 정보

시험과목	주요항목	세부항목
토질, 토질구조물 및 기초, 그 밖에 토질과 기초에 관한 사항	5. 지하구조물	1. 지하구조물(터널/개착 등)의 계획과 안정성평가 2. 각종 보조공법의 이해와 활용 3. 지하구조물 인접부의 기존구조물 안정성평가와 시공계획 4. 지반환경영향(오염, 지하수변화, 진동, 침하 등)과 대책공법
	6. 토류구조물	1. 토압의 평가와 대응 2. 토류시설물의 계획과 안정성 평가(옹벽, 흙막이가시설 등) 3. 정보화 시공(계측계획과 결과의 분석 및 활용) 4. 토목섬유의 활용과 안정성평가
	7. 기타 토질 및 기초 관련 지식	1. 지반의 동적특성 및 거동에 관한 사항 2. 포트홀, 지반함몰 발생원인 및 대책에 관한 사항

5 국가기술자격 공학용계산기 기종 한정

[기술사, 기능장 등급]
허용군 공학용계산기 사용 가능
허용군 외 공학용계산기를 사용하고자 하는 경우, 수험자가 계산기 매뉴얼 등을 확인하여 직접 초기화(리셋) 및 감독위원 확인 후 사용 가능
※ 직접 초기화가 불가능한 계산기는 사용 불가

제조사	허용기종군
카시오(CASIO)	FX-901~999
카시오(CASIO)	FX-501~599
카시오(CASIO)	FX-301~399
카시오(CASIO)	FX-80~120
샤프(SHARP)	EL-501~599
샤프(SHARP)	EL-5100, EL-5230, EL-5250, EL-5500
유니원(UNIONE)	UC-600E, UC-400M, UC-800X
캐논(Canon)	F-715SG, F-788SG, F-792SGA

차 례

Prologue 수험 요령 · 3

1 초심 세우기와 학습시간 계획 요령 ·········· 3
2 토질및기초기술사 답안 작성 요령 ·········· 9
   첫째 : 문제에 답이 있다
   둘째 : 답안 작성 시 유형 고려
   셋째 : 이론의 간소화
   넷째 : 그래프, 공식에 대한 제목, 부연 작성 및 영어 표기
   다섯째 : 공통대제목
3 자기주도노트 활용 ·········· 19
4 개인 모의고사 중심의 학습 ·········· 23
5 최근 시험의 경향 파악 ·········· 24

Chapter 01 흙의 성질 · 29

단답형 1	동형치환(Isomorphous Substitution) ·········· 31
단답형 2	면모구조와 이산구조 ·········· 32
단답형 3	풍화(Weathering / Be Weathered) ·········· 33
단답형 4	통일분류법(USCS) ·········· 34
단답형 5	IGM(Intermediate GeoMaterials) ·········· 35
단답형 6	소성지수의 공학적 이용 ·········· 36

서술형 1 Quick Clay로 분류하는 기준인자는 예민비(St), 자연 함수비(Wn), 액성한계(LL)와 액성지수(LI)이다.
   1) 이 기준에 대하여 설명하고
   2) Quick Clay의 생성과정을 설명하시오. ·········· 37

서술형 2 교란된 점성토 강도회복과 관련하여 ⓐ 강도회복현상의 공학적 설명 ⓑ Sensitivity, Activity 연계 설명 ⓒ 강도회복시간 차이의 이유 및 관련된 지반물성치에 대해 설명하시오. ·········· 40

서술형 3 자연함수비는 같고 애터버그 한계가 서로 다른 2종류 (A, B)의 점토가 있다. 점토A는 자연함수비가 액성한계 보다 크고, 점토B는 자연함수비가 액성한계와 소성한계 사이에 있다. 이 두 점토의 압밀특성을 비교 설명하시오. ·········· 43

| 서술형 4 | 체분석 및 애터버그 한계 시험 결과 다음과 같은 자료를 얻었다.
1) 통일분류법으로 분류하는 과정 설명 및 분류하시오.
2) 흙의 투수계수를 경험식을 이용하여 추정해 보시오.
3) 간극비가 0.5, 비중은 통상적인 값일 때 포화단위중량 및 건조단위중량을 구하시오. ············ 46
| 서술형 5 | USCS, AASHTO의 특성에 대하여
1) 두 분류의 차이점
2) 재하에 따른 흙의 거동특성과 공학적 특성
3) 두 분류법을 소성도로 나타내시오. ············ 49
| 서술형 6 | 흙의 거동을 해석할 때 배수조건 및 비배수조건으로 구분 하여 해석할 경우가 많은데 이 배수조건은 세립분(74mm체 통과량)의 함량에 의해 영향을 받는다. 세립분 함량에 따른 배수조건의 구분에 대하여 토질기술자로서 귀하의 의견을 기술하시오. ············ 52

Chapter 02 투수 · 55

| 단답형 1 | 동상의 양면성 ············ 57
| 단답형 2 | 투수계수 산정 ············ 58
| 단답형 3 | Darcy Velocity와 Seepage Velocity ············ 59
| 단답형 4 | 침투압과 침투력 ············ 60
| 단답형 5 | 한계동수경사 ············ 61
| 단답형 6 | 흙댐에서의 필터(Filter) 조건 ············ 62
| 서술형 1 | 유선망을 이용하여 파악할 수 있는 지하수 흐름특성(유량, 간극수압, 동수경사, 침투수압)에 대하여 설명하시오. ············ 63
| 서술형 2 | 수면 아래 있는 지반의 응력과 관련 다음 사항을 수식을 들어 설명하시오.
(1) 유효응력의 원리
(2) 여름 홍수 시, 초기수위가 △hw만큼 상승하는 경우 하상의 침하 여부와 강도변화를 설명
(3) 지하수면 강하에 의한 지반의 침하와 강도변화를 설명 ············ 66

| 서술형 3 | 다음 그림과 같이 흙기둥을 통해 물이 아래로 흐르고 있다. 주어진 문제에 대하여 답하시오.(단, 흙의 포화단위중량은 20kN/m^3이다.)
1) A점과 B점의 수두차
2) A점과 B점에서의 유효응력
3) B점에서의 단위면적당 침투수력
4) 정수압인 경우에 비해 B점에서의 유효응력 증가량 ········· 69 |
| 서술형 4 | 지반조건이 아래 그림과 같을 때 다음 질문에 답하시오.(단, 점토는 정규압밀토이며 $w = 10\text{kN/m}^3$이며, Ko는 경험식을 이용)
1) 연직방향과 수평방향의 전응력, 유효응력 및 간극수압을 구하시오.
2) 연직 및 수평응력의 분포를 그리시오. ········· 72 |
| 서술형 5 | 하부에서 느슨한 실트질 모래층이 형성되어 있는 연약 지반에 댐을 축조하려고 한다. 예상되는 공학적 문제점과 적합한 지반개량 공법에 대하여 설명하시오. ········· 75 |
| 서술형 6 | 강널말뚝(Steel Sheet Pile) 차수벽이 그림과 같이 설치되었다.
1) 유선망을 작도하여 침투유량을 산정하시오.
2) A점의 간극수압을 산정하시오.
3) 지반융기에 대한 안정성을 검토 후 불안정 시 보강 대책 ········· 78 |

Chapter 03 압밀 · 81

단답형 1	압밀계수 ········· 83
단답형 2	평균압밀도 ········· 84
단답형 3	K_0 압밀에 대하여 설명하시오.. ········· 85
단답형 4	EOP(End Of Primary consolidation)에 의한 압밀계수 ········· 86
단답형 5	시료교란이 전단강도와 압밀특성에 미치는 영향에 대하여 기술하시오. ········· 87
단답형 6	시간의존적 압밀침하 거동해석에서 가정A와 가정B ········· 88
서술형 1	압밀에 대하여 다음 사항을 설명하시오.
1) 침투수로 인한 유효응력 변화에 따른 침투압밀
2) 자중압밀
3) 2차압밀
4) 점증하중에 대한 시간 – 침하량 관계 ········· 89

서술형 2	연약지반은 압밀침하에 따라 비배수전단강도(Su)가 증가 한다. 강도증가 메커니즘과 강도증가율(Su/σ') 예측방법 그리고 현장적용에 대하여 설명하시오. ·· 92
서술형 3	연약한 점성토의 압밀시험의 방법은 다양하다. 시험 목적에 따른 압밀시험의 종류를 아는 대로 설명하시오. ··· 95
서술형 4	점성토의 압밀침하량 산정 시 흙의 3상구조와 연장조건의 상관관계를 그림으로 나타내고, 정규압밀점토와 과압밀 점토에 대한 1차압밀침하량 산정공식을 유도하시오. ··· 98
서술형 5	연약지반을 조사하는 과정에서 점토층이 피압(Artesian Pressure)을 받고 있다는 사실을 알았다. 이러한 과정에서 생성되는 점토의 공학적 특징과 피압이 압밀특성에 미치는 영향에 대해 설명하시오. ··· 101
서술형 6	압밀침하량 계산에서 점토층을 여러 층으로 나누어 침하량을 계산한다. 특히 무한분포하중과는 달리 직접 기초와 같이 유한분포하중인 경우 여러 층으로 나누어 계산하는 것이 매우 중요하다. 그 이유를 설명하시오. ·················· 104

Chapter 04 전단 · 107

단답형 1	배수하중과 비배수하중 조건의 거동 차이 ·· 109
단답형 2	간극수압계수 ·· 110
단답형 3	점토의 연대효과(Aging Effect) ··· 111
단답형 4	점토의 전단강도정수(C, φ)에 영향을 미치는 요소 ····································· 112
단답형 5	강도증가율 ·· 113
단답형 6	수평지반에 평면전단파괴가 발생하는 경우 전단면이 수평면과 이루는 각도 (φ = 0인 경우와 φ ≠ 0인 경우) ··· 114
서술형 1	응력경로에 대하여 다음 물음에 설명하시오. 1) 응력경로의 개념 2) 성토저면, 굴토저면, 배면(주동과 수동)지반에 대한 응력경로 3) 각각의 경우에 대하여 전단파괴거동이 동일할 경우 안전율의 상호 비교 4) 각각의 안전율은 시간이 경과함에 따라 변화 경향 ··························· 115
서술형 2	정규압밀점토의 파괴포락선을 $\tau_f = C' + \sigma' \tan\Phi$과 같이 표현할 수 있으며 이에 대응하는 수정 파괴포락선을 $q' = m + p' \tan\alpha$로 표현할 수 있다. 이때 α를 Φ'의 함수로, m을 C'과 Φ'의 함수로 각각 설명하시오. ··························· 118

서술형 3 아래 그림과 같이 점A의 수평면과 45°를 이루는 경사 면에 작용하는 유효수직 응력과 전단응력을 계산하시오. 지하수위 아래는 정수압이 작용한다. 또한 유효수직 응력에 대한 유효수평응력의 비는 1.5이다. ·· 121

서술형 4 삼축압축시험에 대하여 다음 사항을 설명하시오.
1) 시료포화방법
2) 시료포화상태 확인방법
3) 시험종류별 구해진 강도정수의 활용법 ·· 124

서술형 5 실내 삼축압축시험(배수 및 비배수) 시 응력경로와 실제 현장재하 조건에 따른 응력경로에 대하여 설명하시오. ·· 127

서술형 6 토사지반에 구속압이 증가하면 간극수압이 추가적으로 발생하며 파괴 시 파괴면의 간극수압은 정규압밀점토(느슨한 모래)와 과압밀점토(조밀한 모래)에서 차이가 있다. 다음을 설명하시오.
1) 구속압 증가 시 간극수압에 영향을 주는 인자와 실무 적용 시 고려사항
2) 파괴 시 파괴면의 간극수압에 영향을 주는 인자와 실무적용 시 고려사항
··· 130

Chapter 05 토압 / 막이 • 133

단답형 1 Rankine토압과 Coulomb토압 ·· 135
단답형 2 흙막이 구조물 벽체변위에 따른 배면 지반침하 예측 방법 ···················· 136
단답형 3 Arch Effect ·· 137
단답형 4 H – Pile 토류벽에서 지반에 근입된 엄지말뚝의 수동저항력 ················· 138
단답형 5 언더피닝(Under Pinning) ··· 139
단답형 6 옹벽배수공의 중요성 ··· 140

서술형 1 도심지에서 가시설을 이용한 근접시공과 관련하여 다음 사항에 대하여 설명하시오.
1) 근접지반 침하 원인
2) 흙막이 벽체 수평변위 발생 원인
3) 흙막이 벽 수평변위에 따른 지표 침하 추정 방법 중 Caspe의 방법 ······· 141

| 서술형 2 | 흙막이 구조체가 안정하기 위해서는 굴착저면과 부재 단면에 대한 안정을 반드시 검토하여야 한다. 굴착저면에 대하여 다음의 안정검토 방법을 설명하시오.
1) 상재하중에 대한 말뚝지지력
2) 근입부에 작용하는 주동토압과 수동토압에 대한 안정
3) 보일링에 대한 안정
4) 히빙에 대한 안정 ·········· 144

| 서술형 3 | 보강토옹벽의 시공이 확대되고 옹벽높이도 높아지고 있다. 이에 따라 보강토옹벽의 시공 및 피해 발생 사례도 증가하고 있다. 합리적 설계와 시공을 위한 계단식 다단 보강토옹벽의 설계법에 대하여 비교, 설명하고 다단 보강토옹벽의 설계 및 시공 시 고려사항에 대하여 설명하시오. ·········· 147

| 서술형 4 | 아래 그림과 같이 사질토로 뒷채움된 옹벽에서 주동상태와 수동상태에 대하여 벽면 마찰 저항력의 존재여부에 따른 예상파괴선을 도시하고 수동토압 산정 방법에 대하여 설명하시오. ·········· 150

| 서술형 5 | 도심지 대심도 지하굴착 흙막이 공사는 건설과정에서 지반 거동을 야기하고 인접 구조물에 피해를 유발할 수 있는 건설공사로서 공사의 안정성은 물론 피해를 적극 방지할 수 있는 기술이 요구된다. 이와 같은 도심지 근접시공에 있어 다음 사항을 설명하시오.
(1) 지반굴착 흙막이 공법 선정 시 검토 고려사항
(2) 흙막이 공사 시 인접지반 침하의 원인
(3) 인접구조물의 사전안정성 파악 시 기본적 고려사항
(4) 터파기 및 되메우기 공사 시 유의점 및 기본관리 사항 ·········· 153

| 서술형 6 | 보강토 옹벽의 설계법에서 마찰쐐기법과 복합중력식법에 대하여 설명하시오. ·········· 156

Chapter 06 기초 · 159

| 단답형 1 | 얕은 기초의 극한지지력 ·········· 161
| 단답형 2 | 말뚝의 주면마찰력 ·········· 162
| 단답형 3 | 현타말뚝의 지지력 산정 방법 ·········· 163
| 단답형 4 | Piled Raft 기초 ·········· 164
| 단답형 5 | Suction Pile ·········· 165
| 단답형 6 | 성토지지말뚝 공법과 토목섬유를 이용한 성토지지말뚝 ·········· 166

| 서술형 1 | 부마찰력이 작용하는 말뚝기초에 대해 다음을 설명하시오.
1) 중립면의 결정
2) 부마찰력의 크기와 말뚝침하량의 관계
3) 부마찰력을 받는 말뚝기초의 설계 방향 ································ 167

| 서술형 2 | 극한 지지력에 대하여 소정의 안전율을 가지며 침하량이 허용치 이하가 되게 하는 하중강도 중의 최대의 것을 허용 지내력이라고 할 때 점성토와 사질토 지반에서 기초폭과 하중강도 사이에는 각각 아래의 그림과 같은 도식적 관계가 있다. 이 그림에 대하여 지지력 공식과 침하량 계산식을 이용하여 이러한 관계가 갖는 공학적 의미를 구체적으로 설명하시오. ································ 170

| 서술형 3 | 지반은 세립분의 함량에 따라 크게 사질토지반과 점성지반으로 대별하여 취급된다. 다음 사항을 설명하시오.
1) 사질토지반과 점성토지반의 공학적 특성 비교
2) 사질토지반과 점성토지반의 기초계획 시 하중에 따른 거동특성 비교
································ 173

| 서술형 4 | 다음과 같은 지반에서 말뚝시공 시 항타분석기(Pile Driving Analyzer)에 의한 말뚝의 품질관리를 수행하려고 한다.
(1) 항타분석기에서 측정하는 파의 종류와 이러한 파를 측정하기 위하여 설치하는 계측기 및 측정원리에 대하여 설명하시오.
(2) 아래 지반에 항타 시 각 층에서 관찰할 수 있는 파의 형태를 추정하고 이러한 파가 관찰되는 이유를 설명하시오. ································ 176

| 서술형 5 | 말뚝기초의 지지력 산정방법 중 재하시험에 의한 방법과 현장시험결과(SPT, CPT, PMT)를 이용한 방법 및 항타에 의한 방법을 설명하시오. ················ 179

| 서술형 6 | 말뚝은 작용하는 하중상태에 따라 주동말뚝과 수동말뚝으로 구분할 수 있다.
(1) 주동말뚝과 수동말뚝을 구분하여 설명하시오.
(2) 수동말뚝에 작용하는 수평토압을 고려하여 말뚝의 거동방정식을 설명하시오. ································ 182

Chapter 07 연약지반 · 185

| 단답형 1 | 연직배수공법 적용 시 배수저항 ································ 187
| 단답형 2 | 연약지반의 계측관리 기법 ································ 188
| 단답형 3 | 성토지지말뚝 ································ 189
| 단답형 4 | 지중에서 오염물질 이동 메커니즘 ································ 190

| 단답형 5 | 투수성 반응벽체 ·· 191
| 단답형 6 | 연약지반에서 샌드매트 두께 결정방법 ·· 192
| 서술형 1 | 교대부 측방유동과 교대인접 성토부 측방유동에 대하여 아는 바를 설명하시오.
·· 193
| 서술형 2 | SCP(Sand Compaction Pile) 공법으로 연약점성토 지반을 처리하여 복합지반(Composite Ground)을 형성하고자 한다. 다음 사항에 대하여 기술하시오.
1) 복합지반의 효과
2) 복합지반의 압밀해석 방법
3) SCP시공 시 복합지반 상층부의 SCP직경이 원래 계획된 직경에 미달되는 사유 및 그에 따른 지반공학적 대처방법 ······································ 196
| 서술형 3 | 폐기물 매립지의 안정화 과정을 초기단계부터 최종단계까지 5단계의 과정 및 폐기물의 분해과정(물리적, 화학적, 생물학적)에 따라 나타나는 변화에 대하여 설명하시오. ··· 199
| 서술형 4 | 연약지반에 도로 성토를 하는 경우 측방유동이 발생할 수 있다. 이때 연약지반을 보강하였다면 연약지반을 보강하기 전과 보강한 후에 대하여 Marche & Chapuis 및 Tschebotarioff 방법을 사용하여 측방유동 판정방법을 설명하시오.
·· 202
| 서술형 5 | 해안지역을 준설매립하고 연약지반 개량을 위하여 선행압밀하중 공법을 적용하였으나 단계성토 시공 중에 원지반 활동파괴가 발생되었다. 아래 내용을 설명하시오.
1) 원지반 전단특성 파악에 필요한 Ko압밀시험
2) 원지반에 대한 준설매립부터 활동파괴 시까지의 응력경로
3) 활동파괴 후 대책수립에 필요한 추가적인 시험항목과 필요성 ············· 205
| 서술형 6 | 폐기물 매립지반의 공학적 특성과 침하특성에 대하여 설명하시오. ·········· 208

Chapter 08 사면 / 조사 · 211

| 단답형 1 | 함수특성곡선 ··· 213
| 단답형 2 | Bishop의 경험식에 의한 불포화토의 유효응력 ·· 214
| 단답형 3 | 토석류와 산사태 ··· 215
| 단답형 4 | GPR 탐사 ··· 216
| 단답형 5 | 도심지에서 발생하는 지반함몰의 원인 및 대책 ······································ 217

단답형 6	토층심도율(Soil Depth Ratio)과 블록크기비(Block Size Ratio) ············ 218
서술형 1	토사, 풍화암, 연암으로 이루어진 깎기 비탈면에서 안정해석을 하고 공사를 완료하였다. 그러나 공사완료 후 붕괴가 발생하였다. 예상되는 붕괴원인 및 대책을 설명하시오. ············ 219
서술형 2	사면안정해석 시 적용되는 안전율 개념의 장단점을 기술하고 파괴확률 개념의 적용 가능성에 대하여 설명하시오. ············ 222
서술형 3	무한사면의 안정조건에 대하여 토질조건과 수위조건별로 설명하시오. ············ 225
서술형 4	불포화토의 전단강도특성에 관련된 다음 내용을 설명하시오. 1) 함수특성곡선(SWCC)의 정의 2) 함수특성곡선 특징 3) 불포화토의 파괴기준 개요 ············ 228
서술형 5	균질한 토사 사면에서 최소안전율을 갖는 파괴포락선을 아래 그림과 같이 직선으로 가정하고 아래에 주어진 조건에 대한 사면의 안정성을 검토하시오.(토사의 전단강도는 GL – 5m의 평균치로 가정한다). (1) 지하수위가 GL – 10m 이하로 하강한 건기 시의 최소안전율을 산정하시오. (2) 우기 시 지하수위가 지표면까지 포화되었을 때의 최소안전율을 산정하시오. (3) 지하수가 사면의 안전율에 미치는 영향을 설명하시오. ············ 231
서술형 6	최근 계속되는 집중호우에 의해 산지지역 비탈면의 경우 계곡부 상류의 토석류에 의한 비탈면 붕괴가 빈번히 발생되고 있다. 다음 사항을 설명하시오. 1) 도로 및 철도 건설 시 설계단계에서 토사비탈면 안정해석에서 우기 시 강우침투를 고려한 지하수위 산정방법에 대하여 설명하고, 우기 시 지하수위가 지표면까지 포화됨을 가정한 종래 방법과의 차이점 2) 현재 시행되고 있는 토석류 조사 및 대책공법과 적용상의 문제점 및 개선방향 ············ 234

Chapter 09 진동 / 암반 · 237

단답형 1	유동액상화 ············ 239
단답형 2	Squeezing 현상 ············ 240
단답형 3	Jar – Slack Test ············ 241
단답형 4	단층과 주응력 ············ 242
단답형 5	암반의 상태의 시험과 이용 ············ 243

단답형 6	Hoek – Brown의 파괴기준 ··· 244
서술형 1	산악지역 대심도터널에서 과지압에 대한 안정성 해석을 위하여 자연상태의 응력 분포를 파악하는 것은 대단히 중요하다. 이를 파악하기 위한 초기지압 측정방법의 종류 및 원리에 대하여 설명하시오. ··· 245
서술형 2	진동 및 내진설계 시 지반 내의 감쇠이론에 대하여 설명하시오. ················ 248
서술형 3	지반의 액상화 현상에 미칠 수 있는 영향인자와 액상화 가능성 평가과정에 대하여 설명하시오. ··· 251
서술형 4	어느 도시에 지진이 발생하였다. A지역은 암반이 지표에 위치하고 B지역은 연약점토층이 20m 두께로 발달하였다.
(1) A지역과 B지역의 지표에서 측정된 지진기록의 특징을 설명하시오.
(2) A지역 지표에서 측정된 지진기록을 이용하여 B지역 내진해석 시 입력지진으로 이용하려 한다면 그 이용 방법을 설명하시오.
(3) A지역에 위치한 30층 고층건물과 3층 학교건물의 내진설계를 수행하고자 한다. A지역 측정기록이 없어 B지역 지표에서 측정된 지진기록을 입력지진으로 내진설계를 수행하였다. 각 건물의 내진설계 타당성을 기술하시오. ·· 254
서술형 5	내진해석 시 지반응답 특성평가에 필요한 지반정수의 종류와 실내 및 현장시험법에 대해 구체적으로 설명하시오. ··· 257
서술형 6	다음 도표는 Q값을 이용하여 터널지보설계에 일반적으로 이용되는 되고 있는 Barton(1993)이 제시한 도표이다. 다음 물음을 설명하시오.
1) Q값의 구성요소들에 대하여 설명하시오.
2) ESR(Excavation Support Ratio)를 설명하시오.
3) Q = 4.5, ESR = 1.3(철도터널 경우) 그리고 Excavation Span = 15m일 때 상기 도표를 이용하여 요구되는 터널의 지보량을 산정하시오.
4) 상기 도표를 이용할 수 없는 지하구조물의 크기 예측
5) Q값과 RMR(Rock Mass Rating)의 차이점에 대한 설명 ····················· 260

Chapter 10　터널 · 263

단답형 1	터널막장 안정성 평가방법 및 대책 ··· 265
단답형 2	쌍굴터널에서 필러의 개념 ··· 266
단답형 3	도로터널에서의 정량적 위험도 평가 ··· 267
단답형 4	Single Shell과 NATM 터널 비교 ··· 268

단답형 5	터널에서 Gap Parameter의 정의와 활용	269
단답형 6	자유면과 최소저항선	270
서술형 1	터널에서 Terzaghi의 암반상태에 따른 암반하중 분류 및 모델에 대하여 설명하시오.	271
서술형 2	터널 발파 굴착의 영향으로 주변지반이 이완된 경우 터널 주변의 이완범위와 이완하중 계산 방법에 대하여 설명하시오.	274
서술형 3	터널의 설계 및 시공 시 지보타입 결정 방법에 대하여 설명하시오.	277
서술형 4	막장 전방에 파쇄대와 같은 불연속면이 존재할 경우의 굴착과정에서 아칭효과와 관련하여 다음 사항에 대하여 기술하시오. 가) 아칭효과가 수직변위의 변화에 미치는 영향 나) 계측관리를 통하여 막장전방의 지반변위를 예측하는 방법	280
서술형 5	배수형 터널과 비배수형 터널의 비교	283
서술형 6	지반조사 과정에서 발견된 대규모의 단층대에서 과압밀된 단층점토와 단층각력이 혼재된 층이 수백 미터의 폭과 깊이로 발달된 것이 확인되었다. 이곳을 관통하는 터널을 계획하고자 할 때 고려사항에 대해서 답하시오. 1) 단층의 규모와 특성을 파악하기 위한 현장조사, 탐사 및 시험의 종류를 쓰시오. 2) 단층대 내의 점토의 특성을 규명하기 위한 실내 및 현장시험법과 그 결과를 터널해석에 활용하는 기법을 쓰시오. 3) 이러한 지역에서 안전한 터널굴착을 위한 단면 설계법과 보강대책공법에 대해서 쓰시오.	286

Appendix 부록 · 289

1. 토질및기초기술사 출제빈도 동향분석(114~130회) ······ 291
2. 토질및기초기술사 출제문제 분석(108~130회) ······ 292
3. 토질및기초기술사 필기 수험기간 동향분석(2016~2022년) ······ 337
4. 토질및기초기술사 필기 응시연령 동향분석(2016~2022년) ······ 340

별책 토질및기초기술사 자기주도노트 · 기술사 답안지 양식

Prologue

수험 요령

1. 초심 세우기와 학습시간 계획 요령

2. 토질및기초기술사 답안 작성 요령
   첫째 : 문제에 답이 있다
   둘째 : 답안 작성 시 유형 고려
   셋째 : 이론의 간소화
   넷째 : 그래프, 공식에 대한 제목, 부연 작성 및 영어 표기
   다섯째 : 공통대제목

3. 자기주도노트 활용

4. 개인 모의고사 중심의 학습

5. 최근 시험의 경향 파악

1 초심 세우기와 학습시간 계획 요령

"나는 왜 토질및기초기술사를 취득하려 하는가?"

학습방법에 대한 저만의 요령을 알려드리기 전에 이 책으로 학습하는 수험자께 꼭 물어보고 싶은 사항이 있습니다. **"나는 왜 토질및기초기술사를 취득하려 하는가?"**입니다.

저는 개인적으로 크게 두 가지의 이유가 있었습니다. 첫째, 제가 전공한 학문분야에 대한 최고의 전문가가 되고 싶다는 것이었습니다.

토질및기초기술사는 고급 지반공학 기술을 습득하여 급변하는 주변 환경에 대처할 수 있는 능력을 갖추고 있다고 건설 분야에서 인정하고 있습니다.

모든 토목 구조물과 자연구조까지도 지반 위나 지반 속에 존재하여 지지된다는 점에서 토질 및 기초분야는 매우 중요한 기술입니다. 현대에 이르러 중량화된 구조물들의 형상과 기능이 다양하고 복잡하며 정밀해짐에 따라 고도로 전문화된 토질 및 기초분야에 관심이 높아지고 있습니다.

또한 대만, 일본 등 인접한 여러 나라가 지진으로 인해 많은 인명 및 재산 피해가 속출하고 있어 우리나라에서도 내진 설계에 대한 중요성이 날로 증가되고 있습니다. 우리나라의 토질 및 기초분야는 연구투자 부족과 기술개발에 대한 인식 부족 등 연구환경이 미흡하여 기술수준이 선진국에 비하여 매우 낮은 수준으로 평가되고 있어 향후 지반환경, 지반보강, 지반조사, 시험계측 등에 연구투자가 증대되는 등 **토질및기초기술사 자격취득자에 대한 인력수요가 증가할 것으로 예상**되고 있습니다.

이런 최신의 동향에 발맞춰 토질및기초기술사가 되고 싶다는 포부가 더 커졌었습니다.

둘째, 제가 퇴직한 이후 노후대책에 도움이 될 수 있다고 생각했습니다. 토질및기초기술사를 보유하고 있으면 취업이나, 개인 활동에 어려움이 줄어듭니다. 꼭 급여를 위해서라기보다는 개인수명 100세 시대에 60세부터 사회생활을 그만두고 싶지 않았습니다.

이렇게 저는 이상적인 이유와 현실적인 이유를 취득의 초심으로 삼았습니다. 수험자께서 더 나은 회사로 이직을 하기 위해서, 내가 다니고 있는 조직에서 승진을 하기 위해서, 개인 사업을 시작하기 위해서, 직장에서 자격수당을 받기 위해서, 건설현장이나 설계 프로젝트의 최고책임자가 되기 위해서 등의 기술사 취득 목표 및 초심을 수립한다면 더불어 좋지 않겠습니까?

지금까지 수험생활을 시작할 때 제가 생각했던 "나는 왜 토질및기초기술사를 취득하려 하는가?"라는 질문의 답변에 진솔하게 말씀드렸습니다.

이 책으로 학습하는 모든 수험자께서는 학습전략을 수립하기 전에 본인만의 기술사 취득에 대한 타당성과 가시적인 포부를 꼭 상기하기를 권합니다. 학습하는 데 일반적으로 최소 1년 이상의 시간이 걸릴 텐데 견고한 초심을 만들고 시작하면 여러모로 큰 도움이 될 것입니다.

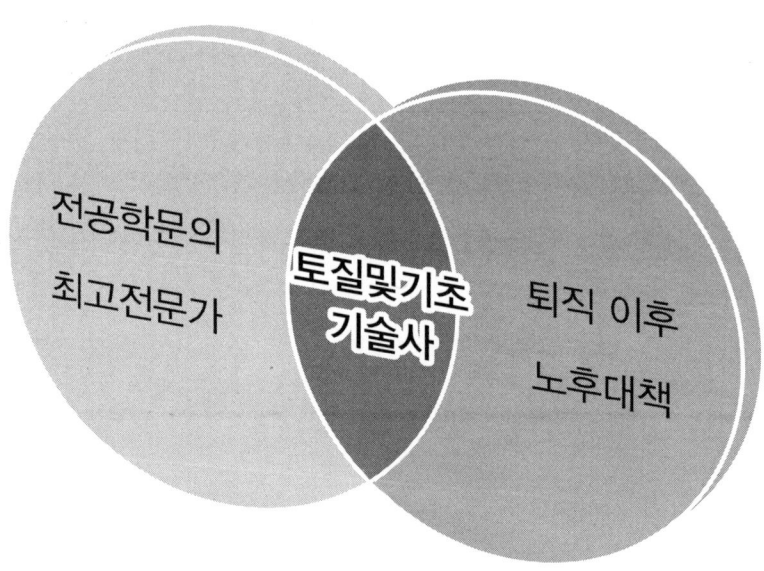

[토질및기초기술사를 취득하기 위한 저자만의 명분]

"나 자신을 알라!"

학습시간 계획을 수립할 때는 우선 수험자 본인의 개인사정을 잘 파악하고 있는 것이 중요합니다. 본인이 목표하고 있는 수험기간은 얼마인지, 직장 출근시간이나 야근의 빈도는 어떠한지, 기술사 수험을 하는 것에 대한 가족의 호응도는 어떠한지(배우자와 자녀의 심리적 배려가 필요함), 본인의 체력 상태와 초심을 잃지 않고 집중할 수 있는 기간은 어느 정도인지 등 자신을 잘 알고 파악하고 있는 것이 중요합니다.

저는 취득한 3개 분야의 기술사 필기시험의 목표 수험기간을 모두 6개월(필기시험 2회 이내) 이내로 세웠습니다. 초심과 같이 효과적으로 집중력을 잃지 않을 자신이 6개월 이상의 시간에서는 없었습니다. 수험생활 시작 전 배우자와 상의하여 1년 내로 필기시험에 합격하겠다고 각오를 밝히고 공부를 할 수 있는 허락을 받았습니다. 효과적인 시간을 확보하기 위해 업무특성상 야근이 평소보다 줄어드는 늦가을 혹은 겨울에 학습을 시작하여 본격적으로 바빠지는 봄이 될 때쯤 필기시험을 마무리하려 했습니다.

아래의 표는 제가 토질및기초기술사 수험기간 동안 실행했던 시간계획표입니다.

[토질및기초기술사 필기시험 합격을 위한 학습 시간계획표]

시간 \ 요일	월	화	수	목	금	토	일
출근 전 (7~8시)	출근 중(버스, 지하철) 자기주도노트에 작성한 중요 공식, 그래프 숙지					수면	
오전 (9~12시)	직장 업무					본서 학습 및 복습	
점심 (12~13시)	점심식사 후, 조용한 공간에서 낮잠을 잠(체력 보충)					휴식	
오후 (13~18시)	직장 업무					• 문제풀이 복습 • 자기주도노트에 중요 공식, 그래프 정리	
퇴근 시 (18~19시)	퇴근 중(버스, 지하철) 자기주도노트에 작성한 중요 공식, 그래프 숙지						
복귀 후 (19시~)	• 저녁식사 후 1시간 정도 휴식 • 본서 학습 및 시간관리 문제풀이						

※ 야근할 때는 복귀 후 시간이 (21시~)로 수정됨

이 모든 학습과정은 결국 시험장에 가서 제한시간 내에 1교시 10문제, 2~4교시 4문제씩 답안을 작성하기 위함입니다. 시계로 시간을 재가며 챕터별 기출 또는 핵심문제를 모의고사 식으로 풀어보는 것이 중요하기 때문에 평일 매일을 이론 공부 후 문제풀이 하였습니다.

직장생활이나 직장업무에 문제가 생기면 학습에 큰 부정적 영향을 미칩니다. 현실적으로 생각해보면 월급받는 것에 문제가 생기면 가정에 문제가 생기고, 자격증의 취득도 의미가 없어질 수 있습니다. 현재의 직장생활에 차질이 없도록 하는 것이 중요합니다. 힘드시죠? 직장생활을 잘해가면서 월급받으랴, 밤에는 기술사 수험공부 하랴. 기술사 수험기간을 짧게 가져야 하는 이유가 여기에서도 명백하게 느껴집니다.

초심잡기, 계획수립, 학습실행의 삼박자가 갖춰질 때 목표하는 기간 내에 분야 최고의 자격증인 토질및기초기술사라는 달콤한 열매가 손에 쥐어질 것입니다.

아래의 표는 'Chapter 01 흙의 성질'을 예시로 하여 수행한 실전 시간계획표입니다. 1개의 챕터마다 한 주씩의 계획을 세워서 누락 없이 모두 수행하였습니다.

[실제 학습에 대한 실전 시간계획표(Chapter 01 흙의 성질 예시)]

시간 \ 요일	월	화	수	목	금	토	일
출근 전 (7~8시)	출근 중(버스, 지하철) 자기주도노트에 작성한 애터버그 그래프, 활성도 공식 등 숙지					수면	
오전 (9~12시)	직장 업무					흙의 성질 본서 내용 복습	
점심 (12~13시)	점심식사 후, 조용한 공간에서 낮잠을 잠(체력 보충)					휴식	
오후 (13~18시)	직장 업무					• 주중에 정리한 문제 풀이 복습 • 자기주도노트에 중요 공식, 그래프 정리	
퇴근 시 (18~19시)	퇴근 중(버스, 지하철) 자기주도노트에 작성한 소성도 그래프, 예민비 공식 등 숙지						
복귀 후 (19시~)	• 저녁식사 후 1시간 정도 휴식 • 본서 학습 및 시간관리 문제풀이(단답형 15문제, 서술형 10문제 이상)						

※ 야근할 때는 복귀 후 시간이 (21시~)로 수정됨

"난 오늘 퇴근 후에 학습시간이 4시간 됐으니까, 오늘 학습은 그만해도 되겠다."라고 하루의 목표 학습량을 시간의 양으로 잡지 않았으면 합니다. 하루하루마다의 디테일한 학습 목표량을 정하고 목표량을 달성할 때까지 하루를 마무리하지 않는 것이 합격으로 가는 지름길이라고 생각합니다.

"학위를 취득하려면 대학원으로 가라!"

뜬금없이 학위는 왜 언급하는 것인가 의아할 수 있습니다. 토질및기초기술사는 자격증일 뿐이지 박사논문을 쓰는 것이 아니라는 것을 비유하여 표현하고 싶었습니다. 뒷동산을 오르는데는 히말라야 등정에 필요할 법한 장비와 식량은 없어도 되며 가벼운 복장에 간식 정도면 충분합니다.

물론 수험을 통해 토질 및 기초 분야의 전문지식을 깊이 터득할 수 있다면 좋지만, 수험자는 대부분 직장생활을 하며 고단하게, 눈치봐 가며 공부를 해야 합니다. 단기간에 합격하고 싶다면 60점 이상 취득할 정도만 공부해도 문제가 없습니다. 본 저자도 어느 정도 깊이의 공부가 60점 이상이 되는지는 정량적으로 알지 못하지만 3개 분야의 기술사를 취득하며 어느 수준 정도의 내용 작성이 60점 이상 되는 답안인지는 터득할 수 있었습니다. 본 저자의 노하우가 담겨 있는 답안이 문제풀이 1장부터 10장까지 기술되어 있으니 학습하여 느끼시길 바랍니다.

학위취득을 위한 논문을 작성하려면 본인이 전공하는 분야 학자들의 유사이론과 관련 현상, 메커니즘에 정통하고, 필요하다면 현장시험과 수치해석을 통한 비교 검토, 역해석 등을 수행하여 논문을 작성해야 합니다. 다행입니다! 우리는 이런 과정을 수행하지 않아도 자격증을 취득할 수 있습니다.

예를 들어, 출제 문제에 "연약지반 위에 도로성토를 했을 때 측방유동 검토방법"을 물어본다면 Tschebotarioff 이론 그래프와 Marche 이론의 공식만 적어서 답안으로 작성해도 60점 이상 취득이 가능하리라 판단합니다. 측방유동 관련 현상, 메커니즘에 정통하고, 필요하다면 현장시험과 수치해석을 통한 비교 검토, 역해석 등을 수행할 필요가 없다는 것입니다.

직장에서 쉬는 시간이나, 점심시간에 머리를 식힐 겸 토질 및 기초 분야의 논문이나 학회지를 눈대중으로 보는 것은 좋지만, 합격을 위해 논문 등의 전문서적을 집중 공부하는 것은 시간낭비이며, 합격에 큰 도움이 되지 않는다고 단언합니다. 수험서적은 지금 보고 있는 이 책과 이론교재 하나 정도가 적당합니다.

> **Key Point**
> - 1년 내로 필기시험에 합격할 거야!
> - 앞으로 얼마간은 야근이 별로 없겠군.
> - 여보, 필기시험 3번 안에 합격할게!
> - 점심 먹고 잠깐 눈 붙이면, 오늘 밤에 학습 4시간은 끄떡없겠는데.
> - 나만의 맞춤 시간표 전략이 합격의 지름길이겠어!
> - 논문을 공부하는 것이 멋 부리는 것일지도 모르겠군.

❷ 토질및기초기술사 답안 작성 요령

"도대체 답안은 어떻게 쓰는 거야?"

첫 챕터인 '흙의 성질'부터 마지막 챕터인 '터널'에 대한 본서의 이론 공부가 어느 정도 된 수험자라면 분명히 토질및기초기술사 문제에 대한 답안 작성에 많은 고민을 했을 것입니다. 본 저자도 마찬가지였습니다. 앞서 기술한 바와 같이 모든 수험생활의 목표 및 결과는 주어진 시간 내에 합격할 수 있는 수준의 문제풀이 능력을 갖추는 것이기 때문입니다.

첫째 : 문제에 답이 있다

기관에서 규칙이나 기준으로 정해놓은 답안 형식은 없습니다. 다만, 여러 번의 기술사 합격 경험을 토대로 모범 답안의 형식을 유추해 보면 무엇보다 가장 중요한 것은 문제에 답이 있으며 **"출제된 문제 그대로를 존중하여 답안을 작성"**하는 것입니다.

만약 실제시험에 "유선망을 이용하여 파악할 수 있는 지하수 흐름 특성(유량, 간극수압, 동수경사, 침투수압)에 대하여 설명하시오."라는 문제가 출제되었다면 답안에 반드시 대제목화하여 "① 유선망을 이용한 지하수 흐름 특성 중 유량에 대한 설명, ② 유선망을 이용한 지하수 흐름 특성 중 간극수압에 대한 설명, ③ 유선망을 이용한 지하수 흐름 특성 중 동수경사에 대한 설명, ④ 유선망을 이용한 지하수 흐름 특성 중 침투수압에 대한 설명"을 각각 작성하여야 합니다.

출제된 문제에 대한 답을 작성하라고 하는 것은 당연한 소리 아니냐고 반문할 수 있으나, 우리가 보는 기술사 시험은 100% 논술 시험입니다. 수험자가 주장하고 싶은 논리를 유형에 맞춰 서술하다 보면 출제문제의 질문 의도 및 방향에서 벗어나, 묻지도 않은 수험자 본인이 자신 있게 쓸 수 있는 이론, 그래프, 공식 등을 무의식중에 작성하게 될 수 있습니다. 물어본 걸 쓰지 않았는데 합격을 바라면 안 됩니다. **다시 강조드립니다. 내가 자신 있게 쓸 수 있는 것을 답안에 작성하는 것이 아니라 출제자가 물어본 것에 대한 내용을 답으로 작성해야 합격할 수 있습니다.**

둘째 : 답안 작성 시 유형 고려

토질및기초기술사 시험은 100% 논술 시험입니다. 논술의 정의는 "어떤 문제에 대하여 자기 생각이나 주장을 논리적으로 풀어서 적은 글"입니다. 시험 당일 출제된 31문제 중 수험자가 선택한 22문제에 대하여 본인이 주장하고 싶은 생각을 논리적으로 작성하여야 합니다. 답안을 논리적으로 작성하기 위해 문제의 성격을 파악하고 유형을 준수하여 작성하는 것이 점수 획득 및 시간관리에 효과적입니다.

본 저자가 추천하는 유형은 2가지입니다. 첫째, 단답형 및 서술형에 대한 큰 틀에 대한 준수입니다. 단답형 문제는 개념, 관련 이론(공식, 그래프 등), 실무적용성, 한계성 및 개선방안, 평가(수험자 판단사항)의 순서로 작성하고, 서술형 문제는 1페이지에 개요, 사전조사 등 사전준비사항, 2페이지에 출제문제에 관한 직접적 풀이, 3페이지에 사후관리, 개선방향, 평가(수험자 판단사항)의 순서로 작성하는 것이 일반적입니다.

물론 본 저자가 기술한 답안 작성 유형을 모든 문제에 적용하기는 어려울 수 있으며, 왕도가 아닐 수 있으나 본 저자의 경험상 일정수준의 득점을 기대할 수 있는 유형이라고 추천드리는 바입니다.

[단답형 답안(대제목) 유형(참고)]

문제	활성도 예시
1) 개념	1) 활성도의 개념
2) 관련 이론(메커니즘 또는 공식 또는 그래프)	2) 활성도의 산정방법 및 관계그래프 고찰
3) 실무적용성	3) 현장에서 적용되는 활성도에 대한 검토
4) 영향요인 또는 한계성 또는 개선방안(방향)	4) 활성도가 활발한 연약지반에서 발생 가능한 문제점 및 개선방안
5) 평가(수험자 판단사항)	5) 평가(동형치환, 소성지수와의 상관관계 중심)

[서술형 답안(대제목) 유형(참고)]

문제

1) 개요

2) 사전조사, 관련 이론의 고찰 등의 사전 준비사항

1페이지

3) 출제문제에 관한 직접적 풀이 1

4) 출제문제에 관한 직접적 풀이 2

2페이지

5) 문제에 영향주는 요인, 문제점 및 개선방안, 사후 관리 방안 등

6) 평가(수험자 판단사항)

3페이지

출제자의 의도 파악은 중요한 부분입니다. 의도를 파악하여 답안에 대제목으로 표현하여 주는 것이 좋습니다. "Heaving"과 같은 문제점 유형은 해결 또는 개선방안을 대제목으로 답안의 한 부분을 작성하고, "점성토와 사질토" 같이 비교를 원하는 문제는 비교표를 사용한 대제목을 답안의 한 부분으로 작성하는 것이 효과적입니다. "테르자기의 1차압밀 이론" 같이 이론을 물어보면 관련 공식과 그래프 등 출제자의 의도를 파악하여 이 문제를 왜 출제했을 것인가를 유추해 보는 과정이 필요합니다.

대제목 작성 시 단어 선택도 고민해야 합니다. 예를 들어 답안 작성 시 누구나 버릇처럼 자주 사용하는 단어인 "문제점"을 "선결과제, 논점사항" 등과 같은 유사단어로 표현하며, "대책방안"을 "개선방안, 조치사항" 등과 같은 유사단어로 표현할 수도 있습니다. 모든 수험자가 자주 작성하는 단어 선택에 대해 기계적으로 똑같이 적는 것이 아니라 뜻은 같되 채점자가 보기에 신선한 유사단어를 적을 필요도 있다고 생각합니다. 하지만 과유불급으로 본질에 너무 벗어난 단어 선택이나, 모든 답안에 신선한 단어로 차별화를 주는 것은 오히려 독이 될 수 있으니 유념하시기 바랍니다.

셋째 : 이론의 간소화

토질및기초기술사의 전체 이론을 공부하다 보면 이런 생각이 듭니다. "이 방대하고 복잡한 기준, 공식, 그래프, 학자들의 이론 등을 어떻게 숙지하지?"
가장 효과적인 방법은 본인이 간단히 이해하여 핵심만 추려낸 후 간략하게 작성하여 답안으로 활용하는 것입니다. 이런 방식으로 접근하면 다량의 복잡한 이론들을 나만의 핵심내용으로 답안 작성이 가능하다는 자신감이 상승하여 학습에 긍정적 효과를 나타냅니다.

예를 들어, 답안에 "비탈면 깎기 안정해석 시 고려사항"에 대한 대제목을 작성하고 싶으면 관련 자료를 읽은 후 간단히 이해하고 본인이 핵심이라고 생각하는 부분을 요약하여 답안을 작성하면 됩니다. 다음 내용을 참고하여 주시기 바랍니다.

[이론의 간소화 예시]

```
비탈면 쌓기·깎기 설계기준(국토부)

4.3.2 깎기설계기준
(2) 안정해석 시 고려사항
① 비탈면 안정해석 시 지하수조건은 지
   반조사 결과 및 지형조건 등을 종합적
   으로 고려하여 지하수위를 결정하고
   안정해석을 실시한다.
② 강우의 침투를 고려한 해석을 실시할
   경우, 현장 지반조사 결과, 지형조건,
   배수조건 및 해당지역의 강우강도, 강
   우지속시간 등을 고려하여 안정해석
   을 실시한다.
③ 토사 비탈면 안정해석은 비탈면 내의
   지하수위 및 시공속도에 따른 장단기
   적인 배수조건을 고려하여 유효응력
   해석 또는 전응력해석을 수행한다.
④ 불연속면에 기인한 파괴가 예상되는
   암반비탈면의 경우에는 불연속면의
   전단강도를 이용하여 안정해석을 수
   행한다.
```

이해 후 요약 ⇨

```
- 실무에 적용되는 비탈면 깎기 안정해석
  시 고려사항에 대한 고찰(대제목)
1) 지반여건을 고려하여 지하수위 결정
   후 해석
2) 강우침투 시 지반조사, 강우강도 및 지
   속시간 고려하여 해석
3) 토사사면은 유효응력 해석하고 암반
   사면은 불연속면의 전단강도 해석
```

이론뿐만 아니라 답안 작성에 중요하고 필수요소인 그래프 등도 수험자 본인이 이해 후 핵심사항을 간단하게 본인 것으로 편집하는 것이 필요합니다. 다만, 그래프에서의 필수 중요요소를 누락하면 안 됩니다.

예를 들어, 터널 관련 문제에 RMR 관계 그래프를 답안으로 작성하고 싶다면 그래프를 찬찬히 이해하고 핵심사항은 누락하지 않게 그래프를 간소화하여 정리합니다. 다음 내용을 참고하여 주시기 바랍니다.

[그래프의 간소화 예시]

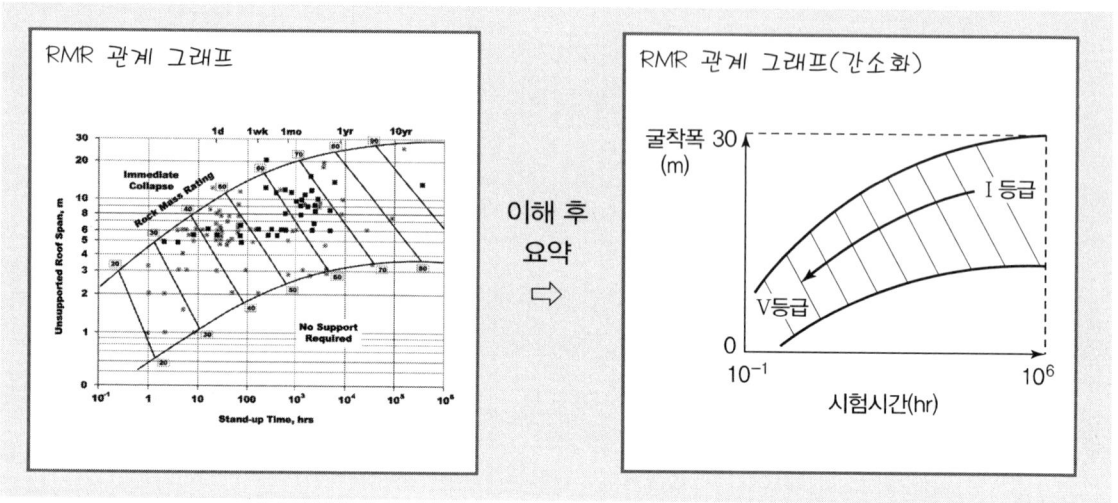

토질및기초기술사 답안에 출제의도에 따른 핵심사항을 작성하는 것도 중요하지만, 채점자로 하여금 나의 답안이 정리되어 있고, 읽고 싶게 만드는 답안의 가독성도 중요한 요소입니다.

본 저자는 답안 작성 시 되도록 답안지 양식의 좌측 세로로 된 세 줄의 공간만큼 우측 끝부분을 비우려 했습니다. 여백의 미를 살려서 가독성을 높이고 한 페이지에 작성된 문단들의 틀이 정리되어 보이도록 노력하였습니다.

그리고 수험자의 글씨체가 채점자가 봤을 때 예쁘면 좋으나, 글씨체가 예쁘지 않아도 글씨를 깔끔하게 정돈하여 작성한다면 문제는 없을 것으로 생각합니다.

넷째 : 그래프, 공식에 대한 제목, 부연 작성 및 영어 표기

토질및기초기술사 시험은 토목시공기술사 시험 등과 달리 공식, 그래프 등으로 승부를 보는 시험이라고 생각합니다. 따라서 답안에 공식, 그래프 등을 작성할 때에는 정성 들여 성의 있게 표현해야 합니다. 채점자로 하여금 출제문제에 대해 수험자 본인이 이해하고 있다고 가장 잘 표현해줄 수 있는 근거가 공식, 그래프 등이기 때문입니다.

그리고 이러한 그래프, 공식 등을 성의 있게 작성하는 좋은 방법은 그래프는 제목을 작성해주는 것이고, 공식은 각 구성인자들에 대한 부연설명을 해주는 것입니다.

시간이 촉박하게 진행되는 실제 시험에서 그래프에 제목을 적어주는 것이나, 공식 구성인자들의 부연 설명을 해주는 것을 누락하기 쉽기 때문에 평소 학습할 때 충분히 연습해두는 것이 중요합니다.

그래프, 공식 등에 대한 제목, 부연 작성에 대한 예를 들면, "Quick Clay로 분류하는 기준인자는 예민비(St), 자연함수비(Wn), 액성한계(LL), 액성지수(LI)이다. 이 기준에 대하여 설명하고, Quick Clay의 생성과정을 설명하시오"라는 문제가 출제되어 답안에 애터버그 한계 그래프를 작성하고 싶다면 아래의 내용을 참고하여 답안에 쓸 그래프 하단에 제목을 작성해 주십시오.

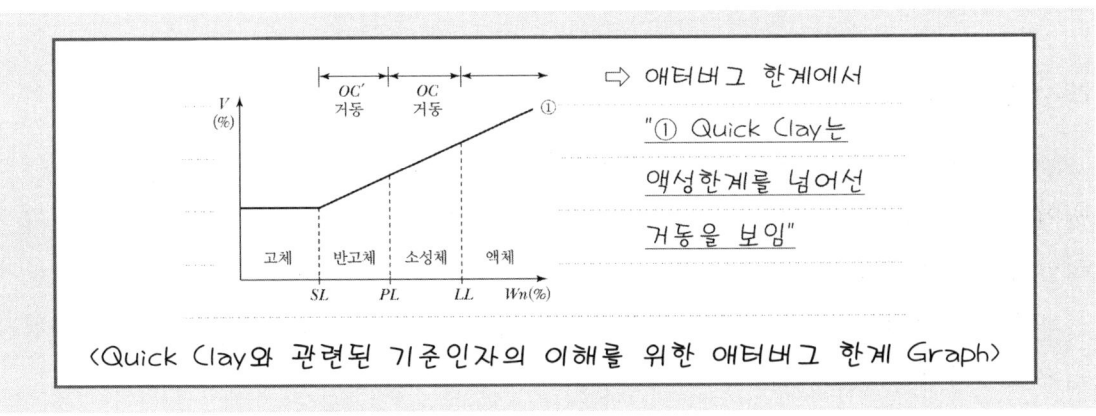

그리고 같은 문제에 대해 액성지수에 대한 공식을 답안에 작성하려 한다면 아래의 내용을 참고하여 공식의 구성인자에 대한 부연설명을 해주십시오.

대제목) Quick Clay와 관련된 기준인자인 액성지수 산출방법 검토

$$LI = \frac{Wn - PL}{LL - PL}$$

where) LI=액성지수, Wn=자연함수비
PL=소성한계, LL=액성한계

앞의 예시자료에서 굵은 글씨로 나타낸 부분을 참고하여 답안에 작성할 그래프의 제목, 공식의 구성인자에 대한 부연설명을 작성해 주는 것이 점수획득에 도움이 된다고 추천드립니다.

또한 수험자께서 가능하다면 영어로 원어를 적어주는 방법을 추천합니다. 채점자들은 토질 및 기초 분야에 대한 원서와 논문 등을 자주 접하는 사람들입니다. 원서나 논문은 주로 영어로 작성되기 때문에 답안에 영어 원어를 적어주면 수험자가 원서나 논문을 자주 접한다고 생각할 수 있어 좋은 인상을 줄 수 있습니다. 예를 들어 학자이름이나, 답안에 반복적으로 작성하는 단어를 영어로 적어주는 것이 좋습니다. 학자이름인 테르자기(Terzaghi), 체보타리오프(Tschebotarioff), 메이어호프(Meyerhof) 등 원어로 작성하고, 반복 작성하는 단어는 예를 들어 공식의 구성인자의 부연설명을 할 때 where를 적어준다거나 그래프 제목을 작성할 때는 Graph를 적어주는 등, 본 저자가 작성한 챕터별 핵심문제 풀이 답안을 참고해 보시기 바랍니다.

다섯째 : 공통대제목

공통대제목은 학습을 하며 수험자가 일정한 틀을 잡고 교시당 한 번 정도 사용할 수 있는 기술이라고 생각합니다. 공통대제목은 단답형 문제보다는 서술형 문제에 적용하는 것이 효과적입니다. 실제 시험 시 단답형 문제는 최소 9분에 1문제, 서술형 문제는 최소 23분에 1문제를 작성해야 합니다. 공통대제목의 적용은 긴박하게 진행되는 시험에서 점수획득 및 시간관리에 효과적일 수 있습니다.

본 저자의 경우에는 서술형 답안의 2페이지에는 출제문제의 존중을 위한 핵심답안을 작성해야 하기 때문에 공통대제목 적용이 어렵지만, 1페이지 대제목으로 사전조사 등의 사전계획 성격의 답안을, 3페이지 대제목으로 역해석, 계측관리 등의 사후관리에 관한 성격의 답안을 개인 공통대제목으로 개발하였습니다. 평소 학습할 때 반복해서 틀을 숙지하면 실제 시험에서 시간을 줄일 수 있는 효과를 볼 수 있습니다. 다음 내용을 참고해 주시기 바랍니다.

(예시)
문제) 사면형성이 어려운 지반에서 깎기를 시행할 때 사면안정을 지배하는 요인과 발생될 수 있는 문제점 및 대책에 대하여 설명하시오.

대제목) 사면형성이 어려운 지반 깎기의 효과적 대책수립을 위한 사전조사·시험 고찰

<사전조사>　　　　<실내시험>

현장조사 → 시료성형
　↓　　　　　　　↓
조사 자료취합　　전단시험
　↓　　　　　　　↓
시료채취 ────→ 강도정수 산정

〈효과적 대책수립을 위한 사전조사·시험 Flow Chart〉

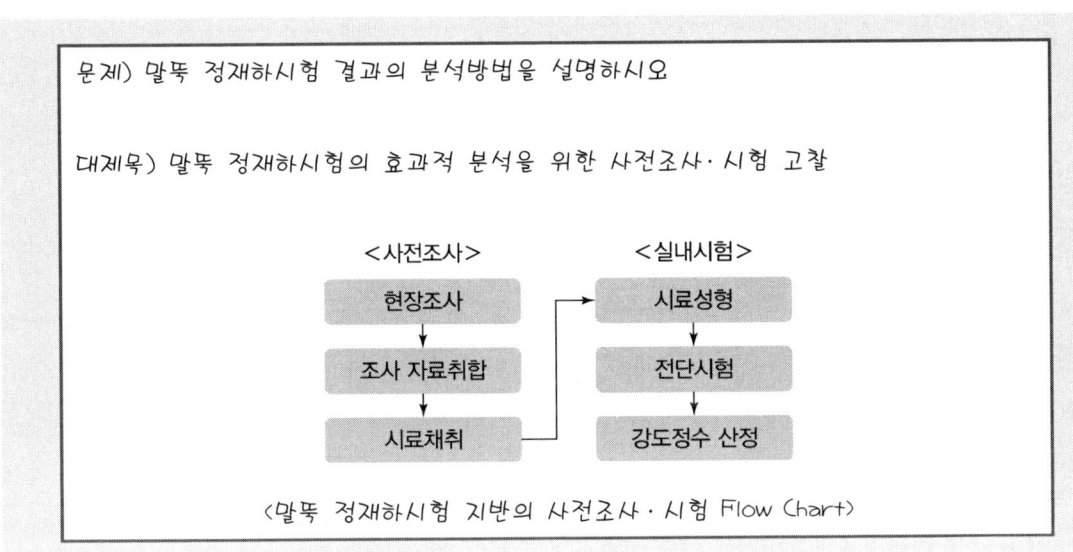

문제) 말뚝 정재하시험 결과의 분석방법을 설명하시오

대제목) 말뚝 정재하시험의 효과적 분석을 위한 사전조사·시험 고찰

〈말뚝 정재하시험 지반의 사전조사·시험 Flow Chart〉

수험자께 똑같은 내용을 답안으로 작성하라고 예시를 보여드리는 것이 아닙니다. 다만, 저는 이런 방식으로 공통대제목을 작성했다고 소개하는 것뿐입니다. 수험자께서는 굳이 플로우차트 형식이 아니더라도 본인이 학습하면서 떠오르는 아이디어로 공통대제목의 틀을 준비하기를 추천드립니다.

> **Key Point**
> - ✔ 출제자가 물어본 것 위주로 답을 써야 60점 이상 받겠네!
> - ✔ 질문에 대한 이론, 적용성, 개선방향 등을 논리적으로 써야지.
> - ✔ 이렇게 방대한 시방서 내용을 핵심만 간추려 써야겠어!
> - ✔ 그래프와 공식은 정성 들여 돋보이게 작성해야지!
> - ✔ 시간절약과 점수획득을 위한 공통대제목을 만들어 볼까?

❸ 자기주도노트 활용

"이렇게 많은 공식과 그래프를 어떻게 숙지하지?"

본 저자는 2015년 토목시공기술사를 취득하고 2019년 토질및기초기술사를 취득하였습니다. 토질및기초기술사 수험기간 초반에는 저에게 익숙했던 토목시공기술사 답안 작성의 형태를 빌려 현장모식도, 현장사례 등을 중심으로 답안을 작성하였습니다.

그러나 학습을 꾸준하게 진행하며 토질및기초기술사는 현장상황보다는 '흙의 성질'부터 '터널'까지 학자들의 이론과 메커니즘, 학문적인 근거, 해석과 계획 위주의 시험 준비가 효과적이라고 생각했습니다. 이런 생각의 전환에 따른 답안 작성의 바른 방향성과 꾸준한 학습을 통해서 1번의 필기시험 응시로 60점 후반대의 점수를 받을 수 있었습니다.

제게 익숙하고 편한 현장모식도, 현장사례 중심으로 답안을 작성하여 시험을 치렀다면 60점 이상의 점수 획득은 어려웠을 것입니다. 반면에 합격의 기초가 된 토질 및 기초분야 학자들의 이론과 현상의 메커니즘, 주요 그래프 및 공식들을 숙지하기란 제겐 여간 어렵지 않았습니다.

고민한 끝에 작은 메모노트(A4 절반크기)를 구입하여 **매일 숙지하기 어려운 중요 그래프, 공식 등을 최소한으로 수기로 작성하여 출퇴근하는 대중교통 안에서 반복하여 눈으로 익히며 숙지하였습니다**. 그리고 이런 본인만의 자기주도노트는 필기시험, 심지어 면접시험 직전에 시험 마무리 준비를 할 때도 도움이 될 수 있는 자료가 된다고 말씀드리고 싶습니다.

자기주도노트를 작성할 계획이라면 한 챕터당 5장 이상의 분량을 넘기지 않기를 바랍니다. 중요 공식, 그래프의 숙지용도로 자주 봐야 효과가 있는데 본서 전체내용의 요약노트로 만들어 버리면 이론교재와 다를 바가 없고, 분량에 질려서 자주 활용하지 않을 확률이 높습니다. **이 책의 별책부록으로 제가 수기로 작성해서 수험기간에 학습한 자기주도노트를 증정합니다**. 필요하다면 제공하는 내용 외의 공식이나 그래프를 추가 작성(진심으로 숙지하기 어려운 것으로 핵심만 간추려서)하여 관리하기를 추천합니다.

그리고 아래의 사진은 제가 실제로 작성하여 활용했던 자기주도노트 일부입니다. 참고하여 주십시오.

['흙의 성질' 챕터에 대한 자기주도노트(4.5장)]

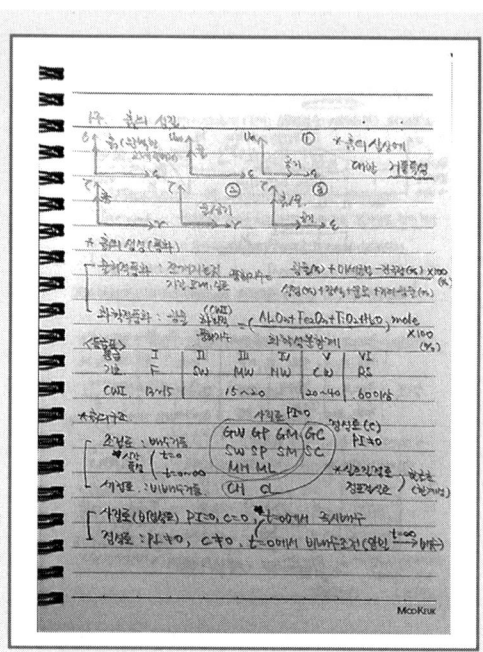

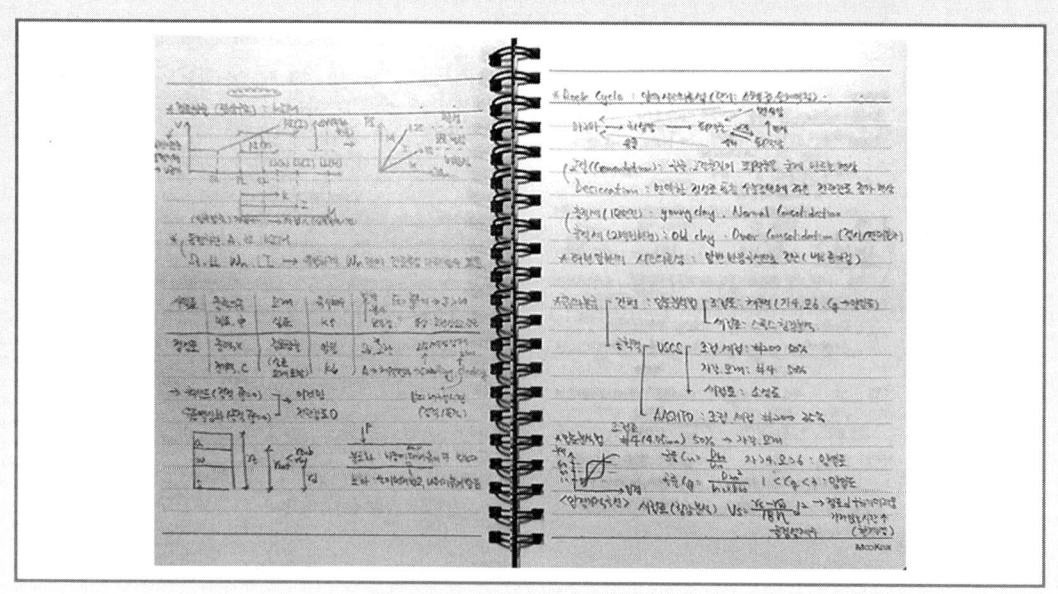

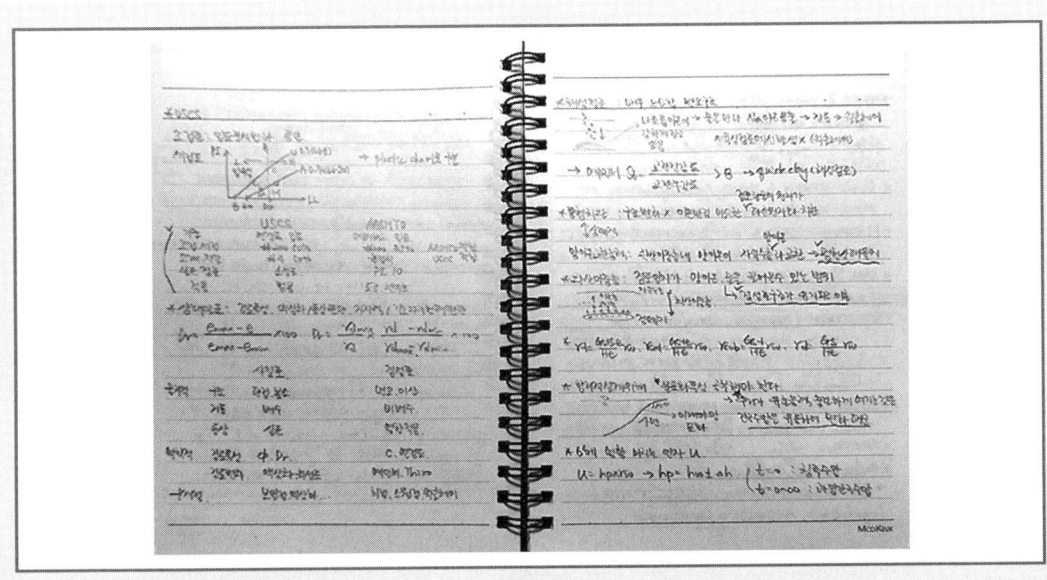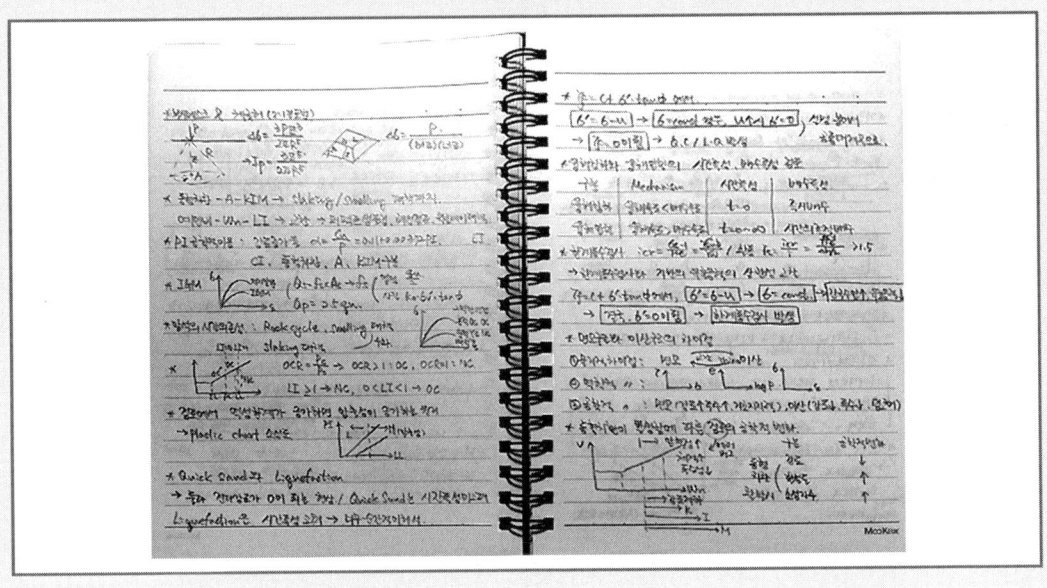

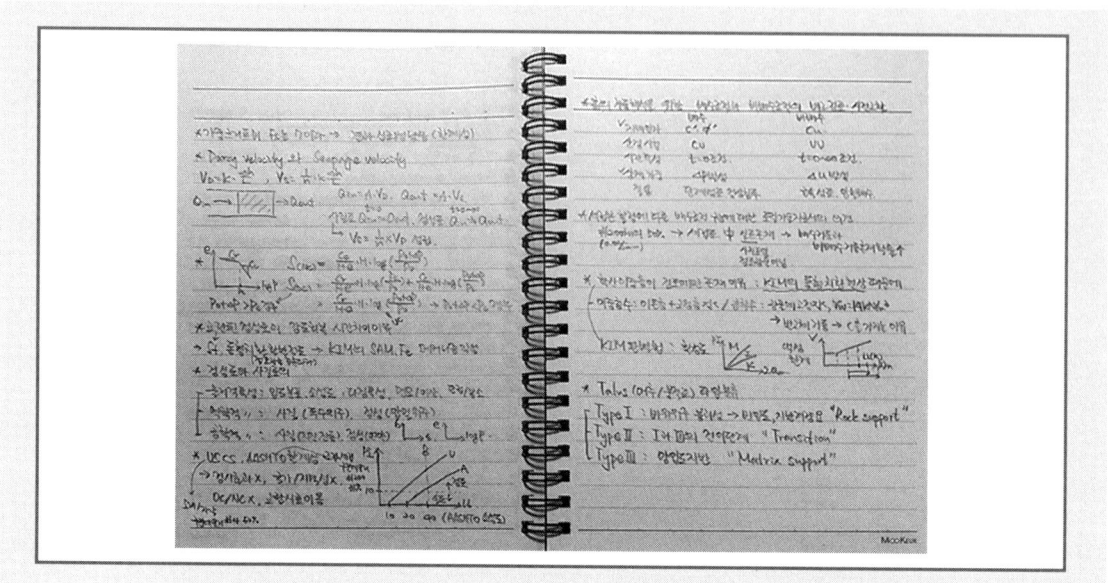

> **Key Point**
>
> ✔ 어려워 보이는 공식이나 그래프도 메모노트에 간략하게 적어서 자주 보면 답안 작성에 수월하겠어!

4 개인 모의고사 중심의 학습

"그래, 역시 시간 내로 모든 것을 써야 해!"

수험활동의 최종 목표는 결국엔 실제 시험에서 제한시간 내로 합격할 만한 답안을 작성하는 것입니다. 수험자께서는 학습할 때 본인만의 답안을 작성하여 바인딩 후 관리할 것으로 생각합니다. 작성에 걸리는 시간을 고려하지 않고 수험자 본인이 만족할 만한 답안을 작성하는 것은 초반에는 필요한 과정입니다.

하지만, 본인의 답안을 작성하고 반복 학습하여 시간 안에 풀 수 있는 능력을 배양해야 필기시험에 합격할 수 있습니다. 본 저자는 실제로 평일 5일간(퇴근 후 저녁시간)은 보통 단답형 15문제, 서술형 10문제에 대한 답안 작성 후 학습하고, 해당문제를 주말 2일에 걸쳐 단답형 문제당 9분, 서술형 문제당 23분으로 **반드시 시간을 재가며 자체 모의고사식으로 학습**하여 내 것으로 만들었습니다.

시간이 무한정 주어지는 시험이 아닙니다. 단답형은 9분 이내에 1문제, 서술형은 23분 이내에 1문제를 풀 수 있어야 하며, 합격 수준의 답안을 작성할 수 있는 능력을 더불어 배양해야 합니다.

> **Key Point**
> ✔ 평소 시간을 재는 모의고사식의 학습이 합격의 지름길이겠군!

5 최근 시험의 경향 파악

"최근 시험의 Trend를 파악해 볼까!"

최근의 시험 경향을 파악하는 것은 수험기간 단축에 도움이 된다고 생각합니다. 본 저자는 토질및기초기술사 수험생활을 시작하기 전에 호기심에 여러 가지의 최신 경향을 파악하여 참고하였습니다.

첫째 : 출제문제 파악

각 챕터별로 문제가 어떻게 출제되었는지 파악할 필요가 있습니다. 문제가 어떤 식으로 출제되는지를 알면 평소 학습 시 답안을 작성하는 틀을 바른 방향으로 잡을 수 있습니다.

계산 문제는 출제되고 있는지, 투수·압밀·전단의 역학적 부분에 대한 학자들의 이론을 물어보는지, 최근의 붕괴사고나 지반침하가 이슈가 되는 공법 부분의 문제는 어떤 형식으로 문제가 출제되는지, 단답형 문제는 원어로 물어보는지(예 등시곡선 → 아이소크론(isochrone)) 등의 최신 출제문제를 파악하는 것은 학습에 상당히 도움이 됩니다.

이 책으로 공부하는 수험자께 도움이 되기 위해 **이 책의 부록에 최근의 출제문제, 출제빈도, 응시연령 동향, 수험기간 동향에 대한 내용을 수록**하였습니다. 학습을 시작할 때나 학습 중에 꼭 참고하여 수험자 본인의 맞춤 학습패턴을 계획해 보시기 바랍니다.

둘째 : 출제빈도 경향 파악

'흙의 성질'부터 '터널'까지 이론의 챕터는 순서대로 작성되어 있지만, 출제빈도의 순서대로 학습순서를 잡아보는 것도 한 방법이라 생각합니다.

다만, 이론 공부를 처음 시작하는 수험자에게는 추천하지 않습니다. 왜냐하면 흙의 성질, 투수, 압밀, 전단의 역학적 이론을 이해해야만 뒤에 이어 나오는 토압, 기초, 연약지반, 사면, 조사, 진동, 암반, 터널의 공학적 내용을 이해할 수 있기 때문입니다.

하지만 이론의 정리가 1번 이상 된 수험자라면 필기시험을 앞둔 공부를 할 때 출제빈도 순서대로 학습을 하는 것도 한 방법이 될 수 있다고 생각합니다.

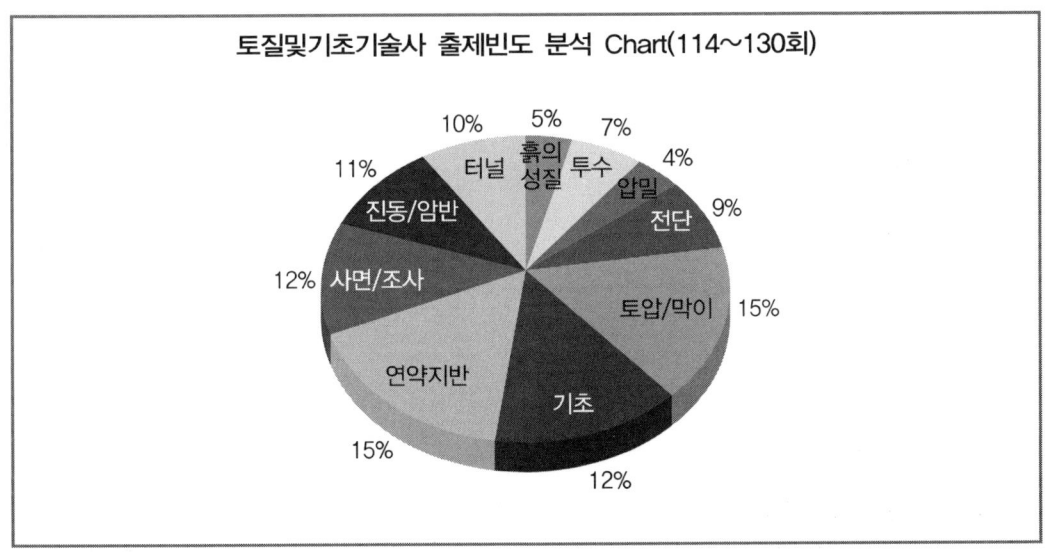

위 차트는 최근 6개년 이상의 출제문제 빈도를 분석한 사항입니다. 최근 이슈가 되는 공법부분의 출제빈도가 높은 것을 확인할 수 있습니다. 붕괴사고나 함몰사고가 키워드인 연약지반(지반침하), 토압/막이(개발행위), 기초(함몰), 진동/암반(도심지), 사면/조사(붕괴)가 전체의 약 65% 정도를 차지하고 있습니다. 더 자세한 사항은 부록을 참고 바랍니다.

셋째 : 수험기간 동향 파악

공부를 오랫동안 한다고 합격할 확률이 높아질까? 대답은 "아니요"입니다. 본 저자가 이 책에서 강조하고 있는 부분 중에 하나는 수험자 본인이 합격에 대한 목표기간을 정하는 것입니다. 무턱대고 오랫동안 공부한다고 합격할 확률이 높아지지 않는다는 진리가 다음 그래프에 명확히 나와 있습니다.

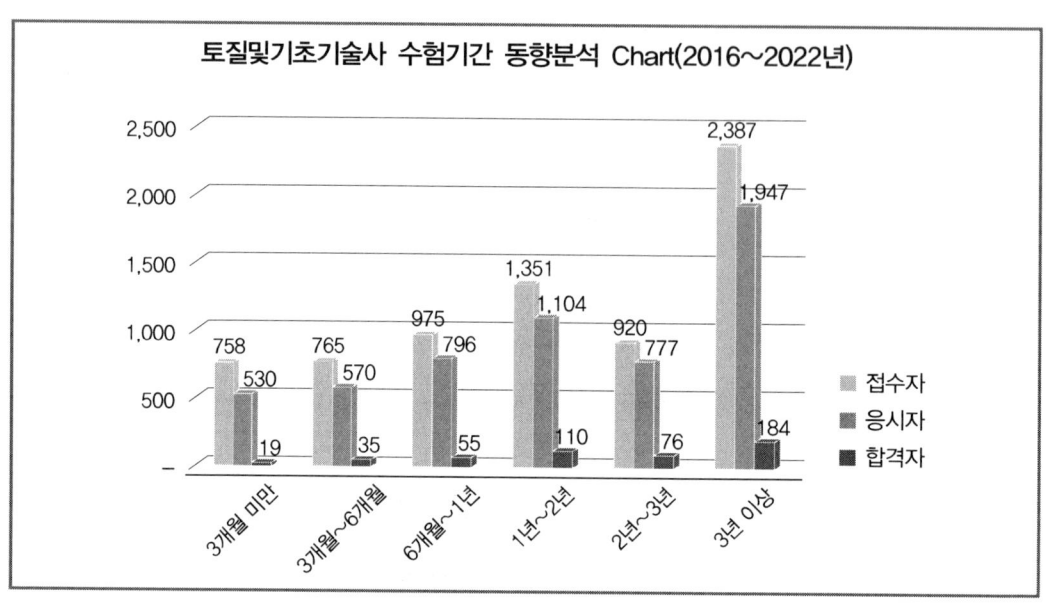

[필기 수험기간 총괄 동향분석(2016~2022년)]

분류	접수자(명)	응시자(명)	응시율(%)	합격자(명)	합격률(%)
3개월 미만	758	530	70%	19	4%
3개월~6개월	765	570	75%	35	6%
6개월~1년	975	796	82%	55	7%
1년~2년	1,351	1,104	82%	110	10%
2년~3년	920	777	84%	76	10%
3년 이상	2,387	1,947	82%	184	9%

위의 차트와 총괄표를 보면 토질및기초기술사 수험기간이 1년~3년된 수험자의 합격률이 가장 높은 것을 알 수 있습니다. 상식적으로 생각해 보면 공부를 오래할수록 지식이 쌓여 합격을 잘 할 것 같지만, 시간의 흐름에 따라 인간의 기억 안에 있는 지식은 서서히 사라지고 있다는 부분도 인식해야 합니다. 본 저자는 필기시험 응시 1번에 합격을 목표로 세우고, 합격도 필기시험 1번 응시로 해냈다는 점을 말씀드리고 싶습니다. 본인만의 학습기간 목표를 반드시 세워 보시기 바라고, **학습기간이 길어질수록 모든 것이 불리해진다는 것을 상기**하시기 바랍니다.

통계결과는 학습기간 1년~3년 사이에서 필기 합격률(20%)이 가장 높은 것으로 나타나며, 더 자세한 사항은 부록에 수록하였습니다.

넷째 : 응시연령 동향 파악

어릴수록 합격할 확률이 높아질까? 대답은 "아니요"입니다. 통계결과에 의하면 토질및기초기술사 시험에 응시하는 연령 중 20대~30대의 합격률이 높지 않다는 것을 확인할 수 있습니다.

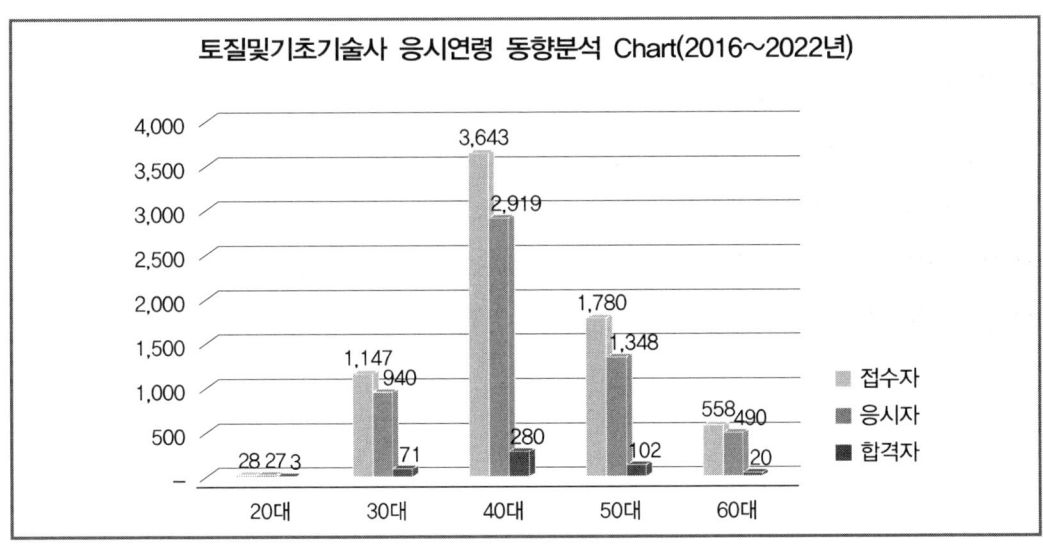

[응시연령 총괄 동향분석(2016~2022년)]

분류	접수자(명)	응시자(명)	응시율(%)	합격자(명)	합격률(%)
20대	28	27	96%	3	11%
30대	1,147	940	82%	71	8%
40대	3,643	2,919	80%	280	10%
50대	1,780	1,348	76%	105	8%
60대	558	490	88%	20	4%

통계결과에 의하면 30대~50대의 합격률(26%)이 가장 높습니다. 이는 30대~50대가 직장생활을 하면서 심적으로, 시간적으로 여유가 생기며 여러 프로젝트나 사회생활을 통해 쌓인 지식과 노하우가 시험 응시에 도움이 되었다고 분석할 수 있습니다.

결코 20대, 60대 수험자들의 사기를 꺾으려는 것이 아닙니다. 토질및기초기술사의 응시연령 동향이 이렇다는 것을 사실대로 알려드리는 것뿐입니다. 이런 경향을 알면 연령별로 본인만의 수험전략 수립에 도움이 된다고 생각하여 알려드리는 부분이니 참고하시기 바라며, 더 자세한 사항은 부록에 수록하였습니다.

Key Point

- ✔ 요즘 문제가 어떤 식으로 출제되는지 파악해 볼까?
- ✔ 붕괴나 함몰 때문에 공법부분이 많이 출제되는구나!
- ✔ 역시 공부를 오래한다고 합격하는 게 아니야. 난 1년 안에 합격하겠어!
- ✔ 반복 학습과 실무경험을 쌓는 것이 합격의 지름길이구나!

Chapter 01

흙의 성질

단답형 1 동형치환(Isomorphous Substitution)
단답형 2 면모구조와 이산구조
단답형 3 풍화(Weathering / Be Weathered)
단답형 4 통일분류법(USCS)
단답형 5 IGM(Intermediate GeoMaterials)
단답형 6 소성지수의 공학적 이용
서술형 1 Quick Clay로 분류하는 기준인자는 예민비(St), 자연함수비(Wn), 액성한계(LL)와 액성지수(LI)이다.
　　　　　 1) 이 기준에 대하여 설명하고
　　　　　 2) Quick Clay의 생성과정을 설명하시오.
서술형 2 교란된 점성토 강도회복과 관련하여 ⓐ 강도회복현상의 공학적 설명 ⓑ Sensitivity, Activity 연계 설명 ⓒ 강도회복시간 차이의 이유 및 관련된 지반물성치에 대해 설명하시오.
서술형 3 자연함수비는 같고 애터버그 한계가 서로 다른 2종류(A, B)의 점토가 있다. 점토A는 자연함수비가 액성한계보다 크고, 점토B는 자연함수비가 액성한계와 소성한계 사이에 있다. 이 두 점토의 압밀특성을 비교 설명하시오.
서술형 4 체분석 및 애터버그 한계 시험 결과 다음과 같은 자료를 얻었다.
　　　　　 1) 통일분류법으로 분류하는 과정 설명 및 분류하시오.
　　　　　 2) 흙의 투수계수를 경험식을 사용하여 추정해 보시오.
　　　　　 3) 간극비가 0.5, 비중은 통상적인 값일 때 포화단위중량 및 건조단위중량을 구하시오.
서술형 5 USCS, AASHTO의 특성에 대하여
　　　　　 1) 두 분류의 차이점
　　　　　 2) 재하에 따른 흙의 거동과 공학적 특성
　　　　　 3) 두 분류법을 소성도로 나타내시오.
서술형 6 흙의 거동을 해석할 때 배수조건 및 비배수조건으로 구분하여 해석할 경우가 많은데 이 배수조건은 세립분(74mm체 통과량)의 함량에 의해 영향을 받는다. 세립분 함량에 따른 배수조건의 구분에 대하여 토질기술자로서 귀하의 의견을 기술하시오.

단 1. 동형치환(Isomorphous Substitution)

답

I. 동형치환의 정의
 - 점토광물이 구조변화 없이 이온반경이 비슷한 다른 원자와 치환하는 현상

II. 점토광물의 생성과정인 동형치환 Mechanism 검토
 - Kaolinite : $Si^{4+} \rightarrow Al^{3+}$
 - Illite : $Mg^{2+} \rightarrow Fe, Al^{3+} \rightarrow Mg^{2+}, Si^{4+} \rightarrow Al^{3+}$
 - Montmorillonite : $Al^{3+} \rightarrow Mg^{2+}$

III. 활성도, 소성지수, 동형치환의 상관성 검토

  〈점토광물 구분 Graph〉
  (Montmorillonite $A=1.25$, Illite $A=0.75$, Kaolinite / $2\mu m$보다 작은 점토광물 중량백분율, PI)

  → 동형치환 활발 →

구분	상관성
활성도 (A)	활성도 증가
소성지수 (PI)	소성지수 증가

IV. 동형치환에 의해 발생하는 암석의 Swelling 및 Slaking 대책

  Swelling
  - Face Mapping
  - 시간의존성 평가

  Slaking
  - Slaking Test
  - 치환 등 개량공법

V. 공학적인 평가
 - 지반의 공학적인 안정을 위하여 동형치환 현상 이해를 통해 관련 Swelling, Slaking 대책 검토 필요 〈끝〉

답 2. 면모구조와 이산구조

I. 면모구조와 이산구조의 개념
- 면모구조가 교란되면 이산구조가 되고, 시간의 경과에 따라 다시 면모구조로 회복함

II. 면모구조와 이산구조의 물리적 특성 검토

→ 면모구조가 교란되면 이산구조가 되고, Thixotropy에 의해 다시 면모구조가 됨

→ Thixotropy와 교란은 시간특성에 영향을 받음

III. 면모구조와 이산구조의 실무적용성 검토

면모구조	이산구조
• 긍정적 : 말뚝의 주면마찰력, 지반의 지지력	• 부정적 : 지반의 지지력, 연약지반
• 부정적 : Smear Zone	• 긍정적 : Fill Dam Core

IV. 면모구조와 이산구조에 영향을 주는 요인
- 외적 요인 : Time Effect, 다짐, 진동
- 내적 요인 : 확산이중층의 존재, 동형치환 현상

V. 공학적인 평가
- 지반의 공학적 안정을 위해 점성토의 구조특성 이해가 필요하며, 실무적용의 적합성 중요 〈끝〉

단 3. 풍화(Weathering / Be Weathered)

답

I. 풍화의 정의
   - 암석이 햇빛, 물, 공기, 강우, 강설 등의 영향으로 파괴되거나 잘게 부서지는 현상

II. 풍화의 종류 및 종류별 특징
   - 물리적 풍화 : 바람, 온도, 물 등에 의한 풍화
   - 화학적 풍화 : 용해, 수화, 산화 등에 의한 풍화

III. 풍화 진행 정도 산정방법 검토(화강풍화토 기준)

   1) 화학적 풍화지수

   $$CWI(\%) = (\frac{Al_2O_3 + Fe_2O_3 + TiO_2}{\Sigma 화학성분}) mole \times 100(\%)$$

   2) 물리적 풍화지수

   $$\frac{변질광물 + 미세균열 - 간극량}{석영 + 장석 + 운모 + 기타광물} \times 100(\%)$$

IV. 화학적 풍화지수에 대한 분류의 실무적용성 검토

등급	I	II III IV	V	VI
기호	F	SW MW HW	CW	RS
CWI(%)	13~15	15~20	20~40	60 이상

V. 평가(지반의 공학적 안정 중심)
   - 지반의 공학적 안정을 위해 암석의 풍화 정도를 파악하고 풍화 영향을 받는 Slaking 등의 대책 필요 〈끝〉

단 4. 통일분류법(USCS)

답

I. 통일분류법의 정의
   - 흙의 공학적 분류법의 한 종류로서, 조립토, 세립토, 유기질흙으로 나누고 문자조합으로 분류명이 주어짐

II. 통일분류법에 의한 흙의 분류방법 고찰

   1) 조립토
      - 입경 : #200번체 통과량 50% 미만
      - 입도 : 균등계수 $= \dfrac{D_{60}}{D_{10}}$: 모래 > 6, 자갈 > 4, 곡률계수 $= \dfrac{(D_{30})^2}{D_{10} \times D_{60}}$: $1 < Cg < 3$
      (양입도 기준)

   2) 세립토
      - 입경 : #200번체 통과량 50% 이상
      → "소성도"를 통해 세립토의 압축성 구분

      (그래프: PI(%) vs LL(%), B선, U선, A선, 저압축/고압축, 8, 20, 50)

III. 통일분류법에 의한 흙의 분류명 검토
   - 흙의 종류 : G(자갈), S(모래), M(실트), C(점토)
   - 흙의 특성 : W(양입도), P(빈입도), H(고압축), L(저압축)
   → 예를 들어, GW : 양입도 자갈, MH : 고압축성 실트

IV. 통일분류법에 대한 한계성 및 개선방안 검토

한계성	개선방안
• 지역특성 고려하지 못함	• 지역특성 고려한 방법 개발
• 천편일률적인 기준 적용	• 경시효과 등의 특성 고려

〈끝〉

단 5. IGM(Intermediate GeoMaterials)

답

I. IGM의 개념

- 토사와 암반의 중간특성을 갖는 지반임. 특히 현타말뚝의 지지력 산정에 고려되는 이론임

II. 현타말뚝 설계 시 IGM을 고려하는 목적

<지지암반과 IGM의 비교 Graph>

→ 지지암반만큼은 아니나 "토사보다 큰 지지력 경향"

→ 따라서, "과다설계 방지 위해" IGM개념 고려

III. IGM에서의 현타말뚝 극한지지력 기준 고찰

1) 선단지지력(Q_P)

$$Q_P = 2.5 q_u \qquad \text{where) } q_u : \text{지반일축강도}$$

2) 주면마찰력(Q_S)

$$Q_S = f_s \times A_s \rightarrow \begin{cases} \text{점성지반 } f_s = 0.5 q_u \\ \text{사질지반 } f_s = k_0 \cdot \sigma_v' \cdot \tan\Phi \end{cases}$$

where) f_s : 마찰력, k_0 : 횡토압계수, σ_v' : 유효연직응력

IV. 효과적인 현타말뚝 설계를 위한 IGM 도입 검토방안

- 제도적 검토 : 설계 매뉴얼, 기준 도입 검토
- 실무적 검토 : 과다설계 방지 위한 도입 검토

V. 공학적인 평가

- IGM은 토사보다 높은 저항특성을 나타내므로 제도적 개입을 통한 개념 도입 필요 〈끝〉

단 6. 소성지수의 공학적 이용

답

I. 소성지수의 공학적 이용 개념
 - 소성지수는 액성한계와 소성한계의 차이값으로서 활성도, 강도증가율, 연경지수 등에 공학적으로 활용됨

II. 애터버그 한계 이론을 통한 소성지수에 대한 이해

〈애터버그 한계 Graph〉

→ 좌측의 그래프를 통해
"PI(%) = LL − PL"
where) LL : 액성한계
 PL : 소성한계

III. 소성지수의 공학적 이용

1) 활성도

$$A = \frac{소성지수}{2\mu m 보다 가는 점토율}$$

2) 강도증가율

$$\alpha = 0.11 + 0.00371 PI$$

3) 액성지수

$$LI = \frac{Wn - PL}{PI}$$

〈활성도와 점토광물 Graph〉

where) Wn : 자연함수비
 PL : 소성한계

4) 연경지수

$$CI = \frac{LL - Wn}{PI}$$

where) Wn : 자연함수비
 LL : 액성한계 〈끝〉

서	1.	Quick Clay로 분류하는 기준인자는 예민비(St), 자연함수비(Wn), 액성한계(LL)와 액성지수(LI)이다.
		1) 이 기준에 대하여 설명하고
		2) Quick Clay의 생성과정을 설명하시오.
답		
	I	개요
		— 애터버그 한계를 통해 LL, LI, Wn에 대한 설명이 가능하고 St 8 이상에서 Quick Clay 발생
		— Quick Clay는 해성점토에서 발생하며 느슨한 면모구조를 가짐
		— 지반의 공학적 안정 및 대형 재난 대책을 위해 Quick Clay 대책이 요구됨
	II	애터버그 한계를 통한 Quick Clay 분류 기준인자의 고찰

<애터버그 한계 Graph>

where) SL : 수축한계, PL : 소성한계
LL : 액성한계, Wn : 자연함수비(%)
V : 부피(%)

⇨ 애터버그 한계에서
"① Quick Clay는 액성한계를 넘어선 거동을 보임"

⇨ 애터버그 한계에서 x축이 "자연함수비" 소성체와 액체의 경계가 "액성한계"를 나타냄

III	Quick Clay로 분류하는 기준인자에 대한 설명	
	1) 예민비	
	$St = \dfrac{\text{교란 전 강도}}{\text{교란 후 강도}} \rightarrow$ 8 이상 Quick Clay 발생	
	2) 액성지수	
	$LI = \dfrac{Wn - PL}{LL - PL} \rightarrow LI$가 1 이상 Quick Clay 거동	
	where) Wn : 자연함수비, LL : 액성한계, PL : 소성한계	
	3) 액성한계와 자연함수비	
	〈애터버그 한계 Graph〉	① 액성한계 : 액체거동의 한계상태이며 Quick Clay 거동
		② 자연함수비 : 애터버그 한계 x축이며 증가 시 Quick Clay 거동
IV	Quick Clay와 기준인자 간의 상관성 검토	

구분	내용
예민비(St)	• 8 이상 시 Quick Clay 발생
	• 64 이상 시 Extra Quick Clay 발생
액성지수(LI)	• 액성지수가 1 이상 시 → Quick Clay 거동
액성한계(LL)	• 액성한계 이상에서 Quick Clay 거동
자연함수비(Wn)	• Quick Clay 발생 → 자연함수비 증가

Ⅴ. Quick Clay의 생성과정 설명

```
    ┌──────────────┐
    │   해성점토    │   : 해수 중에 점토가 바닥에 퇴적
    └──────────────┘
           ⇩
    ┌──────────────┐
    │  해성점토 융기 │   : 해성점토 지반융기 → 지상노출
    └──────────────┘
           ⇩
    ┌──────────────┐
    │ 강수 등에 Leaching │   : 강수 등 침투 → Na이온 리칭
    └──────────────┘
           ⇩            → "느슨한 면모구조"
    ┌──────────────┐
    │   진동 / 지진  │   : 진동에 의해 Quick Clay 발생
    └──────────────┘
```

Ⅵ. 지반의 공학적 안정을 위한 Quick Clay 대책방안 검토

예방대책	처리대책
• 강수 등에 의한 침투 대책	• 해당 지반 치환공법 등
• 지반개량 검토	• 인접구조물 피해 대책
• 예방 매뉴얼 제작	• 사후처리 매뉴얼 제작

Ⅶ. 공학적인 평가

- 최근 이슈가 되고 있는 지진 등에 의해 느슨한 면모구조인 해성점토 지반에서 Quick Clay가 발생하여 인접 구조물에 대형피해의 원인이 되고 있음. 따라서 예방 중심의 대책방안 검토가 요구됨. 〈끝〉

서 2.

교란된 점성토 강도회복과 관련하여 ⓐ 강도회복현상의 공학적 설명 ⓑ Sensitivity, Activity 연계 설명 ⓒ 강도회복시간 차이의 이유 및 관련된 지반물성치에 대해 설명하시오.

답

I. 개요

- 강도회복현상은 시간의 흐름에 따라 교란된 점성토 구조가 면모구조, 이산구조로 변화되는 것임
- 교란된 점성토의 강도회복은 예민비(S_t)와 활성도(A)가 증가함에 따라 활발해짐
- 교란된 점성토의 강도회복 시간은 예민비와 활성도에 관계가 있음

II. 애터버그 한계를 통한 교란된 점성토의 강도회복 사전 고찰

→ 애터버그 한계 그래프를 통해 교란된 점성토의 강도회복은 시간의 흐름에 따라 "회복 되면서 부피가 줄어듦"

〈점성토 강도회복 관련 애터버그 Graph〉

III. 교란된 점성토 강도회복과 관련한 강도회복현상의 공학적 설명

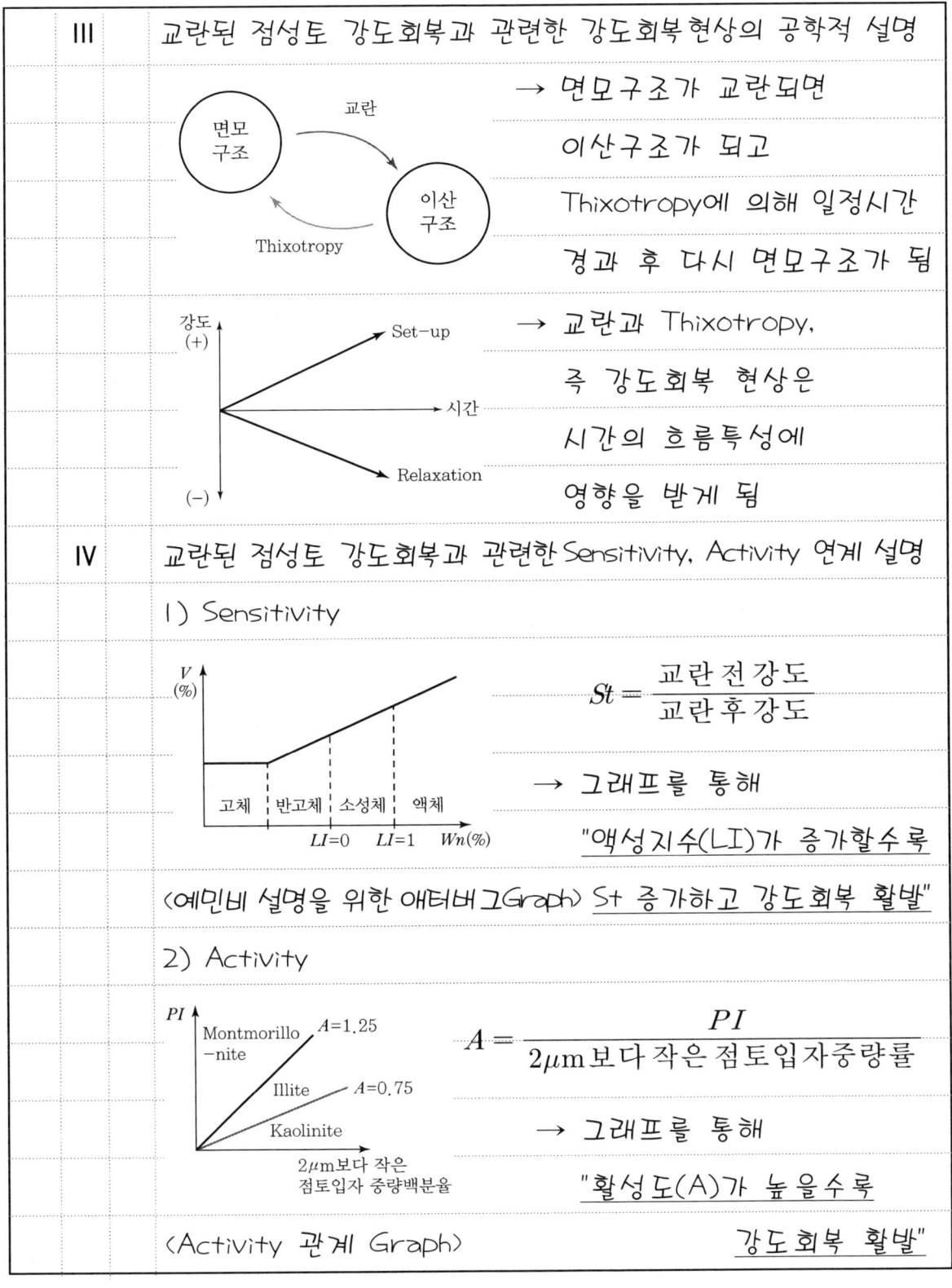

→ 면모구조가 교란되면 이산구조가 되고 Thixotropy에 의해 일정시간 경과 후 다시 면모구조가 됨

→ 교란과 Thixotropy, 즉 강도회복 현상은 시간의 흐름특성에 영향을 받게 됨

IV. 교란된 점성토 강도회복과 관련한 Sensitivity, Activity 연계 설명

1) Sensitivity

$$St = \frac{교란 전 강도}{교란 후 강도}$$

〈예민비 설명을 위한 애터버그 Graph〉

→ 그래프를 통해 "액성지수(LI)가 증가할수록 St 증가하고 강도회복 활발"

2) Activity

$$A = \frac{PI}{2\mu m 보다 작은 점토입자중량률}$$

〈Activity 관계 Graph〉

→ 그래프를 통해 "활성도(A)가 높을수록 강도회복 활발"

| V | 교란된 점성토의 강도회복시간 차이의 이유 및 관련된 지반물성치 |

1) 강도회복시간 차이의 이유

PI 축 - 중량백분율 축 그래프:
- Mont-Morillonite, $A=1.25$
- Illite
- Kaolinite, $A=0.75$

⟨Activity 관계 Graph⟩

→ 앞선 검토와 같이 활성도(A)가 증가하거나 예민비(St)가 증가 시 강도회복 경향 증가

→ "A, St에 따라 회복시간 차이"

2) 교란된 점성토와 관련된 지반물성치

$\tau_f = C + \tan\Phi$ where) τ_f : 흙의 전단강도
  C : 점착력, ϕ : 내부마찰각

→ ϕ는 사질토의 함수이고, C는 점성토의 함수로서
  "점착력(C)이 교란된 점성토의 관련 지반물성치임"

| VI | 공학적인 평가 |

- 교란된 점성토의 강도회복은 Sensitivity와 Activity 관련되어 경향성이 나타남. 실무에 효과적으로 적용하기 위해 관련 현상을 이해하여 경제적이고 안전한 지반설계 추진 필요 ⟨끝⟩

| 서 3. | 자연함수비는 같고 애터버그 한계가 서로 다른 2종류 (A, B)의 점토가 있다. 점토A는 자연함수비가 액성한계보다 크고, 점토B는 자연함수비가 액성한계와 소성한계 사이에 있다. 이 두 점토의 압밀특성을 비교 설명하시오. |

답

I. 개요

- 점토A는 자연함수비가 액성한계보다 크기 때문에 과소압밀점토 거동을 하게 됨
- 점토B는 자연함수비가 액성한계와 소성한계 사이에 있기 때문에 정규압밀점토 거동을 하게 됨
- 공학적으로 안정하지 않은 점토A에 대한 문제점 및 대책방안의 검토가 필요함

II. A, B 두 점토의 압밀특성 비교 설명을 위한 압밀이론 사전 고찰

1) Terzaghi의 1차압밀이론

$$\frac{\partial u}{\partial t} = Cv \frac{\partial^2 u}{\partial z^2}$$

→ 시간의 흐름에 따른 과잉간극수압의 소산은 압밀계수를 고려한 과잉간극수압의 소산이다.

where) u : 과잉간극수압, t : 압밀시간, Cv : 압밀계수

2) Barron의 압밀이론

$$\frac{\partial u}{\partial t} = Cv \frac{\partial^2 u}{\partial z^2} + Ch\left(\frac{\partial^2 u}{\partial r^2} + \frac{1}{r}\frac{\partial u}{\partial r}\right)$$

where) Ch : 수평압밀계수, r : 방사방향 반경

III. 애터버그 한계를 통한 A, B 두 점토의 압밀특성 비교 검토

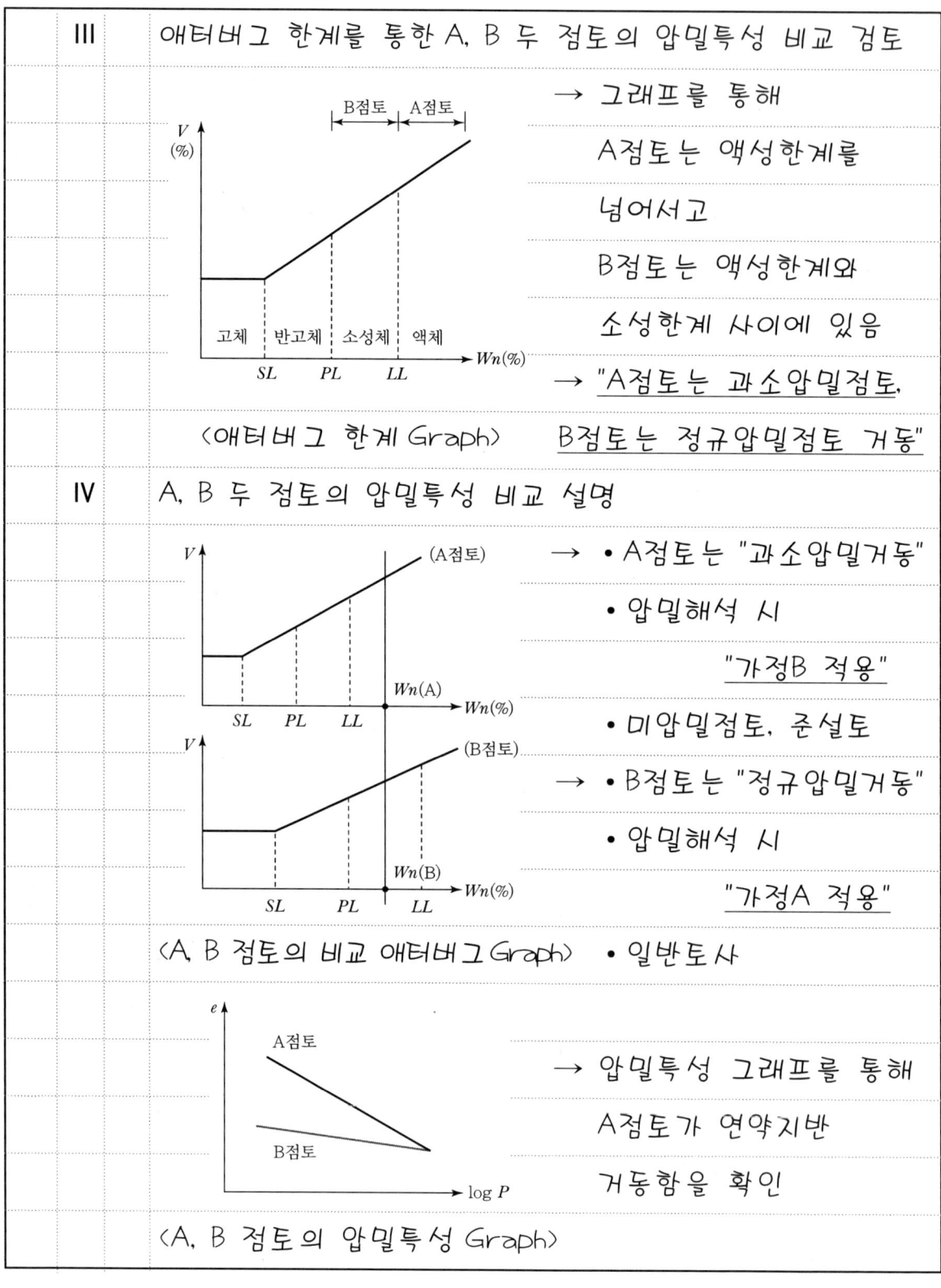

〈애터버그 한계 Graph〉

→ 그래프를 통해 A점토는 액성한계를 넘어서고 B점토는 액성한계와 소성한계 사이에 있음

→ "A점토는 과소압밀점토, B점토는 정규압밀점토 거동"

IV. A, B 두 점토의 압밀특성 비교 설명

〈A, B 점토의 비교 애터버그 Graph〉

→ • A점토는 "과소압밀거동"
 • 압밀해석 시 "가정B 적용"
 • 미압밀점토, 준설토

→ • B점토는 "정규압밀거동"
 • 압밀해석 시 "가정A 적용"
 • 일반토사

〈A, B 점토의 압밀특성 Graph〉

→ 압밀특성 그래프를 통해 A점토가 연약지반 거동함을 확인

| V | 자연함수비가 액성한계보다 큰 A점토의 공학적 문제점 및 대책방안 검토(압밀 중심) |

1) 공학적 문제점
- 설계 시 : 수치해석을 통한 설계 난이도 증가 등
- 시공 시 : 장비 Trafficability 확보 난항 등
- 사후관리 : 계측관리에 따른 사업비 증가 등

2) 대책방안(압밀 중심)
- 압밀 촉진이 가능한 배수재 설치
- 장비 Trafficability 확보 가능한 공법 적용
- 수직배수재의 배수저하 방지를 위한 사전 검토

| VI | 평가(점토의 압밀특성 인식 중심) |

- 점토의 자연함수비가 애터버그 한계의 어느 범위에 있는지를 검토하여 대상 점토가 정규압밀 상태인지 과소압밀 상태인지 과압밀 상태인지를 과업책임자로서 바르게 인식하여 사업비나 사업기간에 악영향을 미치지 않도록 노력 필요 〈끝〉

서4. 체분석 및 애터버그 한계 시험 결과 다음과 같은 자료를 얻었다.

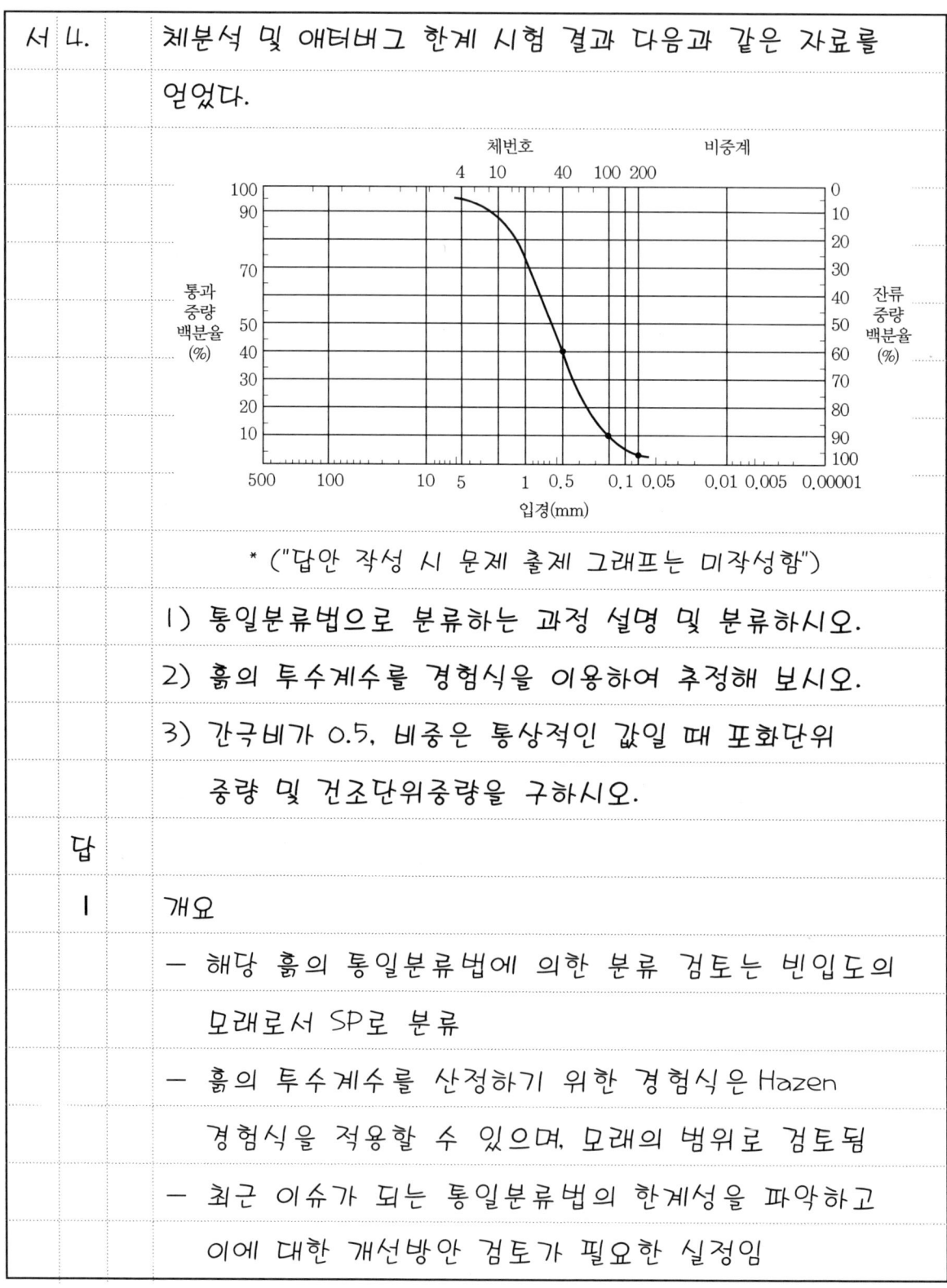

*("답안 작성 시 문제 출제 그래프는 미작성함")

1) 통일분류법으로 분류하는 과정 설명 및 분류하시오.
2) 흙의 투수계수를 경험식을 이용하여 추정해 보시오.
3) 간극비가 0.5, 비중은 통상적인 값일 때 포화단위중량 및 건조단위중량을 구하시오.

답

I 개요

- 해당 흙의 통일분류법에 의한 분류 검토는 빈입도의 모래로서 SP로 분류
- 흙의 투수계수를 산정하기 위한 경험식은 Hazen 경험식을 적용할 수 있으며, 모래의 범위로 검토됨
- 최근 이슈가 되는 통일분류법의 한계성을 파악하고 이에 대한 개선방안 검토가 필요한 실정임

| II | 흙의 분류방법 종류 및 종류별 특징 사전 고찰 |

1) 입도분석법
- #4번체 50% 통과율 기준 자갈, 모래 구분
- #200번체 50% 통과율 기준 조립, 세립 구분
- 균등계수, 곡률계수로 양입도 판단

2) AASHTO 분류법
- #200번체 50% 통과율 기준 조립, 세립 구분
- 별도의 소성도를 통해 실트, 점토 구분

| III | 통일분류법으로 분류하는 과정 설명 및 분류 |

1) 분류과정 설명

#4번체 통과백분율	#200번체 통과백분율
95%	5%

→ 출제문제의 입도분포 그래프에 따라, #200번체 통과율 50% 미만, #4번체 50% 이상으로 "모래로 분류"

$$균등계수 = \frac{D_{60}}{D_{10}} = \frac{0.75}{0.2} = 3.75$$

$$곡률계수 = \frac{(D_{30})^2}{D_{10} \times D_{60}} = \frac{0.4^2}{0.2 \times 0.75} = 1.07$$

→ 곡률계수는 $1 < C_g < 3$ 만족하나, 균등계수가 4 이하로서 빈입도로 검토됨

2) 분류

모래는 S, 빈입도는 P → "SP로 분류됨"

IV		흙의 투수계수를 경험식을 사용하여 추정
		− 투수계수 경험식
		"$k = C \times (D_{10})^2$ Hazen의 경험식"
		$k = C_v \times m_v \times \gamma w$
		where) C : 계수, C_v : 압밀계수, m_v : 체적변형계수
		→ Hazen의 경험식을 활용하여 투수계수를 구함.
		사질토의 C값은 통상 100~150이므로
		※ "$125 \times 0.2^2 = 5$mm/sec"
V		간극비가 0.5, 비중은 통상적인 값일 때 포화단위중량 및 건조단위중량 산정
		1) 인자 검토
		$e = 0.5$, $Gs = 2.6 \sim 2.8$(일반적), $\gamma w = 10$kN/m^3
		2) 중량 산정
		$\gamma sat = \dfrac{Gs + e}{1 + e} \gamma w = \dfrac{2.7 + 0.5}{1 + 0.5} \times 10 = 21$kN/m^3
		$\gamma d = \dfrac{Gs}{1 + e} \gamma w = \dfrac{2.7}{1 + 0.5} \times 10 = 18$kN/m^3
VI		평가(통일분류법의 한계성 및 개선방안 중심)
		− 국내 실무에서 통일분류법이 가장 널리 사용되고 있음. 그러나 지역 특수성 및 조립토, 세립토 구분의 모호성이 대두되는 실정임. 따라서 관련 한계성의 개선사항의 검토가 필요한 실정임 〈끝〉

서	5.	USCS, AASHTO의 특성에 대하여
		1) 두 분류의 차이점
		2) 재하에 따른 흙의 거동특성과 공학적 특성
		3) 두 분류법을 소성도로 나타내시오.
답		
	I	개요
		— USCS, AASHTO 분류법의 차이점은 분류 기준, 소성도, 군지수 활용 등임
		— 재하에 따른 흙의 거동특성은 응력—변형률 관계로 검토하고, 공학적 특성은 시간특성으로 검토함
		— 두 가지 분류법 모두 점토와 실트를 구분하기 위해 소성도를 활용하는데, 차이점이 존재함
	II	USCS와 AASHTO 분류법의 특징 사전 고찰
		1) USCS
		┌ 입경 : #200번체 50% 통과율 기준 조립, 세립 구분
		├ 입도 : 균등계수 $= \dfrac{D_{60}}{D_{10}}$: 모래 > 6 자갈 > 4, 곡률계수 $= \dfrac{(D_{30})^2}{D_{10} \times D_{60}}$: $1 < Cg < 3$ (양입도 기준)
		└ 소성도(Plastic Chart)를 통해 점성토, 사질토 구분
		2) AASHTO
		┌ 입도 분포 분석을 통해 입상토, 점토, 실트 구분
		├ 군지수(Group Index)로 흙을 분류
		└ 자체의 소성도를 통해 점토, 실트 구분

III. USCS, AASHTO 두 분류의 공통점 및 차이점

구분		USCS	AASHTO
공통점		흙을 분류하는 공학적 방법론	
차이점	분류기준	입도, 연경도	입도, 군지수
	조립/세립	#200번체 50% 통과율로 구분	#200번체 35% 통과율로 구분
	모래/자갈	#4번체 50% 통과율로 구분	불명확
	실트/점토	소성도로 구분	소성도로 구분
	유기질토	소성도로 구분	불명확
	활용	다방면	활주로 등

IV. 재하에 따른 흙의 거동특성과 공학적 특성

1) 거동특성

〈조립토와 세립토의 거동 특성 Graph〉

→ 거동특성 그래프를 통해
① 조립토의 거동특성
② 세립토의 거동특성으로
공학적으로 조립토가 양호한 거동을 보임

2) 공학적 특성

구분	조립토	세립토
시간특성	영향 적음	지배인자임
배수특성	양호	불량

| V | USCS, AASHTO 두 분류법의 소성도 비교 검토 |

1) USCS

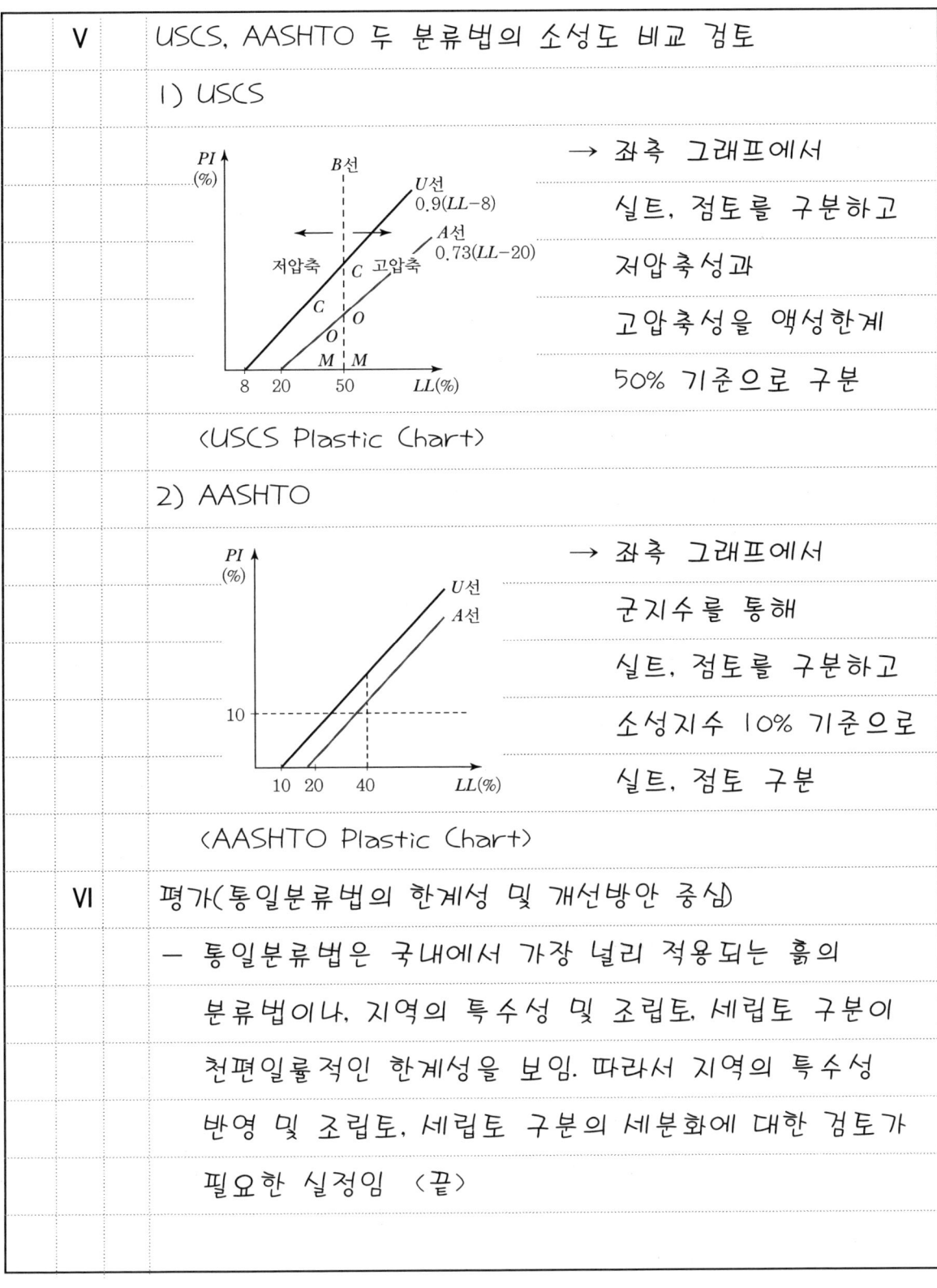

→ 좌측 그래프에서
실트, 점토를 구분하고
저압축성과
고압축성을 액성한계
50% 기준으로 구분

〈USCS Plastic Chart〉

2) AASHTO

→ 좌측 그래프에서
군지수를 통해
실트, 점토를 구분하고
소성지수 10% 기준으로
실트, 점토 구분

〈AASHTO Plastic Chart〉

| VI | 평가(통일분류법의 한계성 및 개선방안 중심) |

- 통일분류법은 국내에서 가장 널리 적용되는 흙의 분류법이나, 지역의 특수성 및 조립토, 세립토 구분이 천편일률적인 한계성을 보임. 따라서 지역의 특수성 반영 및 조립토, 세립토 구분의 세분화에 대한 검토가 필요한 실정임 〈끝〉

서 6. 흙의 거동을 해석할 때 배수조건 및 비배수조건으로 구분하여 해석할 경우가 많은데 이 배수조건은 세립분(74mm체 통과량)의 함량에 의해 영향을 받는다. 세립분 함량에 따른 배수조건의 구분에 대하여 토질기술자로서 귀하의 의견을 기술하시오.

답

I. 개요
- 지반의 안정해석 시 흙의 종류에 따라 배수조건과 비배수조건으로 구분하여 해석을 실시함
- 배수조건 구분 시 주로 세립분의 함량에 의해 구분하게 되는데 USCS, AASHTO 분류법으로 주로 검토
- 하지만 세립분에 의한 구분법은 세립토에 실트 등의 조립토가 혼재될 확률이 있으므로 개선 검토방법 요구됨

II. 효과적인 흙의 거동 해석을 위한 배수조건과 비배수조건의 사전 고찰

구분	배수조건	비배수조건
지배인자	C', ϕ'	Cu
시간영향	$t=0$	$t=0\sim\infty$
압밀특성	$\triangle P$ 발생	$\triangle U$ 발생
파괴단계	$\triangle P$ 저항	$\triangle U$ 저항
실무활용	단계성토 정상침투	급속시공 연약지반

| III | 흙의 배수조건에 영향을 주는 세립분 함량에 대한 검토 |

- 분류법별 세립분 함량 기준 비교

구분	USCS	AASHTO
74mm체 통과량	50% 이상 세립토 50% 미만 조립토	35% 이상 세립토 35% 미만 조립토
배수조건	"세립토 : 비배수조건 조립토 : 배수조건"	

| IV | 세립분 함량에 따른 배수조건 구분에 대한 토질기술자로서 의견 기술 |

1) USCS

<USCS Plastic Chart>

- 74mm체 통과율 50% 기준 조립/세립 구분
→ 세립토 중 실트 존재함
  "배수거동과 비배수거동 혼재 확률 높음"

2) AASHTO

<AASHTO Plastic Chart>

- 74mm체 통과율 35% 기준 조립/세립 구분
→ "배수거동과 비배수거동 혼재 확률은 USCS보다 낮음"

→ 두 방법 중 "AASHTO에 의한 배수거동 구분이 효과적"임

V	흙의 거동 해석 시 배수조건을 세립분 함량으로 구분할 때의 한계성 및 개선방안 제안
	1) 여건
	- 흙의 배수조건을 세립분 함량으로 구분할 때 주로 USCS, AASHTO 분류법으로 검토
	2) 한계성
	┌ "세립분으로 구분 시 조립토와 세립토 혼재 확률 높음"
	├ 흙의 하중이력에 대한 반영 미흡
	└ 흙의 경시효과 미고려
	3) 개선방안
	┌ 세립분 함량 구분 이외의 검토방법 연구
	└ 흙의 하중이력, 경시효과를 고려할 수 있는 방법 연구
VI	공학적인 평가
	- 지반의 안정 해석을 할 때 배수조건을 구분하게 되고 이때 흙의 세립분의 함량이 주된 판단 기준이 됨. 하지만 세립분의 함량 판단 기준은 주로 USCS, AASHTO 분류법으로 검토하게 되는데 이 경우 세립토로 구분된 흙에 실트 등의 조립토가 혼재되어 있을 확률 높음. 따라서 연구를 통해 개선 검토방법 추진이 필요함. 〈끝〉

Chapter 02

투수

| 단답형 1 | 동상의 양면성
| 단답형 2 | 투수계수 산정
| 단답형 3 | Darcy Velocity와 Seepage Velocity
| 단답형 4 | 침투압과 침투력
| 단답형 5 | 한계동수경사
| 단답형 6 | 흙댐에서의 필터(Filter) 조건
| 서술형 1 | 유선망을 이용하여 파악할 수 있는 지하수 흐름특성(유량, 간극수압, 동수경사, 침투수압)에 대하여 설명하시오.
| 서술형 2 | 수면 아래 있는 지반의 응력과 관련 다음 사항을 수식을 들어 설명하시오.
  (1) 유효응력의 원리
  (2) 여름 홍수 시, 초기수위가 △hw만큼 상승하는 경우 하상의 침하 여부와 강도변화를 설명
  (3) 지하수면 강하에 의한 지반의 침하와 강도변화를 설명
| 서술형 3 | 다음 그림과 같이 흙기둥을 통해 물이 아래로 흐르고 있다. 주어진 문제에 대하여 답하시오.(단, 흙의 포화단위중량은 $20kN/m^3$이다.)
  1) A점과 B점의 수두차
  2) A점과 B점에서의 유효응력
  3) B점에서의 단위면적당 침투수력
  4) 정수압인 경우에 비해 B점에서의 유효응력 증가량
| 서술형 4 | 지반조건이 아래 그림과 같을 때 다음 질문에 답하시오.(단, 점토는 정규압밀토이며 $\gamma w = 10kN/m^3$이며, ko는 경험식을 이용)
  1) 연직방향과 수평방향의 전응력, 유효응력 및 간극수압을 구하시오.
  2) 연직 및 수평응력의 분포를 그리시오.
| 서술형 5 | 하부에서 느슨한 실트질 모래층이 형성되어 있는 연약지반에 댐을 축조하려고 한다. 예상되는 공학적 문제점과 적합한 지반개량 공법에 대하여 설명하시오.
| 서술형 6 | 강널말뚝(Steel Sheet Pile) 차수벽이 그림과 같이 설치되었다.
  1) 유선망을 작도하여 침투유량을 산정하시오.
  2) A점의 간극수압을 산정하시오.
  3) 지반융기에 대한 안정성을 검토 후 불안정 시 보강 대책

단답

1. 동상의 양면성

I. 동상의 개념(지반동상 중심)
- 0℃ 이하의 기온에서 지하수의 모관현상으로 인해 실트질 지반이 동결하는 현상

II. 관련식을 통한 동상의 Mechanism 이해

$Z = C\sqrt{F}$

where) Z : 동결깊이, C : 계수
F : 동결지수

→ 실트질 지반에서 지하수의 모관현상으로 동상 발생

〈지반동상의 Mechanism 모식도〉

III. 동상의 양면성

구분	내용	비고
긍정적 측면	• 일시적 지반강도 증가	• 모관상승고
	• 일시적 장비주행성 증가	$hc = \dfrac{4T \cdot \cos\alpha}{d \cdot \gamma w}$
부정적 측면	• 인접구조물 피해 등	
	• 지표 Heaving 발생	where) d : 관직경
	• 융해 시 지반 연약화	T : 인장력, α : 각도

IV. 동상의 양면성 중 부정적 측면에 대한 대책방안
- 계획 : 수치해석을 통한 지반강도 설계 등
- 시공 : Heaving에 대한 지반개량 검토 등
- 관리 : 계측을 통한 지반 유지관리

〈끝〉

문 2. 투수계수 산정

답

I. 투수계수 산정의 개념
 - 지반 내 물의 흐름에 대한 능력을 수치화한 것으로 단위 시간당 흐른 거리로 산정 가능함

II. 투수계수 산정방법의 종류 및 종류별 특징

구분	종류	특징	비고
실내시험	정수위투수시험	조립토 대상	$k = C_v \cdot m_v \cdot \gamma w$
	변수위투수시험	세립토 대상	
현장시험	관측정법	양수법, 주입법	$k = C \cdot (D_{10})^2$
	루전테스트	싱글, 더블 패커	$k = \dfrac{Q \cdot L}{\Delta h \cdot A}$
경험식	하젠 이론	계수×(유효입경)²	

III. 투수계수의 공학적 활용 검토
 - 유량산정 $Q = kiA$ where) i : 동수경사
                                  A : 단면적
 - 압밀계수산정 $C_v = \dfrac{k}{m_v \cdot \gamma w}$ m_v : 체적변화계수
                                                          γw : 물단위중량

IV. 현재 투수계수 산정의 한계성 및 개선방안 제안

한계성	개선방안
• 단순히 유속에 초점 • 주변영향 미반영 • 지하수 오염 미고려	• 간극수 오염, 농도 등을 종합적으로 고려한 수리전도도 도입

〈끝〉

단 3. Darcy Velocity와 Seepage Velocity

답

I. Darcy Velocity와 Seepage Velocity의 정의
   - Darcy Velocity : 동수경사와 투수계수를 곱한 값
     Seepage Velocity : 동수경사와 투수계수의 곱을 간극률로 나눈 값

II. Darcy Velocity와 Seepage Velocity의 산정식 고찰
   1) Darcy Velocity $= k \cdot I$ (cm/sec)
   2) Seepage Velocity $= \dfrac{1}{n} \cdot k \cdot I$ (cm/sec)
      where) k : 투수계수, I : 동수경사, n : 간극률

III. Darcy Velocity와 Seepage Velocity의 실무적용성
   1) Darcy Velocity ($Q_{in} = Q_{out}$)
      → 유량 산정 $Q = kiA$ (m³/sec)
   2) Seepage Velocity
      → 침투수압의 안정해석 : Vs < V (안정조건)

IV. 침투수압과 Seepage Velocity의 상관성 고찰
   1) 침투수압이란?
      $\Delta U = \Delta h \times \gamma w$ → 수위차에 의한 물의 무게
   2) Seepage Velocity의 상관성
      침투수압 증가 → 침투속 증가 → "지반의 유효응력 감소"

V. 공학적인 평가 (시간특성 고려 중심)
   - 사질지반의 침투해석 시 t=0 조건을 고려한 침투속도를 고려하여 안정해석을 진행 〈끝〉

단	4.	침투압과 침투력
답		
	I	침투압과 침투력의 정의

- 침투압 : 수위차에 물의 단위중량을 곱한 값
  침투력 : 침투압을 침투거리로 나눈 값

II 침투압과 침투력의 산정방법 고찰(물막이 중심)

1) 침투압

$$\Delta h \times \gamma w \, (\text{kN/m}^2)$$

2) 침투력

$$\Delta h \times \gamma w / L \, (\text{kN})$$

〈물막이 침투 모식도〉 where) △h : 수위차, L : 침투거리

III 침투압과 침투력의 공통점 및 차이점 검토

구분		침투압	침투력
공통점		주로 사질지반의 침투에 의함	
차이점	개념	압력	힘
	차원	kN/m^2	kN

IV 지반의 안정을 위한 침투압과 침투력에 대한 대책방안

$$* \; Fs = \frac{W}{J} = \frac{\text{저항력}}{\text{작용력(침투력)}} \quad \text{에서(물막이 중심)}$$

┌─ 저항력 증가 ─┐   ┌─ 작용력 감소 ─┐

- 물막이 근입깊이 증가
- 지반개량 검토

- 수위 조절
- 방류에 의한 침투 감소 〈끝〉

문 5.   한계동수경사

답

I   한계동수경사의 정의
  - 흙의 유효응력이 0이 될 때의 동수경사, 흙의 수중단위중량과 물의 단위중량의 함수임

II   한계동수경사의 산정식 고찰

$$i_{cr} = \frac{\gamma sub}{\gamma w} = \frac{Gs-1}{1+e}$$

where) Gs : 흙의비중, e : 간극비, γsub : 수중단위중량

III   한계동수경사와 지반 유효응력의 상관성 검토

$\tau_f = C + \sigma' \tan\Phi$ 에서	→	u 증가 시 σ' 감소
⇓		⇓
$\sigma' = \sigma - u$		결국 σ'이 0이 됨
⇓		⇓
σ이 일정할 경우	→	한계동수경사 발생

where) u : 간극수압, σ' : 유효응력, τ_f : 전단강도

IV   한계동수경사의 실무적용성 검토(물막이 중심)

→ 좌측의 물막이 침투에서

$$Fs = \frac{i_{cr}}{i} = \frac{(\frac{Gs-1}{1+e})}{(\frac{\Delta h}{L})}$$

〈물막이 침투 모식도〉 → 안전율이 1.5 이상 OK 〈끝〉

단 6.		흙댐에서의 필터(Filter) 조건
답		
	I	흙댐에서의 필터조건 개념
		— 흙댐에서 필터는 침투수의 원활한 배수를 위해 설치되며 배수 원활과 토립자 유출 방지의 기준이 있음
	II	흙댐에서 필터를 설치하는 공학적 목적
		— 필댐 제체의 파이핑 및 침투 방지
		— 물의 흐름에 의한 필터 토립자 유출 방지
		— 제체나 지반에 침투한 물의 원활한 배수 도모
	III	흙댐에서의 필터(Filter)조건

→ 좌측 그래프를 통해

① 배수 원활 기준

$$\frac{(D_{15})_f}{(D_{15})_s} \geq 4$$

〈필터조건 입경분포 Graph〉

② 토립자 유출 방지 기준

$$\frac{(D_{15})_f}{(D_{15})_s} \leq 20 \quad \frac{(D_{50})_f}{(D_{50})_s} \leq 25$$

IV 흙댐의 공학적 안정을 위한 필터의 유지관리방안 검토

┌─ 저항력 증가 ─┐
- 흙댐 기초깊이 증가
- 지반개량 검토
- 필터 막힘 방지

┌─ 작용력 감소 ─┐
- 수위 조절
- 방류에 의한 침투 감소
- 필터 입경 관리

〈끝〉

서	1.	유선망을 이용하여 파악할 수 있는 지하수 흐름특성
		(유량, 간극수압, 동수경사, 침투수압)에 대하여 설명하시오.
답		
	I	개요
		— 유량은 등수두선과 유선의 개수, 수두차, 투수계수의 곱으로 산정됨
		— 간극수압 및 동수경사는 수두차 및 압력수두를 산정 후 계산할 수 있음
		— 유선망을 통한 해석은 사질지반에 적용되고 시간특성을 고려하지 않은 방법임
	II	유선망 해석 시 고려해야 하는 기본가정
		— 흙은 균질하며 등방이다.
		— 유선과 이웃한 유선의 간격은 같다.
		— 유선과 등수두선은 서로 직교한다.
		— 유선망 요소는 이론적인 정사각형이다.
	III	유선망을 통한 지반안정해석 시 실시하는 사전 조사·시험 고찰

「사전조사」   「실내시험」

[지형도 / 지질도] → 자료수집 → 시편제작 등
[지장물 / 주요건물] → 주변환경 → 투수, 압밀시험
[보링 / 시추] → 지반조사 → 강도정수 산정

역해석

Ⅳ. 유선망을 이용하여 파악할 수 있는 지하수 흐름특성
(유량, 간극수압, 동수경사, 침투수압)에 대한 설명

1) 유량

where) ① : 유선
② : 등수두선
H : 수위차
D : 막이근입깊이

→ 모식도의 관계로부터

$$Q = \frac{N_f}{N_d} \cdot k \cdot H$$

〈물막이 구조물 유선망 모식도〉

where) Q : 유량, k : 투수계수, N_d : 등수두선수, N_f : 유선수

2) 간극수압

"간극수압=압력수두×물의 단위중량"이므로

→ 구하고자 하는 지점의 기준점에서 수면까지의 거리를 구하여서 산정하면 됨

3) 동수경사

$$i = \frac{\Delta h}{L}$$

→ 구하고자 하는 지점의 유선거리와 수두차로 산정

4) 침투수압

→ 구하고자 하는 지점 요소의 평균등수두 계산 후, 물의 단위중량 곱함

* $\Delta h(ave) \times \gamma w =$ 침투수압

| V | 현재 실시되고 있는 수치해석에 의한 유선망 해석의 한계성 및 역해석 중심의 개선방안 제안 |

```
┌──────────┐    ┌──────────┐    ┌──────────┐
│ 설계 추정 │ →  │          │ →  │응력/변위 예측│
└──────────┘    │ Analysis │    └──────────┘
┌──────────┐    │          │    ┌──────────┐
│ 설계 결정 │ ←  │          │ ←  │응력/변위 측정│
└──────────┘    └──────────┘    └──────────┘
```

where) → : 설계해석, ← : 계측해석

〈Back Analysis Flow〉

1) 한계성
- 수치해석에 의한 유선망해석은 근사해석임

2) 개선방안
- 계측에 의한 측정치를 검토하여 설계 결정에 반영

| VI | 공학적인 평가 |

- 유선망의 해석 시 기본가정을 이해하고, 현장조사, 실내시험을 사전에 수행하여 해석의 예비사항을 준비함. 유선망은 주로 사질지반에서 검토되는 해석 기법으로 파이핑, 보일링, 액상화 등의 검토에 적용 가능함. 〈끝〉

서 2. 수면 아래 있는 지반의 응력과 관련 다음 사항을 수식을 들어 설명하시오.

(1) 유효응력의 원리

(2) 여름 홍수 시, 초기수위가 △hw만큼 상승하는 경우 하상의 침하 여부와 강도변화를 설명

(a) 초기상태   (b) 수위 상승 후

(3) 지하수면 강하에 의한 지반의 침하와 강도변화를 설명

(a) 초기상태   (b) 지하수위 강하상태

답

I 개요

- 지반의 유효응력은 전응력에 간극수압을 뺀 값으로 공학적인 안정을 좌우하는 인자임

- 여름 홍수 시, 수위상승의 경우 유효응력의 변화가 없어 강도 및 침하발생이 없음

- 갈수기 혹은 개발행위 시 지하수위 하강에 의해 강도가 증가하고 침하가 발생하는 경향을 보임

	II	물이 지반의 공학적 안정에 미치는 영향에 대한 사전 고찰

* "$\tau_f = C + \sigma' \tan \Phi \rightarrow \sigma' = \sigma - u$"

전단강도에 영향을 미치는 유효응력 → "간극수압에 좌우"

1) $t=0$ 조건에서의 물의 영향

　　→ 사질지반으로 즉시배수 → 유효응력 변화 미미

2) $t=0\sim\infty$ 조건에서의 물의 영향

　　→ 점성지반으로 압밀배수 → 과잉간극수압(Δu) 발생

　　→ 유효응력 증감에 상당한 영향을 미침

III 유효응력의 원리

* "유효응력 = 전응력 − 간극수압"으로서

구분	전응력	간극수압	유효응력	강도
상향 침투 시	Constant	상승	감소	감소 경향
하향 침투 시	Constant	감소	상승	상승 경향

→ 전응력이 일정(Constant)하다고 사전 가정한다면

　"침투에 의한 간극수압과 유효응력은 반비례 관계"임

IV 여름 홍수 시, 초기수위(h_w)가 Δh_w만큼 상승하는 경우

하상의 침하 여부와 강도변화를 설명

구분	유효응력	간극수압	강도변화
초기수위	$Z \times \gamma_{sub}$	$(h_w+z) \times \gamma_w$	• 유효응력 변화 없어
상승 시	$Z \times \gamma_{sub}$	$(h_w+z+\Delta h) \times \gamma_w$	강도 증감 없음

→ 수위가 상승 시, 간극수압은 증가하나

　"유효응력이 변화 없어 침하발생 없음"

V. 지하수면 강하에 의한 지반의 침하와 강도변화를 설명

구분	유효응력	간극수압
초기수위	$Z_2 \times \gamma_{sub} + Z_1 \times \gamma$	$Z_2 \times \gamma_w$
강하 시	$(Z_2 - \Delta Z) \times \gamma_{sub} + (Z_1 + \Delta Z) \times \gamma$	$(Z_2 - \Delta Z) \times \gamma_w$

→ 상기의 결과로부터, 유효응력의 변화에 의해
 "전단강도는 증가하고, 침하가 발생"하게 됨

VI. 최근 이슈인 지하수위 변화에 따른 지반침하에 대한 문제점 및 대책방안 제안

1) 문제점 ┌ 인명피해 가능
         └ 중요 구조물 피해 가능, 예산낭비 등

2) 원인 ┌ 개발행위(굴착)에 의한 수위하강
        └ 지하관로 등 파괴에 의한 수위하강

3) 대책방안 ┌ 제도적 : 지하안전영향평가 실시 등
            └ 공학적 : 지반처리, 구조물 유지보수 등

VII. 공학적인 평가

— 여름홍수 시와 갈수 시 지하수면의 변화에 따라 지반의 유효응력에 변화가 생겨 지반 강도저하 및 침하가 발생할 수 있음. 최근에는 지하수위 변화에 따른 도심지 지반침하가 이슈가 되고 있는 실정임. 해당 원리를 이해하고 대책을 사전에 수립하여 예방 중심의 대책 마련이 필요함 〈끝〉

서 3.

다음 그림과 같이 흙기둥을 통해 물이 아래로 흐르고 있다. 주어진 문제에 대하여 답하시오. (단, 흙의 포화단위중량은 $20kN/m^3$이다.)

1) A점과 B점의 수두차
2) A점과 B점에서의 유효응력
3) B점에서의 단위면적당 침투수력
4) 정수압인 경우에 비해 B점에서의 유효응력 증가량

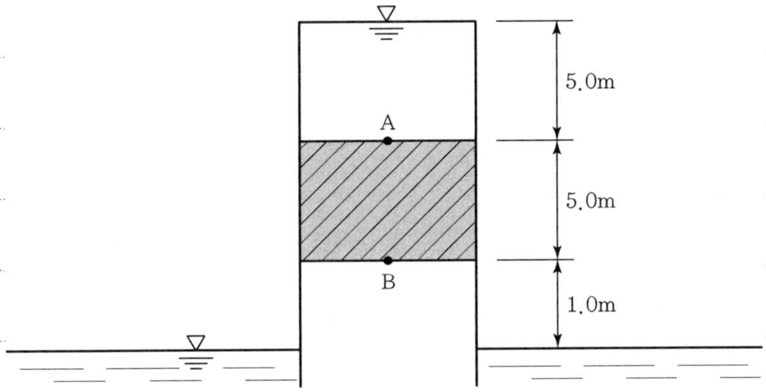

* ("답안 작성 시 문제 출제 삽도는 미작성함")

답

1 개요

- 지반에 하향 침투수력이 발생하면 흙의 유효응력이 증가하는 경향을 보임
- 지반의 강도는 증가할 수 있으나, 침하 등이 발생하여 주변 구조물의 영향 등을 고려해야 함
- 주기적으로 계측관리를 수행하여 침투수 관리 등의 지반안정을 위한 유지관리 필요함

II. 지반 내 하향 침투 발생 시 지중응력의 변화 사전 고찰

※ "전응력 = 유효응력 + 간극수압"

구분	내용
전응력	• 일정하다고 가정
간극수압	• 물의 하향침투 → 음의 침투수압 　간극수압(U) → $-U$
유효응력	• 물의 하향침투 → 변화 없음 　유효응력(σ') → σ'

III. 물의 하향 침투에 의한 지중응력 계산

1) A점과 B점의 수두차

→ A점과 B점의 수두차는 전수두차로 "11m"이다.

〈문제 모식도〉

2) A점과 B점에서의 유효응력

구분	전응력	유효응력	간극수압	전수두	위치수두	압력수두
A정수위	50	0	50	11	6	5
하향 침투	50	0	50	11	6	5
B정수위	150	50	100	11	1	10
하향 침투	150	160	-10	0	1	-1

→ A점 유효응력 $0 kN/m^2$, B점 유효응력 $160 kN/m^2$

3) B점에서의 단위면적당 침투수력

$$침투수력 = \frac{수두차 \times 물의 단위중량}{침투거리} = \frac{11 \times 10}{5} = 22kN$$

→ B점에서의 단위면적당 침투수력은 "22kN"이다.

4) 정수압인 경우에 비해 B점에서의 유효응력 증가량

지점	응력	정수압	하향침투
B점	전응력	150	150
	간극수압	100	-10
	유효응력	50	160

→ 유효응력 증가량은 "160-50=110kN"이다.

IV. 지반의 공학적 안정을 위한 물의 하향침투 시 대책사항

작용력 감소	저항력 증가
• 침투력 감소공법	• 지반개량공법
• 유한요소해석 검토	• 지하수위 유지
• 계측관리 분석	• 예방 중심의 관리 검토

V. 평가(지중응력 관리를 위한 계측 제안)

- 지반의 공학적 안정을 위한 계획 시, 물의 침투를 사전 검토, 조사하여야 함. 하향 침투 시 유효응력이 증가 경향으로 강도가 증가하는 것처럼 보이지만, 침하 등을 수반하므로 주변 영향을 고려해야 함. 간극수압계, 지층침하계 등을 설치하여 주기적인 계측관리를 통해 지반의 공학적 안정을 위한 계획 수립 필요 〈끝〉

서4. 지반조건이 아래 그림과 같을 때 다음 질문에 답하시오.
(단, 점토는 정규압밀토이며 $\gamma w = 10 kN/m^3$이며, Ko는 경험식을 이용)

1) 연직방향과 수평방향의 전응력, 유효응력 및 간극수압을 구하시오.

2) 연직 및 수평응력의 분포를 그리시오.

```
EL-0m  ▨▨▨▨▨▨▨▨▨▨▨▨▨▨▨▨
        · · · · · · · · · · · · ·
              모래                $\phi' = 30°$
        · · · · · · · · · ·      $\gamma_t = 16kN/m^3$
        · · · · · · · · · · ·    $\gamma_{sat} = 20kN/m^3$
EL-4m  ─────────────▽─────────────
        · · · · · · · · · · · · ·
        · · · · · · · · · · · ·
EL-6m  ────────────────────────────
        · · · · · · · · · · · · ·
              점토                $\phi' = 23.6°$
        · · · · · · · · · · ·    $\gamma_{sat} = 18kN/m^3$
        · · · · · · · · · · · · ·
EL-10m ────────────────────────────
```

* ("답안 작성 시 문제 출제 삽도는 미작성함")

답
1 개요
   - 모래의 유효응력은 습윤단위중량과 지중깊이의 곱이며 포화 시에는 수중단위중량과 지중깊이의 곱이 됨
   - 토압계수를 고려한 연직, 수평방향의 지중응력 중 간극수압은 변화가 없음
   - 따라서, 지하수위 관리를 통한 간극수압의 유지가 지반공학적 안정을 도모함

	II	지하수위 유무에 따른 지중응력 상관관계 사전 고찰
		1) 불포화토층 ┌ 유효응력 = 지중깊이 × 습윤단위중량
		└ 간극수압 = 미고려
		2) 포화토층 ┌ 유효응력 = 지중깊이 × 수중단위중량
		└ 간극수압 = 지중깊이 × 물의 단위중량
	III	연직방향과 수평방향의 전응력 유효응력 및 간극수압 산정 검토

1) EL-4m (여기서 $\phi = 30°$ (모래))

구분	연직(kN/m^2)	k_0	수평(kN/m^2)
전응력	64	$1-\sin\phi$	32
유효응력	64	$=1-0.5$	32
간극수압	0	$=0.5$(모래)	0

2) EL-6m (여기서 $\phi = 30°$ (모래))

구분	연직(kN/m^2)	k_0	수평(kN/m^2)
전응력	104	$1-\sin\phi$	62
유효응력	84	$=1-0.5$	42
간극수압	20	$=0.5$(모래)	20

3) EL-10m (여기서 $\phi = 30°$(모래), $\phi = 23.6°$(점토))

구분	연직(kN/m^2)	k_0	수평(kN/m^2)
전응력	176	$1-\sin 23.6$	114.8
유효응력	116	$=0.4$(점토)	54.8
간극수압	60	$=0.5$(모래)	60

IV. 연직 및 수평응력의 분포 검토

```
-0m  ▨▨▨
         모래
-4m  ▽              64 (kN/m²)        32 (kN/m²)
-6m                 84  20             42  20
         점토
-10m               116  60            54.8 60
                   유효응력 간극수압   유효응력 간극수압
```

〈연직응력 분포도〉 〈수평응력 분포도〉

V. 연직방향과 수평방향의 지반 내 간극수압의 역할 및 지반의 공학적 안정을 위한 지하수위 관리 방안

- 간극수압의 역할

| 수평, 연직 방향의 간극수압 수치 같음 | ⇒ | 수평, 연직 방향 외력에 "동일 크기로 저항" |

- 지하수위 관리방안

내적관리	외적관리
• 지중구조물 파손방지 • 지하수 배수관리	• 지반굴착기준 강화 • 침투수 관리 등

VI. 평가 (계측을 통한 지하수위 유지 제안)

- 상재압 및 개발하중에 대해 지반의 흙과 간극수가 저항하고 있음. 간극수가 유실되어 지하수위가 하강하게 되면 간극수압의 부재로 지중응력이 저하하게 됨. 따라서, 간극수압계, 지중침하계 등 설치하여 주기적인 계측관리를 통해 지반의 공학적 안정 도모 필요 〈끝〉

서 5.	하부에서 느슨한 실트질 모래층이 형성되어 있는 연약 지반에 댐을 축조하려고 한다. 예상되는 공학적 문제점과 적합한 지반개량 공법에 대하여 설명하시오.
답	
I	개요
	− 느슨한 실트질 모래 연약지반 위에 댐을 축조 시 제체와 지반에 강도저하 등 문제점이 발생할 수 있음
	− 느슨한 실트질 모래 연약지반은 개량공법 적용 시 치환공법을 적용함이 가장 타당함
	− 주기적 계측관리를 통해 부등침하, 파이핑, 수압할렬 등의 유지관리가 필요함
II	느슨한 실트질 모래층의 연약지반에 댐을 축조하기 위해 실시하는 사전 시험, 조사 고찰

〈사전조사〉　　　　　　〈실내시험〉

[지형도 / 지질도] → 자료수집 → 시편제작 등
　　　　　　　　　↓　　　　　　↓
[지장물 / 주요건물] → 현장조사 　 교란 등 검토
　　　　　　　　　↓　　　　　　↓
[관협의 / 관련법규] → 사전 인허가 　 투수, 압밀시험 ←┐
　　　　　　　　　↓　　　　　　↓　　　　역해석
[보링 / 시추] → 지반조사 ────→ 강도정수 산정 ──┘

〈연약지반에 댐 축조를 위한 조사 및 실내 시험 Flow Chart〉

| III | 느슨한 실트질 모래층의 연약지반에 댐 축조 시 예상되는 공학적 문제점(필댐 중심) |

구분	내용	비고
댐 제체 측면	• 부등침하 발생 • 코어 수압할렬 • 모세관현상 발생	※ 4대강 사업 ○○천 지구 제방 축조 시
하부지반 측면	• 파이핑 발생 • 보일링 발생 • 침하 발생	파이핑 발생 (2010년 7월)

| IV | 지반개량 공법이 중심이 되는 대책방안 고찰(필댐 중심) |

1) 지수공법

① : 링그라우트 실시

③ : 커튼그라우팅 실시

→ 물의 침투거리 증가

2) 지반보강 공법

② : 덴탈그라우팅

컨설리데이션그라우팅   〈필댐 지반개량 모식도〉

3) 치환공법 → 하부 연약층 존재 시 GW, SW로 치환

| V | 느슨한 모래층에서 발생 가능한 파이핑 대책방안 검토 |

제체 : 심벽을 설치하여 지수 실시

지반 ┌ 커튼그라우팅을 설치하여 흐름거리 증가
     └ 한계유속, 가중크리프비 검토 등

VI. 느슨한 실트질 모래층의 연약지반에 설치된 댐의 유지관리를 위한 계측관리 제안(필댐 중심)

1) 계측목적
   - 필댐 제체의 유지관리
   - 필댐 지반의 유지관리

2) 계측항목 및 설치목적

계측항목	설치목적
① 경사계	제체변형 관측
② 지하수위계	수위변동 관측
③ 침하계	지반침하 관측
④ 균열계	제체균열 관측

〈필댐의 계측관리 모식도〉

3) 계측치 관리
   - 계측치 < 1차관리치 : 안정
   - 계측치 > 2차관리치 : 관리 검토

VII. 평가(계측관리를 통한 댐 유지관리 제안)

- 느슨한 실트질 모래층의 연약지반에 댐을 설치할 경우 제체에는 부등침하, 수압할렬 등의 문제점이 발생 가능하고, 지반에는 파이핑, 보일링, 지반침하 등의 문제점이 발생 가능함. 예방 중심의 선제적 유지관리를 위해 계측계를 설치하여 주기적인 유지관리를 통해 댐의 안정을 검토함이 필요함 〈끝〉

서 6.

강널말뚝(Steel Sheet Pile) 차수벽이 그림과 같이 설치되었다.

1) 유선망을 작도하여 침투유량을 산정하시오.
2) A점의 간극수압을 산정하시오.
3) 지반융기에 대한 안정성을 검토 후 불안정 시 보강 대책

[그림: 강널말뚝 차수벽 단면도 — 수위차 4m, 모래층 상부 3m (A점 위치), 하부 3m, 불투수층, 모래층 $K=10^{-3}$ cm/sec, $\gamma=18$ kN/m³]

* ("답안 작성 시 문제 출제 삽도는 미작성함")

답

1. 개요

- 강널말뚝 차수벽 지반에 유선망을 작도하여 유선수, 등수두선수, 수위차를 파악하면 유량 산정 가능

- A점의 간극수압은 A점의 전수두, 위치수두, 압력수두를 산정하여 산정된 압력수두에 물의 단위중량을 곱하여 산정이 가능함

- 지반융기에 대한 안전율은 지반강도와 작용력의 비율로 산정하고 1.5 이상이면 안정 측으로 검토 가능

II. 유선망 해석 가정조건 및 지반융기의 안전율 사전 고찰

1) 유선망 해석 가정조건
- 흙은 균질하며 등방이다.
- 유선과 이웃한 유선의 간격은 같다
- 유선과 등수두선은 서로 직교한다
- 유선망 요소는 이론적인 정사각형이다.

2) 지반융기의 안전율

$$Fs = \frac{W}{J} = \frac{V \times \gamma sub}{\Delta h \times \gamma w / L} > 1.5 \text{ (OK)}$$

III. 유선망 작도를 통한 침투유량의 산정

→ 좌측의 유선망으로부터

$$Q = \frac{N_f}{N_d} \times k \times \Delta h$$

$$Q = \frac{4}{8} \times 10^{-3} \times 400$$

$k = 10^{-3}$ cm/sec
$\gamma = 18$ kN/m³

→ "0.2 cm³/sec"

〈유선망도〉 where) N_f : 유선수, N_d : 등수두선수

IV. A점의 간극수압 산정

— 상기의 유선망도와 문제의 조건으로부터
- A점의 전수두는 A점의 등수두로서 2m임
- A점의 위치수두는 −3m, 압력수두는 5m

따라서, $u_A =$ 압력수두 $\times \gamma w = 5 \times 10 = 50 \, (\text{kN/m}^2)$

V		지반융기에 대한 안정성 검토 후 불안정 시 보강 대책
		1) 지반융기에 대한 안정성 검토

$$Fs = \frac{\text{저항력}}{\text{작용력}} = \frac{W}{J}$$

$$\rightarrow \frac{V \times \gamma sub}{\Delta h \times \gamma w / L} = \frac{(1.5 \times 3) \times (18-10)}{4 \times 10/3}$$

→ "안전율이 2.7 산정됨,

안전율이 1.5 이상으로 보강 미검토"

VI		강널말뚝 차수벽의 유지관리를 위한 계측관리 제안
		1) 계측목적

- 차수벽의 유지관리
- 지반의 유지관리

2) 계측항목 및 설치목적

계측항목	설치목적
① 경사계	차수벽 관측
② 지하수위계	수위변동 관측
③ 침하계	지반침하 관측
④ 수위계	하천수위 관측

〈강널말뚝 계측관리 모식도〉

3) 계측치 관리
- 계측치 < 1차관리치 : 안정
- 계측치 > 2차관리치 : 관리 검토 〈끝〉

Chapter 03

압밀

단답형 1 압밀계수
단답형 2 평균압밀도
단답형 3 K_0 압밀에 대하여 설명하시오.
단답형 4 EOP(End Of Primary consolidation)에 의한 압밀계수
단답형 5 시료교란이 전단강도와 압밀특성에 미치는 영향에 대하여 기술하시오.
단답형 6 시간의존적 압밀침하 거동해석에서 가정A와 가정B
서술형 1 압밀에 대하여 다음 사항을 설명하시오.
1) 침투수로 인한 유효응력 변화에 따른 침투압밀
2) 자중압밀
3) 2차압밀
4) 점증하중에 대한 시간 – 침하량 관계
서술형 2 연약지반은 압밀침하에 따라 비배수전단강도(Su)가 증가한다. 강도증가 메커니즘과 강도증가율(Su/σ') 예측방법 그리고 현장적용에 대하여 설명하시오.
서술형 3 연약한 점성토의 압밀시험의 방법은 다양하다. 시험목적에 따른 압밀시험의 종류를 아는 대로 설명하시오.
서술형 4 점성토의 압밀침하량 산정 시 흙의 3상구조와 연장조건의 상관관계를 그림으로 나타내고, 정규압밀점토와 과압밀점토에 대한 1차압밀침하량 산정공식을 유도하시오.
서술형 5 연약지반을 조사하는 과정에서 점토층이 피압(Artesian Pressure)을 받고 있다는 사실을 알았다. 이러한 과정에서 생성되는 점토의 공학적 특징과 피압이 압밀특성에 미치는 영향에 대해 설명하시오.
서술형 6 압밀침하량 계산에서 점토층을 여러 층으로 나누어 침하량을 계산한다. 특히 무한분포하중과는 달리 직접 기초와 같이 유한분포하중인 경우 여러 층으로 나누어 계산하는 것이 매우 중요하다. 그 이유를 설명하시오.

단	1.	압밀계수
답		

1. 압밀계수의 정의

- 압밀에 걸리는 시간, 투수계수 등을 산정할 때 이용되는 계수로서 수직, 수평압밀계수가 존재함

II. 압밀계수를 구하는 산정식의 고찰 (수직압밀계수 중심)

$$C_v = \frac{T_v \times H^2}{t}$$

where) C_v : 수직압밀계수(cm^2/sec), T_v : 시간계수, H : 압밀층두께(cm), t : 압밀시간(sec)

III. 수직압밀계수와 수평압밀계수 산정방법

→ 수직압밀계수는 log압밀시간 – 체적변화 "그래프의 기울기"임

→ 수평압밀계수는 Rowe-cell 시험으로 산정

〈수직압밀계수 관련 logt Graph〉

IV. 실무에서의 압밀계수 적용성 검토

적용	내용	비고
압밀시간 산정	$t = T_v \times H^2 / C_v$	where) k : 투수계수
투수계수 산정	$k = C_v \times m_v \times \gamma w$	m_v : 체적변화계수
공법 적용	개량효과 판단	γw : 물의 단위중량

V. 공학적인 평가

- 압밀계수가 적용되는 지반특성을 이해하여 수직방향과 수평방향의 바른 압밀계수 선택 적용이 필요함 〈끝〉

단 2. 평균압밀도

답

I 평균압밀도의 정의
  - 최종압밀량에 대한 진행압밀량의 비율로서, 침하량 및 과잉간극수압의 관계로 표현할 수 있음

II 침하량과 과잉간극수압을 통한 평균압밀도 산정식 검토

  1) 침하량   2) 과잉간극수압

  $$U' = \frac{S_t}{S_f} \qquad U' = 1 - \frac{U_t}{U_i}$$

  where) U_i : 초기 과잉간극수압

  where) S_t : 임의침하량, S_f : 최종침하량 U_t : 임의과잉간극수압

III 등시곡선 그래프를 통한 평균압밀도 Mechanism 고찰

  〈등시곡선 Graph〉

  → 등시곡선이란?
    과잉간극수압의 수위임
  → "전체 압밀면적에 대한 압밀 진행 면적비가 평균압밀도"

IV 실무에서의 평균압밀도의 공학적 활용
  ┌ 침하량 산정 : 최종침하량 × 평균압밀도 = 현재침하량
  ├ 과잉간극수압 소산 : 연약지반 개량 등
  └ 유효응력 증가감소 : 압밀진행 정도 판정 등

V 공학적인 평가
  - 평균압밀도를 통해 연약지반 개량 시 과잉간극수압의 소산과 유효응력증가를 효과적으로 판단 가능 〈끝〉

단 3. K_0 압밀에 대하여 설명하시오.

답

I. K_0 압밀의 개념

- K_0 압밀은 압밀이 발생하지 않을 때의 상태가 아니라, 외력 작용 시 변형이 발생하지 않는 압밀상태임

II. 토질 및 기초 분야에서 K_0 압밀을 검토하는 목적

〈K_0 압밀 이론 모식도〉

→ K_0 압밀은 수평방향 압밀은 없고 수직압밀만 있는 변형 없는 상태로 "현장조건 재현"을 위해 주로 실시

III. K_0 압밀시험 방법 및 소성지수와의 상관성 검토

〈애터버그 한계 Graph〉

→ 애터버그 한계그래프로부터 "K_0 압밀 적용은 소성체 구간"임

→ K_0 압밀시험은 "CK_0U 시험"으로 실시

IV. K_0 압밀시험에 의한 실무적용성 고찰

〈K_0 포락선이 표현된 Mohr원 Graph〉

→ 흙의 CK_0U 시험을 통해 강도정수 산정(C, ϕ)

→ "전단강도 검토, 압밀량 계산, 압밀시간 계산에 활용"

V. 공학적인 평가

- K_0 압밀을 올바로 이해하여 지반설계 시 현장조건을 실제와 같이 재현하여 과다설계 방지 필요 〈끝〉

| 단 | 4. | EOP(End Of Primary consolidation)에 의한 압밀계수 |

답

I. EOP에 의한 압밀계수 개념

- EOP에 의한 압밀계수는 logt법으로 구할 수 있으며, △e, △logt의 함수임

II. EOP에 의한 압밀계수 산정방법

1) 침하곡선으로부터 EOP 산정
2) EOP와 2차압밀 종료지점의 △e와 △logt 산정
3) 압밀계수 $= \dfrac{\Delta e}{\Delta \log t}$

< e–logt 압밀곡선 Graph >

III. EOP에 의한 압밀계수에 영향을 미치는 요인

침하량	침하시간
• 강우 등에 의한 침투대책	• 지반 치환공법 등 적용
• 지반개량 검토	• 인접구조물 피해 대책

IV. EOP에 의한 압밀계수의 실무활용성 검토

1) 압밀시간

$$t = \dfrac{T_v \times H^2}{C_v}$$

2) 투수계수

$$k = C_v \times m_v \times \gamma w$$

V. 평가(EOP 압밀계수 한계성 중심)

- EOP에 의한 압밀계수는 연직방향 계수로서 수평방향 압밀계수는 별도의 산정이 필요함 〈끝〉

단 5. 시료교란이 전단강도와 압밀특성에 미치는 영향에 대하여 기술하시오.

답

I 시료교란의 개념
  - 지반의 강도정수 산정 등을 위해 시료를 샘플링, 운반, 성형 등의 과정에서 시료의 원래 성질이 변질하는 현상

II 응력경로를 통한 시료교란의 이해

→ ① 드릴링 → ② 샘플링 → ③ 추출 → ④ 시료성형

→ "시료교란에 의해 전단강도가 감소하는 경향" 확인

〈시료교란 응력경로 Graph〉

III 시료교란이 전단강도와 압밀특성에 미치는 영향

1) 전단강도

$$예민비 = \frac{교란\ 전\ 강도}{교란\ 후\ 강도}$$

→ 8 이상 시 Quick Clay 거동

→ "전단강도 감소"

2) 압밀특성

→ C_c, C_v 감소 → "침하량 감소"

IV 지반의 공학적 안정에 영향을 미치는 시료교란의 관리방안
  - Perfect Sampling : 시료교란의 최소화
  - e-logP 곡선에서 Schmertmann 보정기울기 적용

V 공학적인 평가
  - 지반의 강도정수 산정 시 시료교란의 영향에 대하여 인지 못하면 현장조건의 강도정수 산정 어려움 〈끝〉

단 6. 시간의존적 압밀침하 거동해석에서 가정A와 가정B
답

I. 시간의존적 압밀침하 거동해석에서 가정A와 가정B의 개념
  - 시간의존적 압밀침하 거동해석에서 가정A와 가정B는 1차압밀과 2차압밀의 구분 여부에 따라 나뉨

II. 시간의존적 압밀침하 거동해석에서 가정A, 가정B의 정의

  1) 가정A
    - 1차압밀 후 2차압밀 시작
    → 미소변형률 이론
  2) 가정B : 1차, 2차압밀 동시
    → 유한변형률 이론

  〈가정A, B e-logt Graph〉

III. 시간의존적 압밀해석에서 가정A, B의 공통점 및 차이점

구분		가정A	가정B
공통점		시간의존적 압밀해석 이론임	
차이점	압밀시기	1차 후 2차	1차, 2차 동시
	해석	선형해석	비선형해석
	지반특성	NC, OC의 얇은 층	준설토 등
	이론	미소변형률	유한변형률

IV. 시간의존적 압밀해석에서 가정A, B의 실무적용성 검토
  ┌ 가정A : 침투압밀, 보통의 연약지반 압밀 등
  └ 가정B ┌ 자중압밀, 진공압밀 등
         └ 연약지반층이 두꺼울 경우 〈끝〉

서 1. 압밀에 대하여 다음 사항을 설명하시오.
   1) 침투수로 인한 유효응력 변화에 따른 침투압밀
   2) 자중압밀
   3) 2차압밀
   4) 점증하중에 대한 시간-침하량 관계

답

I 개요
 - 침투수에 의한 상향, 하향 침투 시 유효응력 변화로 침투압밀이 발생하며, 간극수압의 변화로 초래함
 - 자중압밀은 준설 중심으로 기술하였으며, 점증하중에 대한 사항은 표준압밀시험 중심으로 기술함
 - 본고에서는 현재 시행 중인 압밀해석의 한계성에 대한 개선방안을 제시하는 바임

II 효과적인 압밀해석을 위한 1차, 2차압밀의 사전고찰

1) 1차압밀이론(Terzaghi 중심)

$$\frac{\partial u}{\partial t} = Cv \frac{\partial^2 u}{\partial z^2}$$

→ 시간흐름 따른 과잉간극수압 소산은 압밀계수를 고려한 과잉간극수압 소산

2) 2차압밀

→ e-logt 압밀그래프로부터
① 구간은 1차압밀구간
② 구간은 2차압밀구간으로

〈e-logt 압밀 Graph〉   "Creep 영향의 압밀형태"

III. 침투수로 인한 유효응력 변화에 따른 침투압밀 설명

* "유효응력 = 전응력 – 간극수압"에서

구분	전응력	간극수압	유효응력	압밀
상향 침투 시	Constant	증가	감소	경미함
하향 침투 시	Constant	감소	증가	침투압밀

→ 지반에 물이 침투하면 수두차에 의해 유효응력 변화

즉 "유효응력 변화에 따른 침투압밀 발생"

IV. 자중압밀(준설토 중심)

→ ① Flocculation
② 침강압밀
③ 자중압밀

→ "자중압밀은 유보율의 함수"

$$유보율 = \frac{유보량}{전체준설량} \times 100(\%)$$

〈자중압밀의 원리 Graph〉

V. 2차압밀

1) 정의 : 1차압밀 종료 이후 Creep 변형 등에 의한 압밀

2) 원인 : 추가하중 없이도 장기간의 시간특성에 의함

3) 2차압밀의 경계가 명확하다면 해석 시 가정A 적용

4) 산정방법

$$S_s = \frac{C_\alpha}{1+e_p} H_p \log\left(\frac{t_2}{t_1}\right)$$

where) C_α : 2차압축지수
e_p : 1차압밀종료 후 간극비
H_p : 1차압밀종료 후 압밀거리

VI. 점증하중에 대한 시간-침하량 관계

〈표준압밀곡선 Graph〉

→ 점증하중($\Delta p/p$)에 의한 시간-침하량 관계는 점증하중 증가 시에 "시간 감소, 침하 증가 경향"

VII. 현재 실무에서 실시하는 압밀해석에 대한 한계성 및 역해석을 중심으로 한 대책방안 제시

1) 한계성
   - 압밀해석 시 프로그램에 $k_0 = 0.5$ 고정 세팅
   - 압밀관련 상수들의 현장환경 재현 신뢰 미흡

2) 대책방안

   ① 압밀해석 시 현장지반을 고려한 k_0 산정 대입

   | 설계 추정 | → | Analysis | → | 응력/변위 예측 |
   | 설계 결정 | ← | | ← | 응력/변위 측정 |

   where) → : 설계 해석, ← : 계측 해석

   ② 계측에 의한 역해석으로 압밀해석 Feed Back

VIII. 공학적인 평가

- 현재 진행되고 있는 압밀해석에 대한 신뢰성 향상을 위해 기술자의 능력 고취, 관련 설계기준의 재정립이 필요함. 지반 안정해석의 신뢰도 향상을 위해 계측을 통한 역해석의 Feed Back이 요구되는 실정임 〈끝〉

서 2.	연약지반은 압밀침하에 따라 비배수전단강도(Su)가 증가한다. 강도증가 메커니즘과 강도증가율(Su/σ') 예측방법 그리고 현장적용에 대하여 설명하시오.
답	
I	개요
	– 연약지반은 시간에 의존하는 배수 메커니즘이기 때문에 비배수전단강도의 증가가 발생함
	– 강도증가율은 이론식과 경험식(애터버그 한계, 흙의 단위중량 등)을 통해 산정이 가능함
	– 강도증가율은 연약지반 안정처리 시 단계 Pre loading, 필댐의 코어부 시공 등에 적용 가능함
II	연약지반의 전단강도 해석을 위한 사전 시험, 조사 고찰

<사전조사>   <실내시험>

[지형도 / 지질도] → 자료수집 → 시편제작 등
⇓   ⇓
[지장물 / 주요건물] → 현장조사   교란 등 검토
⇓   ⇓
[관할의 / 관련법규] → 사전 인허가   투수, 압밀시험 ←
⇓   ⇓   역해석
[보링 / 시추] → 지반조사   강도정수 산정

〈전단강도 해석을 위한 사전조사 및 실내 시험 Flow Chart〉

※ 상기 Flow Chart에서 교란에 대해 Schmertmann 방법 적용 가능

III. 연약지반 압밀침하 안정해석을 위한 사전 관련식 검토

1) 침하량

- 정규압밀점토: $\dfrac{C_c}{1+e} H \log(\dfrac{P_0 + \Delta P}{P_0})$

- 과압밀점토: $\dfrac{C_r}{1+e} H \log(\dfrac{P_0 + \Delta P}{P_0})$
  ($P_0 + \Delta P < P_c$)

- 과소압밀점토: $\dfrac{C_c}{1+e} H \log(\dfrac{P_0 + \Delta P}{P_c})$

where) C_r: 재압축지수, P_0: 유효하중, ΔP: 재하하중

2) 침하시간

$$t = \dfrac{T_v H^2}{C_v}$$

where) T_v: 시간계수, H: 배수거리, C_v: 압밀계수

IV. 연약지반의 압밀침하에 따른 비배수전단강도 증가 메커니즘

〈애터버그 한계 Graph〉　　〈관련 Mohr's Circle〉

→ 상기의 애터버그 한계 그래프에서 확인할 수 있듯이 연약지반은 침하가 발생하면 "부피 및 함수비 감소 경향"

→ 상기의 Mohr's Circle에서 확인할 수 있듯이 연약지반은 침하가 발생하면 "비배수전단강도 증가 경향"

| V | 연약지반의 강도증가율(S_u/σ') 예측방법 검토 |

1) 이론식 $\alpha = \dfrac{S_u}{P'}$ where) S_u : 비배수전단강도
　　　　　　　　　　　　　　　　　　　　P' : 유효상재하중

→ 유효상재하중에 대한 비배수전단강도의 비율이다.

2) 경험식
- 소성지수 활용 $\alpha = 0.11 + 0.0037 PI$
- 액성한계 활용 $\alpha = 0.45 LL$
- 비압밀비배수시험을 통해 $\alpha = k/\gamma sub$
- 비압밀배수시험을 통해 $\alpha = \tan \Phi_{cu}$

where) k : 관계상수, Φ_{cu} : 압밀비배수 내부마찰각

| VI | 공학적인 평가 |

- 점성토는 상재하중이 재하되어 침하가 발생할 경우 과잉간극수압이 소산된 만큼 강도가 증가하게 됨. 비배수강도증가율은 주로 지반의 공학적 안정해석 시 도입하는 개념으로 책임기술자로서 관련 이론을 이해하여 현장조건 재현에 노력해야 함 〈끝〉

서 3. 연약한 점성토의 압밀시험의 방법은 다양하다. 시험 목적에 따른 압밀시험의 종류를 아는 대로 설명하시오.

답

I. 개요
 - 연약한 점성토의 압밀시험으로 가장 널리 실시되고 있는 시험법은 표준압밀시험임. 그러나 2차압밀 특성 미확인 등 다수의 한계성을 내포하고 있음
 - 표준압밀시험의 한계성의 대책방안으로 EOP압밀시험, CRS시험, Rowe-cell시험 등을 실시할 수 있음
 - 현장 계측을 통해 압밀시험에 의해 산정된 관계 지수들의 역해석 검증이 필요함

II. 연약한 점성토의 압밀시험을 실시하는 주요목적 3가지

구분	내용	비고
침하량	압축지수 산정	※ 김포 ○○산업단지
침하시간	압밀계수 산정	실시설계 시 표준압밀
실시설계	압밀설계	시험 실시(2012년 7월)

III. 연약한 점성토의 압밀시험을 위한 사전중점 검토사항

역학적 검토사항	공학적 검토사항
- 시료 교란 정도	- 대상 연약지반 두께
- 초기압밀 종료시점	- 대상 구조물 종류
- 수직, 수평응력	- 적용 프로그램 검토
- 적용시험의 메커니즘	- 관련 예산 검토

IV. 시험목적에 따른 압밀시험의 종류 (표준압밀시험)

- 시험목적 : 압밀 관련 지수 산정 등
- 시험방법

  〈e-logP Graph〉

  → $\Delta P/P = 1$ 조건으로 재하시험
  → $0.5 kg/cm^2$ ~ $6.4 kg/cm^2$까지 재하 후 제하
  → $12.8 kg/cm^2$까지 다시 재하

- 결과활용 : 압축지수, 압밀계수, 압축계수 등 산정

V. 표준압밀시험의 한계성 개선으로서의 압밀시험의 종류

1) EOP시험

1차압밀	2차압밀
t=0, 1차원압밀	t~∞=0, 1차원압밀

   End Of Preconsolidation

   → 표준압밀시험의 보완시험 중의 하나로서
   "간극수압의 조정을 통해 1차, 2차압밀 구분"

2) CRS시험

   - 시험목적 : 1차압밀과 2차압밀 구분 적용 시험
   - 방법 및 적용 : 변형률 제어 재하시험, 2차압밀 설계

3) Rowe-cell시험

   - 시험목적 : 수평압밀 고려
   - 시험방법 : 수평방향 압밀 실시
   - 결과활용 : 수평압밀 설계

   〈Rowe-cell 모식도〉 σ_h(수평응력)

| VI | 표준압밀시험에 의해 산정되는 압밀 관련 지수들에 대한 한계성 및 역해석 중심의 개선방안 제안 |

```
┌─────────────┐    ┌──────────┐    ┌─────────────┐
│  지수 추정  │ →  │          │ →  │ 응력/변위 예측│
└─────────────┘    │ Analysis │    └─────────────┘
┌─────────────┐    │          │    ┌─────────────┐
│  지수 결정  │ ←  │          │ ←  │ 응력/변위 측정│
└─────────────┘    └──────────┘    └─────────────┘
```

where) → : 지수해석, ← : 계측해석

〈Back Analysis Flow〉

1) 한계성
   - 표준압밀시험에 의한 점성토의 압밀지수는 근사치임
2) 개선방안
   - 계측에 의한 측정치를 검토하여 지수산정에 반영

| VII | 평가(현장 계측을 통한 압밀 관련 지수 역해석 중심) |

- 본고에서 기술한 표준압밀시험, EOP시험, CRS시험, Rowe-cell시험을 통해 압밀계수를 위한 각종 지수들을 산정하게 됨. 그러나 실내시험을 통한 관련 지수는 근사치임. 따라서 주기적으로 계측을 실시하여 실제 데이터를 기반으로 한 역해석을 실시해 관련 지수들의 검증을 위한 절차가 필요함 〈끝〉

서4. 점성토의 압밀침하량 산정 시 흙의 3상구조와 연장조건의 상관관계를 그림으로 나타내고, 정규압밀점토와 과압밀점토에 대한 1차압밀침하량 산정공식을 유도하시오.

답

I 개요

- 점성토 압밀침하량 산정 시 흙의 3상구조와 연장조건의 상관관계를 그림으로 도시 후 산정 가능함
- 정규압밀점토와 과압밀점토에 대한 1차압밀침하량 산정공식은 압밀곡선에 의해 유도 가능함
- 현재 수행되고 있는 유사성에 대한 압밀해석의 한계성 및 개선방안에 대해 제안하였음

II 효과적인 압밀침하량 산정을 위한 1차압밀이론 검토 및 정규압밀점토와 과압밀점토의 거동특성 사전 검토

1) 1차압밀이론(Terzaghi 중심)

$$\frac{\partial u}{\partial t} = Cv \frac{\partial^2 u}{\partial z^2}$$ → 시간흐름에 따른 과잉간극수압 소산은 압밀계수를 고려한 과잉간극수압 소산

2) 정규압밀점토와 과압밀점토의 거동특성

〈압밀특성 Graph〉　〈강도특성 Graph〉

→ 과압밀점토가 정규압밀점토보다 공학적 특성 우세

Ⅲ 점성토의 압밀침하량 산정 시 흙의 3상구조와 현장조건의 상관관계를 그림으로 검토

→ 좌측의 모식도를 통해

$$\frac{S}{H} = \frac{\Delta e}{1+e}$$

→ 상기의 식을 정리하면

$$S = \frac{\Delta e}{1+e} H$$

〈흙의 3상구조와 현장조건 모식도〉

Ⅳ 정규압밀점토와 과압밀점토의 1차압밀침하량 공식 유도

1) 정규압밀점토

→ 상기의 $S = \frac{\Delta e}{1+e} H$ 식과 좌측 그래프를 통해

→ $S = \frac{C_c}{1+e} H \log\left(\frac{P_0 + \Delta P}{P_0}\right)$

2) 과압밀점토

→ 상기의 $S = \frac{\Delta e}{1+e} H$ 식과 좌측 그래프를 통해

① $P_0 + \Delta P < P_c$의 경우

$$S = \frac{C_r}{1+e} H \log\left(\frac{P_0 + \Delta P}{P_0}\right)$$

② $P_0 + \Delta P > P_c$의 경우

$$S = \frac{C_r}{1+e} H \log\left(\frac{P_c}{P_0}\right) + \frac{C_c}{1+e} H \log\left(\frac{P_0 + \Delta P}{P_c}\right)$$

V	연약지반 압밀개량 설계 시 과압밀 영향 고려 검토 제안
	1) 현황
	• 연약지반 압밀개량 설계 시 과압밀 영향 미고려
	→ 현장조건 미반영에 따른 사업비 증가
	2) 제안사항

→ 좌측의 그래프와

$$S = \frac{C_c}{1+e} H \log\left(\frac{P_0 + \Delta P}{P_0}\right)$$

상기의 식을 통해

→ "Pc의 영향을 미흡하게 고려하면 과다침하설계가 가능"하므로, 과압밀 영향을 설계에 대입

〈과압밀영향 e-log p곡선〉

VI	평가(실무에서의 압밀해석 한계성 및 개선방법 제안)
	— 실무에서 수행하고 있는 압밀해석은 주로 수치해석에 의해 실시되고 있음. 지반조사가 미흡하게 수행되면 현장의 지반 물성치 등의 대입으로 유사해석의 결과가 도출됨. 그리고 대부분의 수치해석 프로그램의 압밀이론은 테르자기 1차압밀이론이 디폴트로 입력되어 있음. 따라서 철저한 지반조사 및 현장여건에 맞는 압밀이론 디폴트 값이 개선방안으로 제안될 수 있음 〈끝〉

서 5. 연약지반을 조사하는 과정에서 점토층이 피압(Artesian Pressure)을 받고 있다는 사실을 알았다. 이러한 과정에서 생성되는 점토의 공학적 특징과 피압이 압밀특성에 미치는 영향에 대해 설명하시오.

답

I 개요

- 피압이란 불투수층 하부의 다공질층 포화된 지하수에 의한 압력으로 압밀에 영향을 미침
- 점토의 압밀특성에 피압이 영향을 미치는 범위는 주로 침하량에 대한 사항으로서 피압영향을 미고려 시 설계에 의한 침하에 추가침하 발생 가능함
- 양산지방의 사례를 통해 피압에 대한 영향을 고려하여 점토의 압밀침하에 대한 바른 해석이 필요함

II 피압의 정의 및 발생가능 조건 사전 고찰

1) 피압이란?
   - 불투수층 하부의 다공질층에서 포화된 지하수에 의한 압력

2) 피압 발생가능 조건

   〈피압의 발생조건 모식도〉

   → 좌측의 모식도를 통해 지반 내 불투수층 하부에 다공질층이 존재해야 하며 다공질층의 지하수가 포화되어 압을 발생시킴

III. 피압의 영향에 의한 점토의 공학적 특성 검토

* "$\tau_f = C + \sigma' \tan \Phi \rightarrow \sigma' = \sigma - u$" 에서

전응력	간극수압	피압	유효응력	강도
Constant	상승	발생	감소	감소 경향

→ "피압이 발생하면 유효응력은 감소 경향"

⟨압밀특성 Graph⟩   ⟨강도특성 Graph⟩

→ "피압이 발생하면 공학적 특성 감소 경향"

IV. 피압이 압밀특성에 미치는 영향에 대한 설명

1) 침하에 대한 영향

   - 해당지반을 정규압밀상태로 가정하면 침하량은 좌측의 식과 같음

   $$S = \frac{C_c}{1+e} H \log\left(\frac{P_0 + \Delta P}{P_c}\right)$$

   - 피압의 영향을 고려하면 아래의 식으로 정리됨

   $$S = \frac{C_c}{1+e} H \log\left(\frac{(P_0 - 피압) + (\Delta P - 피압)}{(P_0 - 피압)}\right)$$

   → "해석 시 피압을 미고려하면 추가침하 발생 가능"

2) 압밀시간에 대한 영향

   - 피압은 압밀시간에는 큰 영향을 미치지 않음

V. 지반의 공학적 안정을 위한 피압의 관리방안 검토

저항력 증가
- 피압대수층의 펌핑
- 지반개량 검토
- 역해석중심의 수치해석

작용력 감소
- 감압정 설치
- 계측 유지관리
- 지역특성 고려

VI. 양산지역 사례를 통한 피압에 대한 압밀침하 영향 사전 검토의 필요성 고찰

1) 양산지역 사례

   – 관련 연구를 통해 양산 일부지역에 $250 kN/m^2$의 피압이 존재함을 발견함

2) 사전검토의 필요성

   – 피압의 영향을 고려한 침하량은 아래와 같음

$$S = \frac{C_c}{1+e} H \log\left(\frac{(P_0 - 피압) + (\Delta P - 피압)}{(P_0 - 피압)}\right)$$

→ "해석 시 피압을 미고려하면 추가침하 발생이 가능하므로 사용성에 대한 문제 가능함" 〈끝〉

서 6. 압밀침하량 계산에서 점토층을 여러 층으로 나누어 침하량을 계산한다. 특히 무한분포하중과는 달리 직접기초와 같이 유한분포하중인 경우 여러 층으로 나누어 계산하는 것이 매우 중요하다. 그 이유를 설명하시오.

답

I 개요
 - 압밀침하량 계산에서 무한분포하중과 유한분포하중인 경우 지반에 대한 영향범위 차이가 있음
 - 직접기초와 같이 유한분포하중인 경우 여러 층으로 나누어 계산하는 것은 매우 중요
 - 압밀침하 산정의 중요인자인 P_0, ΔP의 변화양상을 세부적으로 검토가 가능하기 때문임

II 지반에 유한분포하중 재하 시 하중분포에 대한 사전 고찰

〈유한분포하중 재하 시 하중분포에 대한 모식도〉

→ 상기의 모식도에서 무한분포하중 재하 시 지반으로 영향깊이는 기초 폭의 4배

"유한하중재하 시 영향깊이는 기초 폭의 2배임"

| III | 압밀침하량 계산 시 무한분포하중과 유한분포하중에 대한 적용 검토

- 지반을 정규압밀상태로 가정 시 침하량은

$$S = \frac{C_c}{1+e} H \log\left(\frac{P_0 + \Delta P}{P_c}\right) \quad \text{좌측의 식과 같음}$$

→ 깊이에 따른 P_0의 차이, ΔP의 차이 발생함

- 무한분포하중 재하 시 지중응력이 재하하중과 같으므로 영향 깊이 내에서 하중증가 같음

- 유한분포하중 재하 시에는 영향계수 고려

| IV | 압밀침하량 계산에서 유한분포하중 재하 시 점토층을 여러 층으로 나누어 계산해야 하는 이유 설명

〈유한분포하중 재하 시 점토층 구분 관련 모식도〉

상기의 모식도를 통해

→ 여러 층으로 구분하지 않은 지반에서는 P_0, ΔP의 변화양상 검토 난항

→ "여러 층으로 지반을 나누면 P_0, ΔP의 변화양상 검토가 용이"함. 지표는 1m, 심부는 3~5m 나눔이 통상적임

V 유한분포하중 재하 시 압밀침하량의 효율적 산정을 위한 지층깊이별 강도정수 산정 Flow 검토

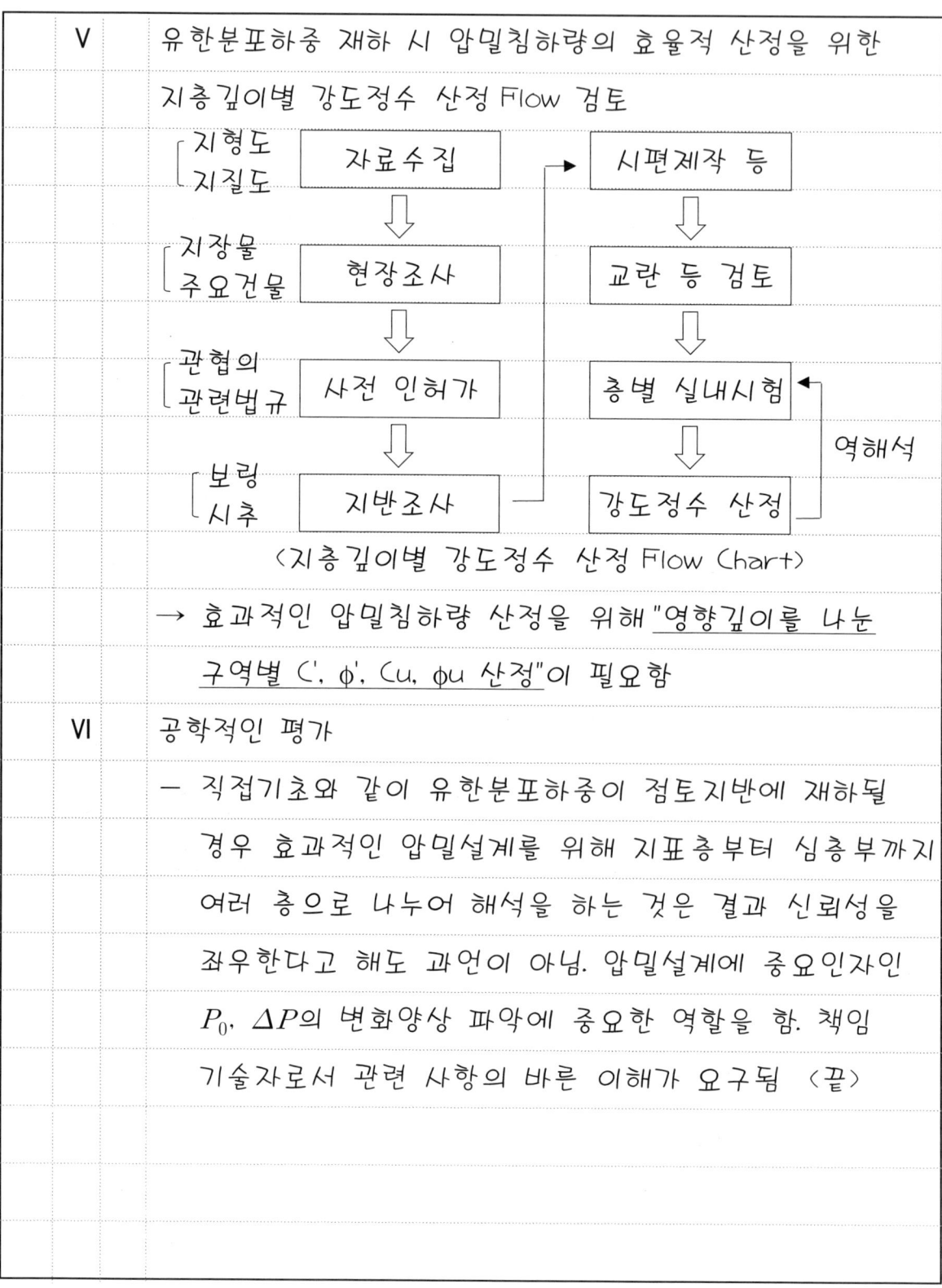

〈지층깊이별 강도정수 산정 Flow Chart〉

→ 효과적인 압밀침하량 산정을 위해 "영향깊이를 나눈 구역별 C', ϕ', C_u, ϕ_u 산정"이 필요함

VI 공학적인 평가

— 직접기초와 같이 유한분포하중이 점토지반에 재하될 경우 효과적인 압밀설계를 위해 지표층부터 심층부까지 여러 층으로 나누어 해석을 하는 것은 결과 신뢰성을 좌우한다고 해도 과언이 아님. 압밀설계에 중요인자인 P_0, ΔP의 변화양상 파악에 중요한 역할을 함. 책임 기술자로서 관련 사항의 바른 이해가 요구됨 〈끝〉

Chapter 04

전단

- **단답형 1** 배수하중과 비배수하중 조건의 거동 차이
- **단답형 2** 간극수압계수
- **단답형 3** 점토의 연대효과(Aging Effect)
- **단답형 4** 점토의 전단강도정수(C, φ)에 영향을 미치는 요소
- **단답형 5** 강도증가율
- **단답형 6** 수평지반에 평면전단파괴가 발생하는 경우 전단면이 수평면과 이루는 각도(φ=0인 경우와 φ≠0인 경우)
- **서술형 1** 응력경로에 대하여 다음 물음에 설명하시오.
  1) 응력경로의 개념
  2) 성토저면, 굴토저면, 배면(주동과 수동)지반에 대한 응력경로
  3) 각각의 경우에 대하여 전단파괴거동이 동일할 경우 안전율의 상호 비교
  4) 각각의 안전율은 시간이 경과함에 따라 변화 경향
- **서술형 2** 정규압밀점토의 파괴포락선을 $\tau_f = C' + \sigma' \tan\Phi$과 같이 표현할 수 있으며 이에 대응하는 수정 파괴포락선을 $q = m + p' \tan\alpha$로 표현할 수 있다. 이때 α를 Φ'의 함수로, m을 C'과 Φ'의 함수로 각각 설명하시오.
- **서술형 3** 아래 그림과 같이 점 A의 수평면과 45°를 이루는 경사면에 작용하는 유효수직응력과 전단응력을 계산하시오. 지하수위 아래는 정수압이 작용한다. 또한 유효수직응력에 대한 유효수평응력의 비는 1.50이다.
- **서술형 4** 삼축압축시험에 대하여 다음 사항을 설명하시오.
  1) 시료포화방법
  2) 시료포화상태 확인방법
  3) 시험종류별 구해진 강도정수의 활용법
- **서술형 5** 실내 삼축압축시험(배수 및 비배수) 시 응력경로와 실제 현장재하 조건에 따른 응력경로에 대하여 설명하시오.
- **서술형 6** 토사지반에 구속압이 증가하면 간극수압이 추가적으로 발생하며 파괴 시 파괴면의 간극수압은 정규압밀점토(느슨한 모래)와 과압밀점토(조밀한 모래)에서 차이가 있다. 다음을 설명하시오.
  1) 구속압 증가 시 간극수압에 영향을 주는 인자와 실무적용 시 고려사항
  2) 파괴 시 파괴면의 간극수압에 영향을 주는 인자와 실무적용 시 고려사항

단답

1. 배수하중과 비배수하중 조건의 거동 차이

I. 배수하중과 비배수하중 조건의 거동 차이의 개념
 - 배수하중이 비배수하중보다 전단강도가 우세 경향이고
   배수하중이 비배수하중보다 압밀발생 경향 적음

II. 배수하중과 비배수하중 검토를 위한 삼축압축시험 고찰

준비단계	구분	압밀단계	파괴단계	하중	강도정수
교란보정,	UU시험	비압밀	비배수	비배수하중	C_u
포화확인	CU시험	압밀	비배수	비배수하중	$C_u \Phi_u \Phi' C'$
(B계수=1)	CD시험	압밀	배수	배수하중	$\Phi' C'$

III. 배수하중과 비배수하중 조건의 거동 차이

 1) 전단거동   2) 압밀거동

 → 배수하중 전단강도 우세   → 배수하중 압밀발생 적음

IV. 시간특성과 배수하중, 비배수하중의 상관성 및 실무활용성

 ┌ 배수하중 : t = 0~∞ (시간 고려) / 단계시공 적용
 └ 비배수하중 : t = 0 (시간 미고려) / 급속시공 적용

V. 공학적인 평가
 - 책임기술자로서 대상 지반의 현황을 파악하여 강도정수
   산정 시 배수하중, 비배수하중의 바른 적용 필요 〈끝〉

단 2. 간극수압계수

답

I. 간극수압계수의 정의
- 점토에 하중이 가해지면 과잉간극수압이 발생함. 이를 정량적으로 산정하기 위해 적용하는 개념임

II. 실무에 적용되는 간극수압계수의 종류 및 종류별 특징

구분	특징(구속 중심)	비고
A계수	삼축압축	※ 삼축압축시험 시료
B계수	등방압축	포화도 측정 시 B계수
D계수	일축압축	적용(B계수=1 → 포화)

III. 간극수압계수의 종류별 산정식 및 실무적용성 고찰

A계수: $\dfrac{\Delta U - \Delta \sigma_3}{\Delta \sigma_1 - \Delta \sigma_3}$ where) ΔU: 간극수압 변화량

B계수: $\Delta U / \Delta \sigma_3$ $\Delta \sigma_1$: 최대주응력 변화량

D계수: $\Delta U / \Delta \sigma_1$ $\Delta \sigma_3$: 최소주응력 변화량

→ 과잉간극수압: $\Delta U = B[\Delta \sigma_3 + A(\Delta \sigma_1 - \Delta \sigma_3)]$

A계수: 점토의 과압밀비 과잉간극수압 산정

B계수: 포화도, 시료 배압

IV. 평가(한계성의 개선사항인 Henkel 이론 도입 중심)
- 대상 구조물이 선형 구조물일 경우 중간주응력 σ_2를 고려한 Henkel 이론의 도입 검토 필요 〈끝〉

단 3. 점토의 연대효과(Aging Effect)

답

I. 점토의 연대효과의 개념
   - 시간의 흐름에 따른 점토의 거동특성으로 Young Clay, Old Clay의 특성으로 개념 접근 가능함

II. 관련 압밀 그래프를 통한 점토의 연대효과 이해

   → 좌측의 그래프를 통해
   ① Young Clay
   ② Old Clay 거동 확인
   → ③ "두 거동의 차이가 점토의 연대효과"임

   〈점토 연대효과 관련 압밀 그래프〉

III. 점토의 연대효과를 고려하는 공학적 목적
   - 설계 : 선행압밀하중을 산정하여 지반설계
   - 시공 : 연약지반 개량의 재하시간, 재하하중 산정
   - 관리 : 계측치의 기준, 범위 등 결정

IV. 점토의 연대효과의 실무적용성 검토
   - 기초분야 : 현타말뚝의 주면마찰력 검토 등
   - 연약지반 : 침하목표량, 목표개량시간 산정 등

V. 평가(과다설계 방지 중심)
   - 과다설계 방지, 사업비 절감, 효과적인 설계 등을 위해 점토 연대효과의 바른 이해가 필요함 〈끝〉

단	4.	점토의 전단강도정수(C, φ)에 영향을 미치는 요소
답		
	I	점토의 전단강도정수에 영향을 미치는 요소의 개념
		— 점토의 전단강도정수에 영향을 미치는 요소로는 흙의 종류, 점토광물의 종류, 전기력 등이 있음
	II	점토의 전단강도정수 산정방법 검토(삼축압축시험 중심)

준비단계	구분	압밀단계	파괴단계	하중	강도정수
교란보정,	UU시험	비압밀	비배수	비배수하중	C_u
포화확인	CU시험	압밀	비배수	비배수하중	$C_u \Phi_u \Phi' C'$
(B계수=1)	CD시험	압밀	배수	배수하중	$\Phi' C'$

	III	점토의 전단강도정수(C, φ)에 영향을 미치는 요소
		1) 전단강도란? $\tau_f = C + \sigma' \tan\Phi$
		where) τ_f : 전단강도, C : 점착력, σ' : 유효응력
		2) 점토의 전단강도정수에 영향을 미치는 요소
		┌ 점착력(C) : 흙의 종류(점성토), 토립자의 전기력 등
		└ 내부마찰각(φ) : 흙의 종류(사질토), Interlocking 등
	IV	점토의 전단강도정수의 실무활용성 검토
		1) 강도증가율 $\alpha = C_u / P$ where) P : 유효상재압
		2) 측방유동판정수 $I = \gamma H \mu_1 \mu_2 \mu_3 / C_u$
	V	공학적인 평가
		— 점토의 전단강도정수는 실내시험에서 산정된 시험값에 현장조건을 고려한 보정값 적용 검토 필요 〈끝〉

단	5.	강도증가율
	답	
	I	강도증가율의 정의

- 강도증가율이란 유효상재하중에 대한 비배수전단강도의 비율로서 단계 성토 설계 등에 적용됨

II 강도증가율 산정방법 고찰

1) 관계식 $\alpha = \dfrac{C_u}{P}$ where) α : 강도증가율, P : 유효상재압
   C_u : 비배수전단강도

2) 경험식
   - 소성지수 활용 $\alpha = 0.11 + 0.00371 PI$
   - 액성한계 활용 $\alpha = 0.45 LL$
   - 비압밀비배수시험을 통해 $\alpha = K/\gamma sub$
   - 비압밀배수시험을 통해 $\alpha = \tan \Phi_{cu}$

III 강도증가율에 영향을 미치는 요소
   - 내적 요소 : 애터버그 지수, 흙의 단위중량 등
   - 외적 요소 : 재하하중, 주변환경, 침투수압 등

IV 실무에서의 강도증가율 활용방안 검토

성토	댐
- 단계성토 설계 시	- 필댐 코어 다짐 시
- 간극수압소산 산정	- 계측관리 시

V 공학적인 평가

- 실무에서 단계시공에 대한 설계 시, 다짐관리 시, 연약지반 개량관리 시 등에 강도증가율 개념 검토 〈끝〉

단 6. 수평지반에 평면전단파괴가 발생하는 경우 전단면이 수평면과 이루는 각도(φ=0인 경우와 φ≠0인 경우)

답

I. 평면전단파괴 경우 전단면이 수평면과 이루는 각도의 개념
  - 막이를 중심으로 검토하면 주동파괴각은 $(45+\Phi/2)°$, 수동파괴각은 $(45-\Phi/2)°$ 임

II. 주동파괴와 수동파괴에 대한 사전 고찰(막이 중심)

〈막이 토압분포 모식도〉

→ 좌측의 막이모식도에서 막이 배면이 주동영역의 토압분포와 파괴면, 막이 전면이 수동영역의 토압분포와 파괴면임

III. 수평지반에 평면전단파괴가 발생하는 경우 전단면이 수평면과 이루는 각도(φ=0인 경우와 φ≠0인 경우)

1) φ=0

→ 점성지반의 경우, 지점별 각도 산정 필요

2) φ≠0

→ 주동파괴각은 $(45+\Phi/2)°$
  수동파괴각은 $(45-\Phi/2)°$ 〈끝〉

서	1.	응력경로에 대하여 다음 물음에 설명하시오.
		1) 응력경로의 개념
		2) 성토저면, 굴토저면, 배면(주동과 수동)지반에 대한 응력경로
		3) 각각의 경우에 대하여 전단파괴거동이 동일할 경우 안전율의 상호 비교
		4) 각각의 안전율은 시간이 경과함에 따라 변화 경향
답		
	I	개요
		— 응력경로는 지반의 한 요소가 받아온 응력의 이력을 나타낸 경로로서 지반해석에 중요한 요소임
		— 모아원 그래프, p-q 다이어그램을 통하여 개발 지반에 대한 응력경로를 검토할 수 있음
		— 시간이 경과함에 따라 개발 지반의 안전율이 초기 안전율과 비교하여 변화하므로 관련 특성 이해 필수
	II	응력경로의 종류별 특징 및 적용하는 공학적 목적
		1) 종류별 특징 ┌ 전응력경로 : 간극수압 미고려
		└ 유효응력경로 : 간극수압 고려
		2) 적용목적 ┌ 해석에 필요한 강도정수산정
		├ 현장조건을 고려한 시험 계획
		├ 탄성침하와 압밀침하의 예측 가능
		└ 시공속도 조절을 통한 안정관리

III 응력경로의 개념

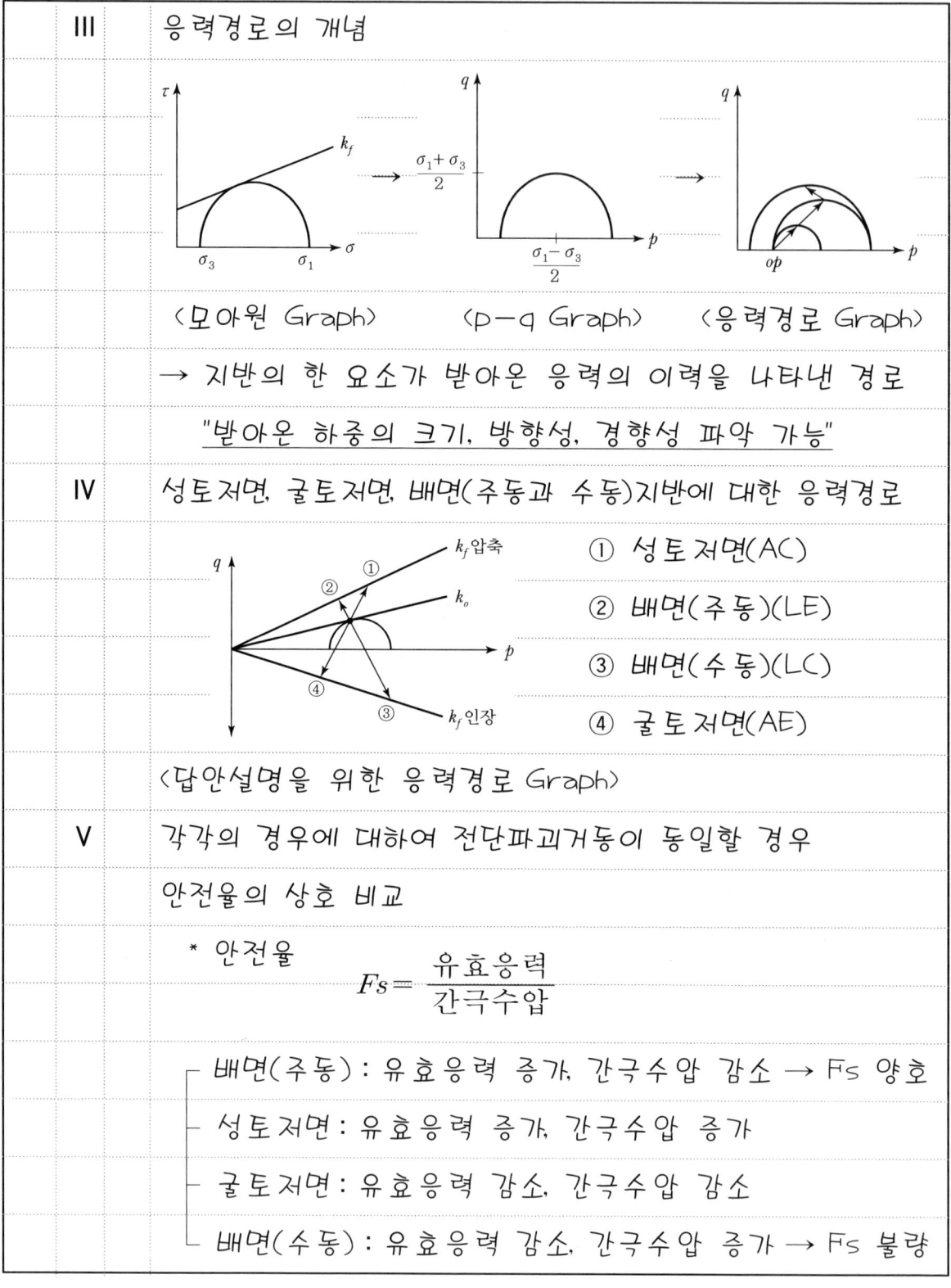

〈모아원 Graph〉　〈p-q Graph〉　〈응력경로 Graph〉

→ 지반의 한 요소가 받아온 응력의 이력을 나타낸 경로

"받아온 하중의 크기, 방향성, 경향성 파악 가능"

IV 성토저면, 굴토저면, 배면(주동과 수동)지반에 대한 응력경로

① 성토저면(AC)
② 배면(주동)(LE)
③ 배면(수동)(LC)
④ 굴토저면(AE)

〈답안설명을 위한 응력경로 Graph〉

V 각각의 경우에 대하여 전단파괴거동이 동일할 경우 안전율의 상호 비교

　* 안전율　$Fs = \dfrac{\text{유효응력}}{\text{간극수압}}$

- 배면(주동) : 유효응력 증가, 간극수압 감소 → Fs 양호
- 성토저면 : 유효응력 증가, 간극수압 증가
- 굴토저면 : 유효응력 감소, 간극수압 감소
- 배면(수동) : 유효응력 감소, 간극수압 증가 → Fs 불량

VI	각각의 안전율이 시간이 경과함에 따른 변화 경향
	1) 성토저면과 배면(수동) 2) 굴토저면과 배면(주동)

F_s vs 시간 그래프 (성토 시점에서 감소 후 회복) F_s vs 시간 그래프 (굴착 시점 이후 감소)

→ 시간에 따라 "안전율 회복"   → 시간에 따라 "안전율 감소"

〈안전율의 시간이 경과함에 따른 변화 경향 Graph〉

VII	공학적인 평가
	— 최근 도심지 및 도농복합지역에 수많은 개발행위가 발생함으로써 성토, 절토, 막이 배면 등의 개발 지반에 대한 정확한 안정 검토가 요구되는 실정임. 시간특성을 고려한 성토, 절토, 막이 배면 등의 개발 지반의 안전율 변화 특성을 바르게 이해하여 책임기술자로서 대형 안전사고 예방에 힘써야 함 〈끝〉

서 2. 정규압밀점토의 파괴포락선을 $\tau_f = C' + \sigma' \tan\Phi$과 같이 표현할 수 있으며 이에 대응하는 수정 파괴포락선을 $q' = m + p' \tan\alpha$로 표현할 수 있다. 이때 α를 Φ'의 함수로, m을 C'과 Φ'의 함수로 각각 설명하시오.

답

I. 개요
- Mohr's Circle 그래프에서 파괴포락선 및 수정 파괴포락선을 도시할 수 있음
- Mohr's Circle의 접점을 통과하면 파괴포락선, 정점을 통과하면 수정 파괴포락선임
- 공학적으로 더욱 안정 측인 수정 파괴포락선의 적용이 유리할 수 있으나 사업비 증가 측면 등을 고려해야 함

II. 파괴포락선과 수정 파괴포락선의 Mechanism 사전 검토

〈파괴포락선 Graph〉　〈흙입자의 응력 모식도〉

→ 흙입자에 작용하는 σ1과 σ3의 관계로 모아원 도시
→ "모아원의 접점 관계로 파괴포락선"이 유효하며
　"모아원의 정점 관계로 수정 파괴포락선"이 유효함

III. 파괴포락선과 수정 파괴포락선의 공통점 및 차이점

구분		파괴포락선	수정 파괴포락선
공통점	표현	Mohr's Circle Graph	
	방정식	1차방정식으로 표현	
	적용	지반안정해석 시 적용	
차이점	통과	원의 접점	원의 정점
	인자	C', ϕ'	m, α
	장점	사업비 절감	계산 용이
	안정 측	보통	안정 측

IV. 정규압밀점토의 파괴포락선과 수정 파괴포락선의 관계식 설명(α를 Φ'의 함수, m은 C'과 ϕ'의 함수)

⟨Mohr's Circle Graph⟩   ⟨확대한 삼각형 모식도⟩

→ 상단의 모아원 그래프 삼각형 부분을 확대하여 삼각형 모식도를 이용해 유도해 보면

$$\sin\alpha = \tan\Phi' \qquad m = C' \cdot \cos\Phi'$$

where) α : 수정 포락선 내부마찰각, m : 수정 포락선 점착력

V. 파괴포락선과 수정 파괴포락선의 실무적용성

파괴포락선	수정 파괴포락선
- 일반해석 시 사용	- 안정 측 요구 구조물
- 소성해석 시	- 탄성해석 시
- 사면 안정	- 불포화특성 검토

VI. 현재 사용되는 파괴포락선의 한계성 및 대책방안 제안

1) 한계성 : 실무에 주로 적용되는 전통적 방법으로
   → 수정 파괴포락선 이론보다 덜 안정 측

2) 대책방안 : 현장조건, 대상구조물 종합검토 후
   → 수정 파괴포락선 이론 적용 검토

VII. 공학적인 평가

- Mohr's Circle Graph를 활용한 응력해석에서 전통적으로 사용하는 파괴포락선 이론은 적용의 용이성의 장점을 가지고 있으나, 도심지에서의 중요 구조물의 지반 설계에서는 보수적으로 더욱 안정 측의 이론인 수정 파괴포락선의 적용 검토를 고려해 볼 필요가 있음 〈끝〉

서 3. 아래 그림과 같이 점A의 수평면과 45°를 이루는 경사면에 작용하는 유효수직응력과 전단응력을 계산하시오. 지하수위 아래는 정수압이 작용한다. 또한 유효수직응력에 대한 유효수평응력의 비는 1.5이다.

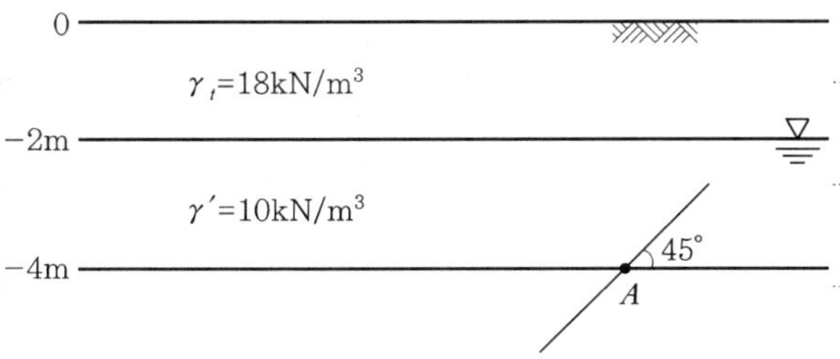

```
0 ─────────────────────────────▨▨▨▨─
                γ_t=18kN/m³
-2m ──────────────────────────────▽─
                γ'=10kN/m³
-4m ─────────────────────────╱45°──
                              A
```

답

I. 개요
  — 점A에 작용하는 유효수직응력과 전단응력은 관련식에 의해 산정할 수 있음
  — 유효수평응력은 문제에 주어진 수치를 이용하여 유효수직응력으로부터 산정할 수 있음
  — 산정한 값들을 Mohr's Circle Graph로 나타내어 지반안정 검토 가능함

II. 유효수직응력과 전단응력 계산을 위한 산정식 사전 고찰

1) 유효수직응력

$$\sigma' = \frac{\sigma_1 + \sigma_3}{2} + \frac{\sigma_1 - \sigma_3}{2}\cos 2\alpha$$

where) σ_1 : 최대주응력
σ_3 : 최소주응력
α : 수평면과의 각도

2) 전단응력

$$\tau = \frac{\sigma_1 - \sigma_3}{2}\sin 2\alpha$$

Ⅲ	점A의 수평면과 45°를 이루는 경사면에 작용하는 유효 수직응력과 전단응력 계산

1) 점A에 작용하는 지중응력

유효응력	간극수압	전응력
18×2+10×2=56kN/m²	10×2=20kN/m²	76kN/m²

2) 점A의 유효수직응력

$$\sigma' = \frac{\sigma 1 + \sigma 3}{2} + \frac{\sigma 1 - \sigma 3}{2} \cos 2\alpha$$

$$= \frac{76+56}{2} + \frac{76-56}{2} \cos 90 = 76 kN/m^2$$

3) 점A의 전단응력

$$\tau = \frac{\sigma 1 - \sigma 3}{2} \sin 2\alpha = \frac{76-56}{2} \sin 90 = 10 kN/m^2$$

4) 점A의 유효수평응력

$$\frac{유효수직응력}{유효수평응력} = 1.5 \rightarrow 유효수평응력 = 유효수직응력 \times 1.5$$

→ 유효수평응력 = 76 / 1.5 = 50kN/m²

Ⅳ	유효수직응력과 전단응력 계산값의 모아원 상관성 고찰

→ 계산된 수직응력, 전단응력을 적용하여 접점이 되는 Mohr's Circle 작도 가능

| V | 지반 내 지하수위의 상승, 하강에 따른 유효응력의 변화 및 문제점, 대책방안 검토 |

1) 문제점
- 지하수위 상승 시 (+)간극수압의 발생으로 지반의 전단강도 변화
- 지하수위 하강 시 (-)간극수압 발생으로 지반침하 발생

2) 대책방안
- 개발 시 지하수의 유실 방지 공법 적용
- 지하안전영향평가 실시
- 지반의 주기적 계측을 통한 지속적 유지관리

| VI | 공학적인 평가 |

- 최근 이슈가 되고 있는 개발행위 시 지하수위 변동에 따른 주요 구조물 피해 및 지반침하 등의 문제점을 책임기술자로서 파악하고 있는 것이 중요함. 지반의 유효수직응력, 전단응력, 유효수평응력의 상관성을 감안하여 지하수위 변동 시 적합한 대응방안의 사전 고찰이 필요한 사항임. 〈끝〉

서4. 삼축압축시험에 대하여 다음 사항을 설명하시오.

1) 시료포화방법

2) 시료포화상태 확인방법

3) 시험종류별 구해진 강도정수의 활용법

답

I 개요

- 삼축압축시험을 실시할 때 시료포화방법은 증류수로 시료 표면에 Back Pressure를 가함

- 삼축압축시험을 실시할 때 시료포화상태 확인방법은 간극수압계수 중 B계수를 적용하여 확인 가능하며, B계수가 1이 될 때 시료가 포화되었다고 간주함

- 시험별로 구해지는 강도정수는 서로 종류가 다르며 단기, 중기, 장기 안정해석에 각각 유효함

II 삼축압축시험의 종류 및 종류별 특징

구분	UU시험	CU시험	CD시험
준비단계	교란보정(e-logP곡선 수정법 등)		
	포화확인(B계수=1)		
압밀단계	비압밀	압밀	압밀
파괴단계	비배수	비배수	배수
하중	비배수하중	비배수하중	배수하중
강도정수	C_u	$C_u \Phi_u \Phi' C'$	$\Phi' C'$
적용	단기안정	중기안정	장기안정

III. 삼축압축시험의 시료포화 이해를 위한 간극수압계수 고찰

- 간극수압계수란? 과잉간극수압의 정량적 산정 위함

A계수 : $\dfrac{\Delta U - \Delta \sigma_3}{\Delta \sigma_1 - \Delta \sigma_3}$ where) ΔU : 간극수압 변화량

"B계수 : $\Delta U / \Delta \sigma_3$" $\Delta \sigma_1$: 최대주응력 변화량

D계수 : $\Delta U / \Delta \sigma_1$ $\Delta \sigma_3$: 최소주응력 변화량

→ 과잉간극수압 : $\Delta U = B[\Delta \sigma_3 + A(\Delta \sigma_1 - \Delta \sigma_3)]$

A계수 : 점토의 과압밀비

과잉간극수압 산정

"B계수 : 포화도, 시료 배압"

IV. 삼축압축시험 시 시료포화방법

| 증류수준비 | : 공기를 뺀 증류수로 압력을 가함

⇩

| 내부 미가압 | : 교란의 영향으로 시료내부는 미가압

⇩

| 시료표면 가압 | : "시료표면에 Back Pressure를 가함"

V. 삼축압축시험 시 시료포화상태 확인방법

- 시료포화상태는 간극수압계수를 활용하여 확인

→ B계수를 확인하여 포화상태 검토

* B계수 : $\dfrac{\Delta U}{\Delta \sigma_3} = 1$ → 이 경우 시료 포화로 간주

where) ΔU : 간극수압 변화량, $\Delta \sigma_3$: 최소주응력 변화량

VI	삼축압축시험 종류별 구해진 강도정수의 활용법		
구분	UU시험	CU시험	CD시험
강도정수	C_u	$C_u \Phi_u \Phi' C'$	$\Phi' C'$
적용	단기안정	중기안정	장기안정

1) UU시험(단기안정)
- 급성토, 급시공 기초의 안정해석
- 댐(필댐 중심) 코어의 급속 시공 안정
- 실무에서 지반해석 시 가장 널리 적용하는 시험법

2) CU시험(중기안정)
- 연약지반 압밀 후 급속 성토 시공 시
- 토사댐에서 수위가 급속 하강 시 안정해석

3) CD시험(장기안정)
- 토사댐에서 정상 침투 시 안정해석
- 사업의 중요 구조물해석 시

VII 평가(현장여건에 맞는 시험법 선택 적용 제안)

- 삼축압축시험은 지반안정해석 시 강도정수를 구하기 위해 실시하는 시험임. 시험방법은 UU시험, CU시험, CD시험이 있으며 단기, 중기, 장기안정 검토에 각각 적용이 가능함. 그러나 실무에서는 비용과 시간 측면을 고려하여 주로 UU시험에 의한 강도정수를 선택하게 됨. 신뢰할 수 있는 해석 결과치를 위해 현장여건을 고려한 바른 시험 선택이 요구됨 〈끝〉

서 5. 실내 삼축압축시험(배수 및 비배수) 시 응력경로와 실제 현장재하 조건에 따른 응력경로에 대하여 설명하시오.

답

I 개요
- 실내 삼축압축시험(배수 및 비배수) 시 응력경로와 전응력경로, 유효응력경로를 같이 검토 가능함
- 실제 현장재하 조건에 따른 응력경로는 축인장·압축, 횡인장·압축으로 구분하여 검토 가능
- 실내 삼축압축시험에 의한 강도정수의 신뢰성 제고를 위해 계측을 기반한 역해석 검토가 필요함

II 효과적인 실내 삼축압축시험 실행을 위한 간극수압계수의 특징 및 산정방법 사전 고찰

- 간극수압계수의 특징

구분	특징(구속 중심)	비고
A계수	삼축압축	※ 삼축압축시험 시료
B계수	등방압축	포화도 측정 시 B계수
D계수	일축압축	적용(B계수=1→포화)

- 간극수압계수의 산정방법

　A계수 : $\dfrac{\Delta U - \Delta \sigma_3}{\Delta \sigma_1 - \Delta \sigma_3}$　　where) ΔU : 간극수압 변화량

　B계수 : $\Delta U / \Delta \sigma_3$　　　　$\Delta \sigma_1$: 최대주응력 변화량

　D계수 : $\Delta U / \Delta \sigma_1$　　　　$\Delta \sigma_3$: 최소주응력 변화량

III. 실내 삼축압축시험(배수 및 비배수) 시 응력경로

1) 응력경로(배수 및 비배수)

→ 좌측 응력경로 그래프에서 "등방압축 후 축차하중을 재하하여 파괴"시킴

→ 그래프와 같은 거동

2) 전응력경로와 유효응력경로(U시험)

〈정규압밀점토의 거동〉   〈과압밀점토의 거동〉

IV. 실제 현장재하 조건에 따른 응력경로

→
① 하중저면
② 막이배면(주동)
③ 어스앵커
④ 굴토저면

→
① 하중저면(AC)
② 배면(주동)(LE)
③ 배면(수동)(LC)
④ 굴토저면(AE)

〈현장 재하조건 모식도와 응력경로〉

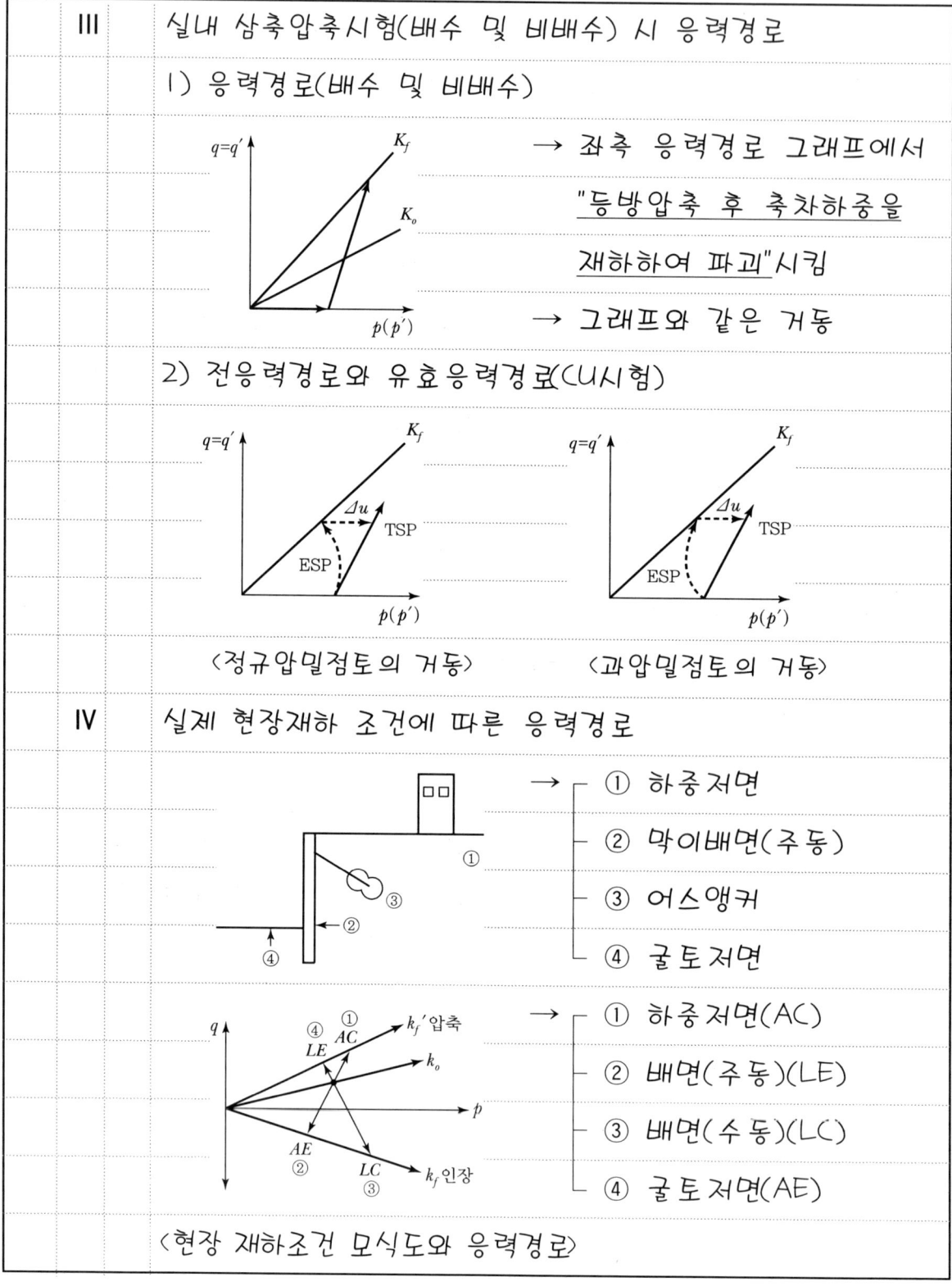

V		실내 삼축압축시험에 대한 한계성 및 개선방안 제안
		1) 한계성
		- 실내 삼축압축시험에 의한 강도정수 산정은 근사해석임
		2) 개선방안
		- 계측에 의한 측정치를 검토하여 강도정수 산정에 반영

```
┌──────────────┐     ┌──────────┐     ┌──────────────┐
│  강도정수 추정  │ →  │          │ →  │ 응력/변위 예측 │
└──────────────┘     │ Analysis │     └──────────────┘
┌──────────────┐     │          │     ┌──────────────┐
│  강도정수 결정  │ ←  │          │ ←  │ 응력/변위 측정 │
└──────────────┘     └──────────┘     └──────────────┘
```

      where) → : 지수해석, ← : 계측해석

                   〈Back Analysis Flow〉

VI	평가(현장여건에 맞는 시험법 선택 적용 제안)

    - 삼축압축시험은 지반안정해석 시 강도정수를 구하기 위해 실시하는 시험임. 시험방법은 UU시험, CU시험, CD시험이 있으며 단기, 중기, 장기안정 검토에 각각 적용이 가능함. 그러나 실무에서는 비용과 시간 측면을 고려하여 주로 UU시험에 의한 강도정수를 선택하게 됨. 신뢰할 수 있는 해석 결과치를 위해 현장여건을 고려한 바른 시험 선택이 요구됨. 〈끝〉

서 6.	토사지반에 구속압이 증가하면 간극수압이 추가적으로 발생하며 파괴 시 파괴면의 간극수압은 정규압밀점토 (느슨한 모래)와 과압밀점토(조밀한 모래)에서 차이가 있다. 다음을 설명하시오.
	1) 구속압 증가 시 간극수압에 영향을 주는 인자와 실무적용 시 고려사항
	2) 파괴 시 파괴면의 간극수압에 영향을 주는 인자와 실무적용 시 고려사항
답	
I	개요
	— 구속압 증가 시 간극수압에 영향을 주는 인자는 ΔU, $\Delta \sigma_1$, $\Delta \sigma_3$가 주됨
	— 파괴 시 파괴면의 간극수압에 영향을 주는 인자는 A계수의 ΔU, $\Delta \sigma_1$, $\Delta \sigma_3$가 주됨
II	간극수압계수에 대한 사전 고찰 (Skempton 이론 중심)
	— 간극수압계수의 특징
	→ A계수(삼축압축), B계수(등방압축), D계수(일축압축)
	— 간극수압계수의 산정방법

- A계수 : $\dfrac{\Delta U - \Delta \sigma_3}{\Delta \sigma_1 - \Delta \sigma_3}$ where) ΔU : 간극수압 변화량
- B계수 : $\Delta U / \Delta \sigma_3$ $\Delta \sigma_1$: 최대주응력 변화량
- D계수 : $\Delta U / \Delta \sigma_1$ $\Delta \sigma_3$: 최소주응력 변화량

| III | 구속압 증가 시 간극수압에 영향을 주는 인자와 실무적용 시 고려사항 |

1) 간극수압에 영향을 주는 인자

$$A계수 : \frac{\Delta U - \Delta \sigma_3}{\Delta \sigma_1 - \Delta \sigma_3} \quad B계수 : \frac{\Delta U}{\Delta \sigma_3} \quad D계수 : \frac{\Delta U}{\Delta \sigma_1}$$

where) ΔU : 간극수압 변화량, $\Delta \sigma_1$: 최대주응력 변화량,

$\Delta \sigma_3$: 최소주응력 변화량

→ 영향을 주는 인자는 ΔU, $\Delta \sigma_1$, $\Delta \sigma_3$ 임

2) 실무적용 시 고려사항

- A계수 : 강도증가율 산정, 압밀상태 파악 시 고려함
- B계수 : 삼축압축시험의 포화도 파악 시 고려함

| IV | 파괴면의 간극수압에 영향을 주는 인자와 적용 시 고려사항 |

1) 파괴면의 간극수압에 영향을 주는 인자

$$A계수 : \frac{\Delta U - \Delta \sigma_3}{\Delta \sigma_1 - \Delta \sigma_3} \quad → 영향인자는\ \Delta U,\ \Delta \sigma_1,\ \Delta \sigma_3 임$$

2) 실무적용 시에 강도증가율, 압밀상태 파악 시 고려함

| V | 정규압밀점토와 과압밀점토에서의 간극수압 차이 검토 |

⟨A계수 관련 압밀 정도 Graph⟩

→ 좌측의 그래프를 통해

1) 정규압밀점토는

  A = 0.7~1.3의 범위

2) 과압밀점토는

  A = 0.3~0.7의 범위

	VI	현재 실무에서 시행 중인 지반의 파괴면 안정해석방법에 대한 한계성 및 개선방안 제안
		1) 한계성
		┌ 실무 대부분의 간극수압계수는 Skempton 이론 기반
		└ "Skempton 이론은 <u>무한등분포하중 조건</u>"임
		2) 개선방안
		- 제방이나 도로 같은 <u>선형구조물</u>에서는
		→ "중간주응력을 고려한 Henkel의 간극수압 이론 적용이 타당"
	VII	평가(선형구조물에서 중간주응력 고려 중심)
		- 실무에서 지반의 안정해석 시 간극수압계수 적용을 주로 계산의 용이성 때문에 Skempton 이론을 적용하고 있음. 하지만 Skempton 이론은 무한등분포하중 조건에 적합한 이론임. 도로나 제방 같은 선형구조물에 대한 지반 안정해석 시에는 중간주응력을 고려한 Henkel의 간극수압 이론의 적용이 타당함. 〈끝〉

Chapter 05

토압 / 막이

단답형 1 Rankine토압과 Coulomb토압
단답형 2 흙막이 구조물 벽체변위에 따른 배면 지반침하 예측 방법
단답형 3 Arch Effect
단답형 4 H – Pile 토류벽에서 지반에 근입된 엄지말뚝의 수동저항력
단답형 5 언더피닝(Under Pinning)
단답형 6 옹벽배수공의 중요성

서술형 1 도심지에서 가시설을 이용한 근접시공과 관련하여 다음 사항에 대하여 설명하시오.
　1) 근접지반 침하 원인
　2) 흙막이 벽체 수평변위 발생 원인
　3) 흙막이 벽 수평변위에 따른 지표 침하 추정 방법 중 Caspe의 방법

서술형 2 흙막이 구조체가 안정하기 위해서는 굴착저면과 부재 단면에 대한 안정을 반드시 검토하여야 한다. 굴착저면에 대하여 다음의 안정검토 방법을 설명하시오.
　1) 상재하중에 대한 말뚝지지력
　2) 근입부에 작용하는 주동토압과 수동토압에 대한 안정
　3) 보일링에 대한 안정
　4) 히빙에 대한 안정

서술형 3 보강토옹벽의 시공이 확대되고 옹벽높이도 높아지고 있다. 이에 따라 보강토옹벽의 시공 및 피해 발생 사례도 증가하고 있다. 합리적 설계와 시공을 위한 계단식 다단 보강토옹벽의 설계법에 대하여 비교, 설명하고 다단 보강토옹벽의 설계 및 시공 시 고려사항에 대하여 설명하시오.

서술형 4 아래 그림과 같이 사질토로 뒷채움된 옹벽에서 주동상태와 수동상태에 대하여 벽면 마찰 저항력의 존재 여부에 따른 예상파괴선을 도시하고 수동토압 산정방법에 대하여 설명하시오.

서술형 5 도심지 대심도 지하굴착 흙막이 공사는 건설과정에서 지반 거동을 야기하고 인접 구조물에 피해를 유발할 수 있는 건설공사로서 공사의 안정성은 물론 피해를 적극 방지할 수 있는 기술이 요구된다. 이와 같은 도심지 근접시공에 있어 다음 사항을 설명하시오.
　(1) 지반굴착 흙막이 공법 선정 시 검토 고려사항
　(2) 흙막이 공사 시 인접지반 침하의 원인
　(3) 인접구조물의 사전안정성 파악 시 기본적 고려사항
　(4) 터파기 및 되메우기 공사 시 유의점 및 기본관리 사항

서술형 6 보강토옹벽의 설계법에서 마찰쐐기법과 복합중력식법에 대하여 설명하시오.

단	1.	Rankine토압과 Coulomb토압			
답					
	I	Rankine토압과 Coulomb토압의 개념			
		— Rankine토압 : 벽마찰각 무시하여 일반토압 산정 이론			
		Coulomb토압 : 벽마찰각 고려하여 실시설계 산정 이론			
	II	Rankine토압과 Coulomb토압을 비교 검토하는 목적			
		┌ 실용성 : 개략설계와 실시설계 시 적용 구분			
		└ 안정성 : 현장 환경에 부합하는 이론 적용 구분			
	III	Rankine토압과 Coulomb토압의 공통점 및 차이점 비교			

구분		Rankine	Coulomb	비고
공통점	적용	토압 산정 이론		$P_a = \dfrac{1}{2} Ka \gamma H^2$
차이점	벽마찰각	무시	고려	
	정확도	보통	정확	$P_p = \dfrac{1}{2} Kp \gamma H^2$
	이론	소성이론	흙쐐기이론	$Ka = \dfrac{1-\sin\Phi}{1+\sin\Phi}$
	활용성	일반설계	실시설계	

	IV	Rankine토압과 Coulomb토압의 실무활용성

┌─ Rankine토압 ─┐   ┌─ Coulomb토압 ─┐
— 일반구조물 적용   — 단면설계, 실시설계
— 막이 배면 연직 형태   — 중요구조물 적용

	V	공학적인 평가

— 구조물의 중요도 및 현장조건 등에 따라 적합한 토압 이론 적용이 지반안정과 사업비 절감에 효과적임 〈끝〉

단	2.	흙막이 구조물 벽체변위에 따른 배면 지반침하 예측 방법
답		
	I	흙막이 구조물 벽체변위에 따른 배면 지반침하의 개념
		— 흙막이 구조물의 벽체에 변위가 발생하면 배면에 침하가 발생하여 공학적 문제점이 발생하게 됨
	II	흙막이 구조물 벽체변위에 따른 배면 지반침하 예측 방법

1) Peck 방법

→ I : 보통지반
  II : 연약지반
  III : 연약지반 계속

2) Caspe 방법

→ $S_i = S_w \times (D - \dfrac{x}{D})^2$

where) S_i : 임의구간 침하량
S_w : 벽체침하, D : 영향거리

→ $D = h_t \times \tan(45 - \dfrac{\Phi}{2})$ where) $h_t = h_w + h_p$

3) Clough & O'rourke 방법

〈사질지반〉 〈점성토지반〉 〈단단한 점성토지반〉

III 평가(최근 이슈가 되고 있는 도심지 지반침하 중심)
— 최근 지속적 개발행위로 인해 기존 중요구조물 주변에 막이설치에 따른 배면침하가 문제점으로 대두됨 〈끝〉

단	3.	Arch Effect
답		
	I	Arch Effect의 개념(막이 중심)
		− 옹벽이나 막이 등의 변형으로 발생하는 토압 재분배 현상으로 긍정과 부정의 양면성을 가짐
	II	토질 및 기초분야에서 Arch Effect를 검토하는 목적
		┌ 공학적 목적 : 지반의 공학적 안정 도모
		└ 일반적 목적 : 대상사업의 비용 절감 등
	III	Arch Effect를 고려하는 대상 및 양면성 고찰

대상	긍정적 영향	부정적영향	비고
옹벽	주동토압감소	수동토압증가	$P_a = \frac{1}{2}Ka\gamma H^2$
흙막이	배면토압감소	침하발생	
말뚝	−	부마찰력	$P_p = \frac{1}{2}Kp\gamma H^2$
댐	−	수압할렬	극한지지력
터널	지반→자연지보	막장 불안정	$= Q_p + Q_s - Q_{ns}$

	IV	지반의 공학적 안정을 위한 Arch Effect 관리 방안
		┌─ 작용력 감소 ─┐ ┌─ 저항력 증가 ─┐
		− 침투수압 감소 − 막이강성 증가
		− 경계면 마찰력 증가 − Under Pinning
	V	평가(계측관리 제안)
		− Arch Effect 발생 예상 지반에 계측을 주기적으로 실시하여 예방중심의 지속적 관리 방안 검토 필요 〈끝〉

단 4.		H-Pile 토류벽에서 지반에 근입된 엄지말뚝의 수동저항력
답		
	I	H-Pile 토류벽 엄지말뚝의 수동저항력 개념
		— H-Pile 토류벽에서 하중 작용 시 지반에 근입된 엄지말뚝의 수동저항력이 하중에 저항하게 되는 개념임
	II	H-Pile 토류벽에 작용하는 토압분포에 대한 사전 고찰

〈H-Pile 토류벽 토압분포도〉 〈A-A'단면 토압분포도〉

→ 주동+근입부 토압에 저항하는 수동토압의 영향폭은 H-Pile 폭의 2~3배 정도임

III. H-Pile 토류벽에서 지반에 근입된 엄지말뚝의 수동저항력

* 수동저항력 $P_p = \dfrac{1}{2} Kp \gamma H^2$ where) Kp : 수동토압계수
  γ : 흙의 단위중량

→ 이에 따른 안전율은 아래와 같음

$$Fs = \dfrac{수동저항력}{주동토압 + 근입부토압(주동)} > 1.5 \ (안정)$$

IV. H-Pile 토류벽에서 근입된 엄지말뚝 수동저항력 향상방안

- 설계 : 수치해석 시 수동토압의 보수적 판단
- 시공 : 수동토압 작용 지반에 대한 개량 검토
- 관리 : 계측을 통한 주기적 수동토압 관리   〈끝〉

단 5. 언더피닝(Under Pinning)

답

I 언더피닝의 개념

- 기존 구조물의 주변 개발이나 기존 구조물의 증축 등 기존 기초하부의 지반에 보강 및 개량하는 시설

II 응력경로 검토를 통한 언더피닝 실시 목적의 이해

→ $\sigma_{h'} = (\sigma_v + \Delta\sigma) \times K_0$

$\sigma_{v'} = \sigma_v + \Delta\sigma$

→ "언더피닝의 $\Delta\sigma$가 지반을 K_f에서 K_0로 거동시킴"

〈언더피닝 응력경로 Graph〉 → 공학적으로 안정 측 거동

III 언더피닝의 종류 및 종류별 특징

구분		특징	비고
보강	기존기초 지지	• 보편적 적용 • 공사비 저렴	건물
	파이프 루프	• 선형구조물 적합 • 공사비 고가	
개량	그라우팅	• 단기간 시공가능 • 지중오염 가능	건물 ←그라우팅

IV 공학적인 평가

- 최근 개발행위로 기존 주요 구조물에 대한 인접 피해가 발생하고 있음. 언더피닝을 통해 대책 마련 필요 〈끝〉

단 6. 옹벽배수공의 중요성

답

I. 옹벽배수공의 중요성 개념

— 옹벽의 배수가 불량 시 배면 지반에 간극수압이 증가하여 유효응력이 감소하므로 옹벽의 붕괴 가능함

II. 옹벽배수공의 구성요소와 요소별 특징 검토

→ ① 배수구 : 집수
② 배수층 : 필터 및 집수
③ 배수관 : 집수(유공관)
④ 배수공 : 배수

III. 옹벽배수공의 중요성

$\sigma_1' = \sigma_1 - \Delta\sigma$
$\sigma_3' = (\sigma_3 - \Delta\sigma)K_0$

→ $\Delta\sigma$: 간극수압에 의한 유효응력 감소량으로

→ "옹벽 배수불량 시 지반의 거동이 ① → ② 옹벽 붕괴 가능"

〈옹벽 배수불량 시 모아원〉

IV. 옹벽의 배수불량 시 문제점과 대책방안

― 문제점 : 옹벽 붕괴 가능, 유지관리비 증가
― 대책방안 : 안전율 증가공, 안전율 유지공 등

V. 공학적인 평가

— 최근 다수의 소규모 개발행위로 옹벽설치가 빈번함. 배수불량 시 붕괴 가능하므로 대책방안 요구됨 〈끝〉

서 1. 도심지에서 가시설을 이용한 근접시공과 관련하여 다음 사항에 대하여 설명하시오.
1) 근접지반 침하 원인
2) 흙막이 벽체 수평변위 발생 원인
3) 흙막이 벽 수평변위에 따른 지표 침하 추정 방법 중 Caspe의 방법

답

I 개요
- 도심지 가시설에 의한 근접 지반은 지하수위 변동, 지반 강도 특성의 변화로 침하가 발생하게 됨
- 흙막이 벽체의 수평변위는 지하수위 변동, 상부하중 증가, 공사 진동 등으로 발생하게 됨
- 지표침하 추정 방법 중 Caspe 방법을 통한 침하 추정을 검토하였으며 Peck, Clough 이론도 병행검토 필요

II 도심지 흙막이 피해 최소화 위한 사전 조사·시험 고찰

```
        「사전조사」           「실내시험」
[지형도
 지질도]  자료수집    →    시편제작 등
              ↓                ↓
[지장물
 주요건물] 주변환경        투수, 압밀시험  ←
              ↓                ↓          ) 역해석
[보링
 시추]    지반조사    →    강도정수 산정  ─
```

〈도심지 흙막이 피해방지 관련 사전 조사·시험 Flow Chart〉

III. 도심지 가시설에 의한 근접지반 침하원인

→ 좌측의 모식도로부터
- 내적원인
  ① 지하수위 변화
  ② 지반강도 변화
- 외적원인 ③ 막이변형
  ④ 상부 하중증가

〈근접지반 침하원인 모식도〉

IV. 도심지 가시설 흙막이 벽체 수평변위 발생 원인

→ 좌측의 모식도로부터
- 내적원인
  ① 배면 토압증가
  ② 지하수위 변동
- 외적원인 ③ 시공불량
  ④ 주변 외력증가

〈흙막이 벽체 수평변위 모식도〉

V. 흙막이 수평변위에 따른 침하 추정 방법 중 Caspe의 방법

→ $$S_w = \dfrac{4 V_s}{D}$$

where) Sw : 벽체 침하량
Vs : 벽수평변위, D : 영향거리

→ $$D = h_t \times \tan\left(45 - \dfrac{\Phi}{2}\right)$$

where) $h_t = h_w + h_p$

〈Caspe의 방법 모식도〉

VI. 흙막이 수평변위에 따른 침하 추정 방법 중 Peck과 Clough & O'rourke의 방법

1) Peck 방법

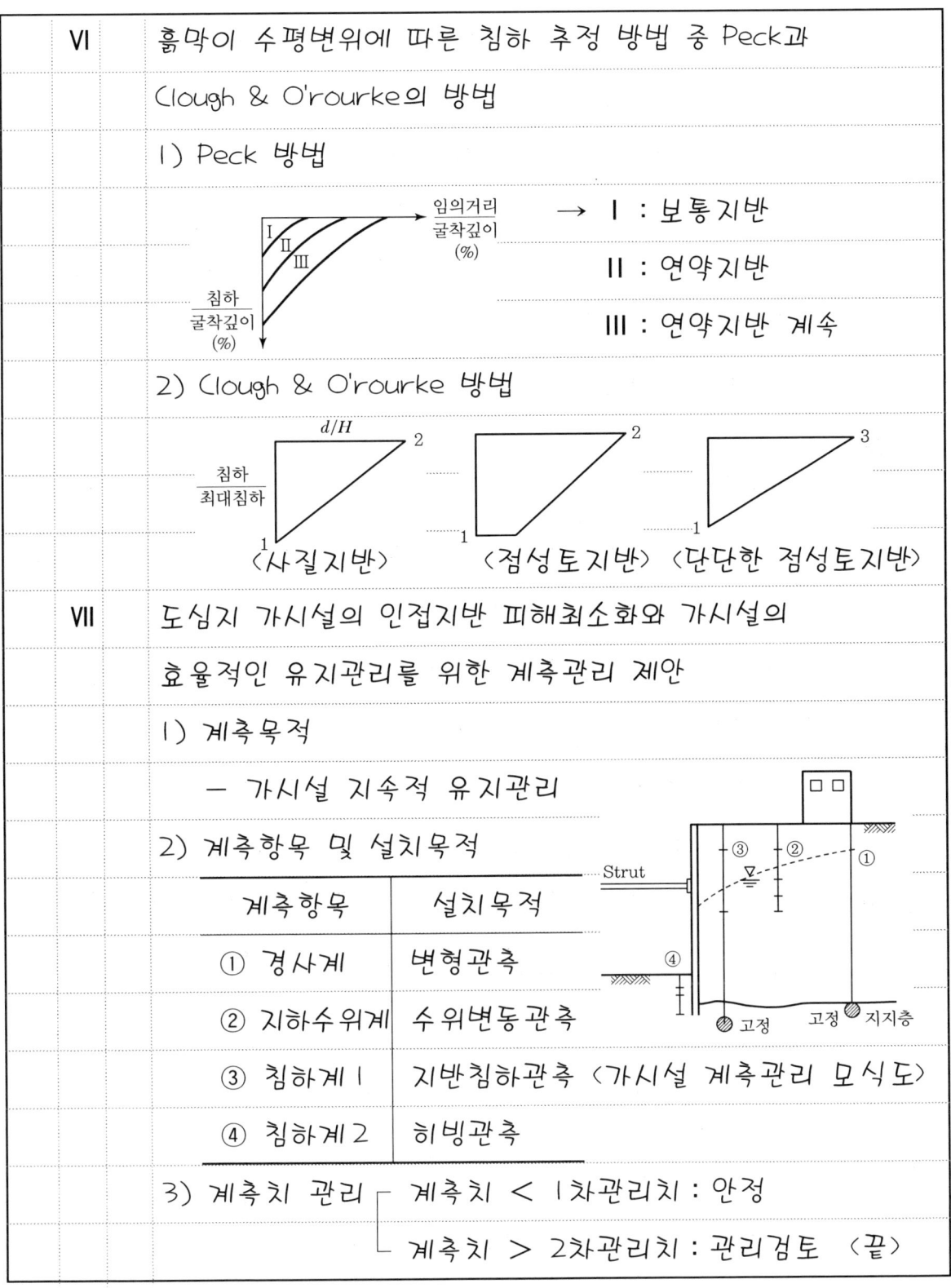

→ I : 보통지반
II : 연약지반
III : 연약지반 계속

2) Clough & O'rourke 방법

〈사질지반〉 〈점성토지반〉 〈단단한 점성토지반〉

VII. 도심지 가시설의 인접지반 피해최소화와 가시설의 효율적인 유지관리를 위한 계측관리 제안

1) 계측목적
- 가시설 지속적 유지관리

2) 계측항목 및 설치목적

계측항목	설치목적
① 경사계	변형관측
② 지하수위계	수위변동관측
③ 침하계 1	지반침하관측
④ 침하계 2	히빙관측

〈가시설 계측관리 모식도〉

3) 계측치 관리
- 계측치 < 1차관리치 : 안정
- 계측치 > 2차관리치 : 관리검토

〈끝〉

서 2. 흙막이 구조체가 안정하기 위해서는 굴착저면과 부재 단면에 대한 안정을 반드시 검토하여야 한다. 굴착저면에 대하여 다음의 안정검토 방법을 설명하시오.

1) 상재하중에 대한 말뚝지지력
2) 근입부에 작용하는 주동토압과 수동토압에 대한 안정
3) 보일링에 대한 안정
4) 히빙에 대한 안정

답

I 개요

- 상재하중에 대한 말뚝지지력은 작용력에 대한 저항력의 비율로서 안전율의 검토가 가능함
- 주동토압은 작용력으로 수동토압은 저항력으로 검토하여 관련한 안전율 산정 가능함
- 보일링 및 히빙은 지반 종류에 따라 발생하게 되며 Terzaghi 방법이나 한계동수경사로 안정 검토 가능

II 흙막이 구조체의 안정해석 위한 평면지중응력 사전 고찰

① PSA (평면주동상태)
② DSS (단순전단상태)
③ PSP (평면수동상태)

〈흙막이 평면지중응력 모식도〉

III 상재하중에 대한 말뚝지지력

$$Fs = \frac{\text{저항력}}{\text{작용력}} = \frac{C \cdot Nc + D_f \cdot \gamma \cdot N_q + fs \cdot As}{H \cdot \gamma + H \cdot \gamma w} > 1.5 \,(\text{안정})$$

where) H : 깊이, γ : 흙단위중량, C : 점착력, Nc : 지지력계수
Df : 근입깊이, fs : 주면마찰응력, As : 주면면적

IV 근입부에 작용하는 주동토압과 수동토압에 대한 안정

$$Fs = \frac{\text{저항력}}{\text{작용력}} = \frac{\text{수동토압}}{\text{주동토압}}$$

$$\rightarrow \frac{\frac{1}{2} K_p \cdot H^2 \cdot \gamma}{\frac{1}{2} K_a \cdot H^2 \cdot \gamma} > 1.5 \,(\text{안정})$$

〈근입부 주동, 수동토압 모식도〉

V 보일링에 대한 안정

1) 유선망해석(Terzaghi 방법)

$$Fs = \frac{W}{J} = \frac{\text{토체무게}}{\text{침투력}} = \frac{V \times \gamma_{sub}}{\Delta h \times \gamma w / L \times V} > 1.5 \,(\text{안정})$$

2) 한계동수경사 방법

$$Fs = \frac{i_{cr}}{i} = \frac{(Gs-1)/(1+e)}{\Delta h / L} > 1.5 \,(\text{안정})$$

VI 히빙에 대한 안정

— 유선망해석(Terzaghi 방법)

$$Fs = \frac{W}{J} = \frac{\text{토체무게}}{\text{침투력}} = \frac{V \times \gamma_{sub}}{\Delta h \times \gamma w / L \times V} > 1.5 \,(\text{안정})$$

VII. 최근 이슈가 되고 있는 흙막이 구조체 불안정에 따른 지반침하에 대한 문제점 및 대책방안 제안

1) 문제점
   - 인명피해 가능
   - 중요 구조물 피해 가능, 예산낭비 등

2) 원인
   - 개발행위(굴착)에 의한 지반강도 저하
   - 지하관로 등 파괴에 의한 지하수위 하강

3) 대책방안
   - 제도적 : 지하안전영향평가 실시 등
   - 공학적 : 지반처리, 구조물 유지보수 등

VIII. 평가(계측 관리 제안 중심)

- 도심지 대규모 개발 시 수반되는 흙막이 구조체 설치에 따른 부작용이 최근 대두되고 있는 실정임. 흙막이 구조체 설계 및 시공 이후 대형 사고를 방지하기 위해 예방 중심의 관리 방안 필요함. 응력계, 처짐계, 지하수위계 등 계측기를 지반 및 기존 주요 구조물에 설치 후 지속적으로 계측치를 관리하는 방법이 필요함 〈끝〉

Chapter 05 토압 / 막이

서 3. 보강토옹벽의 시공이 확대되고 옹벽높이도 높아지고 있다. 이에 따라 보강토옹벽의 시공 및 피해 발생 사례도 증가하고 있다. 합리적 설계와 시공을 위한 계단식 다단 보강토옹벽의 설계법에 대하여 비교, 설명하고 다단 보강토옹벽의 설계 및 시공 시 고려사항에 대하여 설명하시오.

답

I. 개요

- 계단식 다단 보강토옹벽의 설계법으로는 주로 NCMA 방법과 FHWA 방법이 있음
- 두 설계법은 상당한 적용의 차이점이 존재하며, 근사해석, 안정성 확보 부족 등의 한계성을 보임
- 이에 따른 대책방안으로 설계법의 보완 검토, 계측을 통한 역해석, 설계 준수 등이 있음

II. 보강토옹벽의 공학적 안정검토를 위한 공법원리의 이해

1) 보강토옹벽이란?
   - 지반에 인장력을 갖는 재료를 포설하여 지반성질을 공학적으로 안정하게 개량하는 흙막이 공법

2) 공법 원리

   $* C^b$(겉보기 점착력) 증가
   $K_f' = C^b + \sigma' \tan\phi$
   $K_f = \sigma' \tan\phi$
   (구속응력 감소) $\sigma_3 \leftarrow \sigma_3$, σ_1

   → 좌측의 모아써클을 통해 "인장재 맞물림에 의해 구속응력이 감소하여 겉보기 점착력 발생"

III. 계단식 다단 보강토 옹벽의 외적 안정조건 사전 검토

1) 활동 안정 검토

$$Fs = \frac{\text{마찰저항력}}{\text{토압}} > 1.5$$

2) 전도 안정 검토

$$Fs = \frac{\text{저항모멘트}}{\text{활동모멘트}} > 1.5$$

3) 지지력 안정 검토

$$Fs = \frac{\text{허용지지력}}{\text{최대하중}} > 1.5$$

IV. 계단식 다단 보강토옹벽의 설계법에 대한 비교 설명

구분		NCMA	FHWA
공통점	해석	수치해석 시 사면안정검토 필수	
차이점	내적 안정	하단옹벽 보강재 깊이 가정 → 상단옹벽 설계	상단옹벽 하중 간주 → 보강재 설계
	외적 안정	내적결과 토대 → 하단 옹벽 외적안정 검토	상단옹벽 하중 간주 → 외적 안정 해석
	결과경향	내적 Fs 유리	외적 Fs 유리

V. 계단식 다단 보강토옹벽의 설계 및 시공 시 고려사항

1) 설계 시
   - 현장조건을 고려한 설계법 선택
   - 수치해석 시 "사면안정검토 수행"
   - 주변 지장물, 구조물 등 사전 조사

2) 시공 시
   - "배수공의 바른 시공"
   - 설계에 따른 공사 실시, 부실공사 방지
   - 인접한 가옥, 축사 등 피해 최소화

| VI | 현재 시행되고 있는 계단식 다단 보강토옹벽의 설계 한계성 및 대책방안 제안 |

1) 한계성 ─ 두 가지 설계법이 상당한 차이를 보임
　　　　　├ 실제 안전율이 1.2에 미치지 못할 수 있음
　　　　　└ 현장조건 구현하지 못한 근사해석

2) 대책방안 ─ 설계법의 정비를 통한 기준차이 보완
　　　　　├ 바른 시공을 통한 안전율 확보
　　　　　└ 계측의 역해석 통한 근사해석 개선

| VII | 평가(계측의 역해석 통한 근사해석 개선 중심) |

- 최근 다수의 소규모 개발행위가 이루어지고 있음. 부실 다단 보강토옹벽의 설치로 인해 집중호우 등에 의한 붕괴사고가 빈번하게 발생하고 있음. 관련하여 설계의 근사성을 보완하기 위해 계측을 통해 지반거동을 실측하여 실내시험으로 얻어진 지반 강도정수 등의 현실화를 통해 관계 개선을 추진할 필요가 있음 〈끝〉

서 4. 아래 그림과 같이 사질토로 뒷채움된 옹벽에서 주동상태와 수동상태에 대하여 벽면 마찰 저항력의 존재여부에 따른 예상파괴선을 도시하고 수동토압 산정방법에 대하여 설명하시오.

*("답안 작성 시 문제 출제 삽도는 미작성함")

답

I 개요

- 벽면 마찰 저항력을 고려하는 토압은 Rankine 이론, 미고려하는 토압은 Coulomb 이론임
- 벽면 마찰 저항력의 존재여부에 따른 예상파괴선은 저항력 미고려 시에는 주동과 수동파괴선이 서로 큰 차이가 없으나 고려 시에는 수동영역에서 차이를 보임
- 수동토압 산정방법에서 마찰력 고려에 따른 차이점은 토압계수에서 차이를 보임. 마찰력 고려 시 수동영역의 능력을 과대평가하게 되므로 현상의 이해 필요

II. 벽면 마찰저항력 존재여부를 검토한 토압이론의 사전고찰

구분		Rankine	Coulomb	비고
공통점	적용	토압 산정 이론		
차이점	벽마찰각	무시	고려	$P_a = \dfrac{1}{2} Ka \gamma H^2$
	정확도	보통	정확	$P_p = \dfrac{1}{2} Kp \gamma H^2$
	이론	소성이론	흙쐐기이론	
	평가	주동 측 과대	수동 측 과대	$Ka = \dfrac{1-\sin\Phi}{1+\sin\Phi}$
	활용성	일반설계	실시설계	

III. 주동상태와 수동상태에 대하여 벽면 마찰저항력의 존재여부에 따른 예상파괴선 도시

1) 벽면 마찰저항력 미고려 시

〈마찰력 미고려 시 모식도〉

→ 좌측 모식도에서
배면의 주동파괴각은
$(45 + \phi/2)°$
전면의 수동파괴각은
$(45 - \phi/2)°$

2) 벽면 마찰저항력 고려 시

〈마찰력 고려 시 모식도〉

→ 좌측 모식도에서
① 이론파괴면과
② 실제파괴면은 차이남

"특히, 수동 측은 과대평가 경향으로 주의"

| IV | 벽면 마찰저항력의 존재여부에 따른 수동토압 산정방법 |

* 지표면이 수평인경우로 가정함

구분	마찰력 미고려	마찰력 고려
토압계수 (변수)	$\dfrac{1+\sin\Phi}{1-\sin\Phi}$	관련 도표에서 계수 구함
흙의 단위중량	공통인자(변수 아님)	
깊이	공통인자(변수 아님)	
수동토압 (공통)	$\dfrac{1}{2}K_p \cdot \gamma \cdot H^2$	

| V | 평가(벽마찰각 고려 시 수동토압 과대평가 중심) |

- 벽마찰각 미고려 시에는 이론 파괴선과 실제 파괴선이 서로 큰 차이가 없지만 중요구조물이나 실시설계에서 벽마찰각을 고려하는 이론 적용 시에는 이론 파괴선과 실제 파괴선이 차이를 보이게 됨. 특히, 주동영역은 큰 차이가 없으나 수동영역이 과대평가되는 경향을 보이므로 관련 현상을 바르게 이해하는 것이 중요함

〈끝〉

| 서 5. | 도심지 대심도 지하굴착 흙막이 공사는 건설과정에서 지반 거동을 야기하고 인접 구조물에 피해를 유발할 수 있는 건설공사로서 공사의 안정성은 물론 피해를 적극 방지할 수 있는 기술이 요구된다. 이와 같은 도심지 근접시공에 있어 다음 사항을 설명하시오. |

(1) 지반굴착 흙막이 공법 선정 시 검토 고려사항
(2) 흙막이 공사 시 인접지반 침하의 원인
(3) 인접구조물의 사전안정성 파악 시 기본적 고려사항
(4) 터파기 및 되메우기 공사 시 유의점 및 기본관리 사항

답

I 개요

- 흙막이 공법선정시 벽체조건, 지반조건 등 검토 필요하고 인접지반의 침하는 주로 지하수위, 벽체변형이 원인
- 인접구조물의 사전안정성은 내적, 외적 원인으로 검토 하고 지반공사 시 침하, 민원, 안전관리 등에 힘써야 함

II 도심지 흙막이 공사 시 주변피해 최소화를 위한 검토방법

- Caspe 방법

$$S_i = S_w \times (D - \frac{x}{D})^2$$

where) S_i : 임의구간 침하량
S_w : 벽체침하, D : 영향거리

$$\rightarrow D = h_t \times \tan(45 - \frac{\Phi}{2})$$

where) $h_t = h_w + h_p$

III 지반굴착 흙막이 공법 선정 시 검토 고려사항

→ 좌측 모식도로부터
① 벽체 변형
② 지지구조 변형
③ 바닥안정
④ 주변영향
⑤ 지하수위 변동

〈흙막이 공법 검토사항 모식도〉

IV 흙막이 공사 시 인접지반 침하의 원인

1) 내적 원인

- <u>지하수위 강하</u> : 지반 굴착에 의한 지하수의 유실로 지반의 유효응력이 저하되어 침하 발생

2) 외적 원인

- <u>막이벽체 변형</u> : 변위부에서 정지부로 응력전이가 발생하여 벽체 변형. 이런 변형에 의한 침하 발생

V 인접구조물의 사전안정성 파악 시 기본적 고려사항

〈내적 고려사항〉		〈외적 고려사항〉	
[유실 강하	지하수위	주변영향	[진동 침하
[지하관 도시철도	구조물	구조물	[교량 주요건물
[수치 해석	막이공법	민원	[예방 협의

〈인접구조물 사전안정성 파악 시 고려사항 (chart)〉

VI. 터파기 및 되메우기 공사 시 유의점 및 기본관리 사항

〈공사 시 유의점〉　　〈기본관리 사항〉

- [굴착진동 / 굴착소음] → 진동/소음 　　 민원 ← [예방 / 협의]

- [수위강하 / 벽체변형] → 침하 　　 계측관리 ← [응력 / 변형률]

- [유실 / 충전] → 지하수위 　　 안전관리 ← [장비 / 인명]

〈터파기 및 되메우기 공사 시 유의점 및 기본관리사항 (chart)〉

VII. 도심지 대심도 지하굴착 흙막이 공사의 효과적인 유지관리를 위한 계측관리 제안

1) 계측목적
   - 흙막이 지속적 유지관리

2) 계측항목 및 설치목적

계측항목	설치목적
① 경사계	변형관측
② 지하수위계	수위변동관측
③ 침하계 1	지반침하관측
④ 침하계 2	히빙관측

〈흙막이 계측관리 모식도〉

3) 계측치 관리
   - 계측치 < 1차관리치 : 안정
   - 계측치 > 2차관리치 : 관리검토

〈끝〉

서 6. 보강토 옹벽의 설계법에서 마찰쐐기법과 복합중력식법에 대하여 설명하시오.

답

I. 개요

- 보강토 옹벽의 마찰쐐기 설계법은 보강재가 신장성이고, 하중전달이 마찰방식 등인 특징이 있음
- 보강토 옹벽의 복합중력식 설계법은 보강재가 비신장성이고, 하중전달이 지압방식 등인 특징이 있음
- 보강토 옹벽의 마찰쐐기 설계법의 응력분포는 6m 깊이까지 토압계수가 변화함. 복합중력식 설계법의 토압분포는 깊이에 따른 토압계수의 변화가 없음

II. 보강토 옹벽의 공법 원리 및 구성 요소 사전고찰

1) 공법 원리

$* C^b$(겉보기 점착력) 증가
$K'_f = C^b + \sigma' \tan\phi$
$K_f = \sigma' \tan\phi$
$\sigma'_3 \leftarrow \sigma_3$ σ_1
(구속응력 감소)

→ 좌측의 모아써클을 통해 "인장재 맞물림에 의해 구속응력이 감소하여 겉보기 점착력 발생"

2) 구성 요소

→ ① 전면블록
② 보강그리드
③ 뒷채움
④ 배수유공관

| | III | 보강토 옹벽의 설계법에서 마찰쐐기법과 복합중력식법에 대한 설명 |

구분	마찰쐐기법	복합중력식법
설계	마찰쐐기식	중력식
보강재	신장성	비신장성
하중전달	마찰식	지압식
인장강도	보강재변형 > 지반변형	보강재변형 < 지반변형
축변형	1% 이상 변형	1% 미만 변형
가정조건	파괴면을 삼각형	파괴면을 2개 직선

IV. 보강토 옹벽의 설계법에서 마찰쐐기법과 복합중력식법의 변위와 토압분포 모식도

K_a 분포 $K_a(\gamma \cdot H + q_s)$ K_a 분포 $K_a(\gamma \cdot H + q_s)$

→ 마찰쐐기법에서는 6m 깊이까지 토압계수 변화 이상부터는 일정함

→ 복합중력식법에서는 깊이에 관계없이 토압계수 일정함

→ 따라서, 토압분포는 토압계수 변화에 맞춰 6m 깊이까지 토압 변화

→ 따라서, 토압분포는 깊이에 관계없이 토압 일정함

V		현재 실무에서 시행되고 있는 보강토옹벽의 설계법의 한계성 및 대책방안 제안
	1) 한계성	─ 두 가지 설계법이 상당한 차이를 보임 ─ 실제 안전율이 1.2에 미치지 못할 수 있음 ─ 현장조건 구현하지 못한 근사해석
	2) 대책방안	─ 설계법의 정비를 통한 기준차이 보완 ─ 바른 시공을 통한 안전율 확보 ─ 계측의 역해석 통한 근사해석 개선
VI		평가(계측의 역해석 통한 근사해석 개선 중심) ― 최근 다수의 소규모 개발행위가 이루어지고 있음. 부실 보강토옹벽의 설치로 인해 집중호우 등에 의한 붕괴 사고가 빈번하게 발생하고 있음. 관련하여 설계의 근사성을 보완하기 위해 계측을 통해 지반거동을 실측 하여 실내시험으로 얻어진 지반 강도정수 등의 현실화를 통해 관계 개선을 추진할 필요가 있음 〈끝〉

Chapter 06

기초

단답형 1 얕은 기초의 극한지지력
단답형 2 말뚝의 주면마찰력
단답형 3 현타말뚝의 지지력 산정 방법
단답형 4 Piled Raft 기초
단답형 5 Suction Pile
단답형 6 성토지지말뚝 공법과 토목섬유를 이용한 성토지지말뚝

서술형 1 부마찰력이 작용하는 말뚝기초에 대해 다음을 설명하시오.
    1) 중립면의 결정
    2) 부마찰력의 크기와 말뚝침하량의 관계
    3) 부마찰력을 받는 말뚝기초의 설계 방향

서술형 2 극한 지지력에 대하여 소정의 안전율을 가지며 침하량이 허용치 이하가 되게 하는 하중강도 중의 최대의 것을 허용 지내력이라고 할 때 점성토와 사질토지반에서 기초폭과 하중강도 사이에는 각각 아래의 그림과 같은 도식적 관계가 있다. 이 그림에 대하여 지지력 공식과 침하량 계산식을 이용하여 이러한 관계가 갖는 공학적 의미를 구체적으로 설명하시오.

서술형 3 지반은 세립분의 함량에 따라 크게 사질토지반과 점성지반으로 대별하여 취급된다. 다음 사항을 설명하시오.
    1) 사질토지반과 점성토지반의 공학적 특성 비교
    2) 사질토지반과 점성토지반의 기초계획 시 하중에 따른 거동특성 비교

서술형 4 다음과 같은 지반에서 말뚝시공 시 항타분석기(Pile Driving Analyzer)에 의한 말뚝의 품질관리를 수행하려고 한다. 다음 질문에 답하시오.
    (1) 항타분석기에서 측정하는 파의 종류와 이러한 파를 측정하기 위하여 설치하는 계측기 및 측정원리에 대하여 설명하시오.
    (2) 아래 지반에 항타 시 각 층에서 관찰할 수 있는 파의 형태를 추정하고 이러한 파가 관찰되는 이유를 설명하시오.

서술형 5 말뚝기초의 지지력 산정방법 중 재하시험에 의한 방법과 현장시험결과(SPT, CPT, PMT)를 이용한 방법 및 항타에 의한 방법을 설명하시오.

서술형 6 말뚝은 작용하는 하중상태에 따라 주동말뚝과 수동말뚝으로 구분할 수 있다.
    (1) 주동말뚝과 수동말뚝을 구분하여 설명하시오.
    (2) 수동말뚝에 작용하는 수평토압을 고려하여 말뚝의 거동방정식을 설명하시오.

단	1.	얕은 기초의 극한지지력
답		
	I	얕은 기초의 극한지지력의 개념

- 얕은 기초에 의한 지반의 극한지지력의 개념으로 대표적으로 Terzaghi 이론과 Meyerhof 이론이 있음

II 얕은 기초가 설치된 지반의 파괴형상 비교

1) Terzaghi 이론   2) Meyerhof 이론

→ 근입부지반 하중으로 가정   → 근입부지반 파괴부로 가정

III 얕은 기초의 극한지지력 산정 검토

$$\begin{cases} \text{Bell} : C \cdot N_c + 0.5B \cdot \gamma \cdot N_r + D_f \cdot \gamma \cdot N_q \\ \text{Terzaghi} : \alpha \cdot C \cdot N_c + \beta \cdot B \cdot \gamma \cdot N_r + D_f \cdot \gamma \cdot N_q \end{cases}$$

where) N_c, N_r, N_q : 지지력계수, α, β : 형상계수

IV Terzaghi 극한지지력 이론의 한계성 및 개선방안

한계성	개선방안
- 기초근입부 하중 가정	- Meyerhof 이론 검토
- 결과치 신뢰성 저하	- 기초근입부 파괴부 가정

V 공학적인 평가

- 계산식에 의한 지지력 산정은 근사방법이므로 현장 조건 구현한 모델링의 수치해석 병행 검토 필요 〈끝〉

단	2.	말뚝의 주면마찰력
답		
	I	말뚝의 주면마찰력 개념
		— 말뚝은 선단지지력보다는 주면마찰력에 의존하는
		메커니즘으로 계산식이나 현장식으로 주로 검토함
	II	말뚝의 주면마찰력 산정 방법 검토(토사지반 중심)

1) 계산식
- $fs = \alpha \cdot Cu$ where) Cu : 비배수강도
- $fs = \beta \cdot q'$ where) q' : 유효연직응력
- $fs = \lambda(q' + 2Su)$ where) Su : 비배수강도

→ *"주면마찰력(Qs) = fs × 주면면적($\pi \cdot d \cdot l$)"*

2) 현장시험 : 동재하시험, Osterburg Cell 시험

III 말뚝의 주면마찰력 실무적용성 검토
- 극한지지력 산정 : $Qu = Qp + Qs$
- 말뚝의 건전도 확인, 말뚝의 설계 안전율 산정 등

IV 현재 시행되는 말뚝 주면마찰력 산정 시 한계성 고찰

① 실제 말뚝 주면마찰 분포
② 계산된 말뚝 주면마찰 분포
→ 실제와 계산치 차이 발생

〈말뚝 주면마찰력 분포도〉   "결과 신뢰도 저하"

V 평가(한계성 개선방안 제안 중심)
- 결과 신뢰도 향상을 위해 주요 선진국 검토 모델의
$(1/Fs(Q_p + Q_s) \geq Q_d + Q_i)$ 도입을 제안 〈끝〉

문 3.	현타말뚝의 지지력 산정 방법
답	
I	현타말뚝의 지지력 산정 방법 개념
	- 현타말뚝은 암반층까지 설치되므로 지지력은 암반부에 대한 주면마찰력과 선단지지력의 합으로 고려함
II	현타말뚝의 지지력 산정 방법
	1) 주면마찰력 ┌ 매끈한 면 $fs = 0.65 P_a (q_{ui}/P_a)$
	└ 거친 면 $fs = 0.144 q_r$
	where) Pa : 대기압, qui : 일축압축강도, qr : 암마찰력
	2) 선단지지력 ┌ RQD 이용
	└ $Q_p = q_u (\tan^2(45 + \Phi/2) + 1)$
III	현타말뚝의 지지력 산정 방법에 영향 주는 인자
	┌ 일축압축강도 : 증가 시 극한지지력 증가
	└ 마찰력(암반) : 증가 시 극한지지력 증가
IV	현타말뚝의 지지력 산정 방법의 한계성 및 IGM도입 검토
	1) 한계성 : 토사부 주면마찰 무시 → 과다설계 가능
	2) "IGM도입 $fs = K_0 \cdot \sigma_v' \cdot \tan\Phi$
	〈토사부 지지력 비교 Graph〉 → fs만큼 주면마찰 추가산정"
V	공학적인 평가
	- 암반부의 주면마찰 만 설계고려 시 과다설계가 발생하므로 IGM층의 주면마찰 추가 고려하여 개선 〈끝〉

단4.	Piled Raft 기초
답	
I	Piled Raft 기초의 개념
	— 기존의 기초 한계성의 개선방안으로 얕은기초의 극한 지지력과 말뚝의 주면마찰력으로 저항
II	기존 얕은기초와 깊은기초 공법의 한계성 검토
	┌ 얕은기초 : 이론식의 신뢰성 저하, 부등침하 등
	└ 깊은기초 : 공사비 고가, 설계기준 미흡 등
III	기존 기초공법 한계성 개선으로서 Piled Raft 도입 배경
	(그림: Piled Raft 구조도 — 주면마찰, 극한지지, 선단지지 / 하중강도-침하 곡선: 전면기초, 말뚝, Piled Raft)
	→ 얕은기초 극한지지력+말뚝주면 → Piled Raft 능력 탁월
IV	Piled Raft의 실무적용성 및 해석 방법
	(그림: 하중-기초폭 그래프, 불안정/안정, 지지력, 침하하중)
	→ ▨ 구간이 Piled Raft 적용 구간
	• 해석방법
	1) 극한지지력 ┌ 지지력평가
	└ 수치해석
	〈Piled Raft 적용구간 Graph〉 2) 침하 $S = V/K$
V	평가(해석의 난이도 중심)
	— 수계산으로 Piled Raft 설계는 매우 어려움. 따라서 모델링을 통한 수치해석으로 설계함이 타당 〈끝〉

단 5. Suction Pile

답

I. Suction Pile의 개념
 - 해상풍력 발전시설 기초의 한 종류로서 바다의 수심에 따라 기초의 종류를 선정하여 적용

II. Suction Pile을 포함한 풍력발전시설 기초의 종류별 특징

종류	중력식기초	모노파일	Tri Pod	석션파일
수심	0m	0~30m	30~60m	60m 이상

III. Suction Pile 공법의 원리 고찰

→ Box Caisson을 해중지반에 근입시킴

→ Box 내부 공기흡입(진공)하면서 상부수압 + 대기압으로 근입

IV. Suction Pile 공법 적용 시 주의사항 검토
 - 설계 : 기초의 목표 근입량 및 사전조사 실시
 - 시공 : 부등침하 관리, 잠수부 등 특수인원 안전 등
 - 관리 : Box 기초 내부 진공상태 수시 점검

V. 공학적인 평가
 - 최근 친환경 에너지 개발의 이슈로 Suction Pile 적용이 다수 시행됨. 특수작업에 대한 안전 관리 요구됨 〈끝〉

단	6.	성토지지말뚝 공법과 토목섬유를 이용한 성토지지말뚝
답		
	I	성토지지말뚝 공법과 토목섬유 성토지지말뚝의 개념
		– 기존의 성토지지말뚝 공법의 개선방법으로서 토목섬유 이용한 성토지지말뚝 공법이 적용되고 있음
	II	성토지지말뚝 공법의 도입배경 및 한계성 고찰
		1) 도입배경 : 상부 성토체의 침하 대책
		2) 한계성 ┌ 말뚝과 성토체 접지부 펀칭파괴 발생
		└ 국내 도입실적 소수
	III	기존 한계성 개선 중심의 토목섬유 성토지지말뚝의 특징
		1) 도입배경 : 펀칭파괴 → "막방법, 보방법"으로 개선
		2) 공법특징
		→ ① 막방법
		접지부 토목섬유 설치
		부등침하 발생가능
		→ ② 보방법
		접지부 변형 방지
		성토 토립자 유출방지
		〈막방법과 보방법의 모식도〉
	IV	토목섬유를 이용한 성토지지말뚝의 향후 추진방안
		┌ 보편적 적용 가능하게 범용 설계기준 수립
		└ 주기적 교육, 홍보 → 적용실적 증가 (끝)

서 1. 부마찰력이 작용하는 말뚝기초에 대해 다음을 설명하시오.
  1) 중립면의 결정
  2) 부마찰력의 크기와 말뚝침하량의 관계
  3) 부마찰력을 받는 말뚝기초의 설계 방향

답

I. 개요
   - 부마찰력의 중립면은 말뚝의 응력곡선과 부마찰력 곡선의 교점으로 정해지게 됨
   - 부마찰력의 크기가 증가할수록 말뚝침하량은 비례관계로서 증가하는 경향을 보임
   - 기존의 보수적인 말뚝지지력 설계는 과다설계 측면의 한계성을 보이므로 선진국 설계모델의 도입 검토

II. 말뚝기초의 부마찰력 발생기구 사전 고찰

〈말뚝의 침하 및 부마찰력 발생기구 모식도〉

* 부마찰력이란?
   - 지반의 침하가 말뚝의 침하보다 크게 발생하면 하향의 주면마찰력 발생. 중립축 상단이 부마찰력 구간

III. 부마찰력이 작용하는 말뚝기초에 대한 설명

1) 중립면의 결정

〈말뚝응력분포 모식도〉 〈말뚝의 하중, 침하 관계 Graph〉

① Arching Effect에 의한 "말뚝 응력분포곡선과 부마찰력 곡선의 교점이 중립면"으로 결정됨

② "지반침하곡선과 말뚝침하곡선의 교점이 중립면"

2) 부마찰력의 크기와 말뚝침하량의 관계

→ "부마찰력 증가 시 (① → ②) 말뚝침하량 증가(비례)"

3) 부마찰력을 받는 말뚝기초의 설계 방향

- 기존의 문제점
  - $1/Fs(Q_p + Q_s - Q_{ns}) \geq Q_a$ → 과다안정의 "과다설계"

  where) Q_s : 주면마찰력, Q_p : 선단지지력, Q_{ns} : 부마찰력

- 선진국의 말뚝기초 설계 방향
  - $1/Fs(Q_p + Q_s) \geq Q_d + Q_i$ → 현실적인 "효율설계"
  - → "점차 선진국의 설계기준으로 변경 도입 필요"

  where) Q_d : 말뚝의 고정하중, Q_i : 말뚝의 활하중

IV. 부마찰력이 작용하는 말뚝기초가 지반안정에 미치는 영향 및 대책방안 제안

1) 지반안정에 미치는 영향

지반내적영향	지반외적영향
- 말뚝지지력 감소	- 상부구조물 피해
- 지반침하 촉진	- 민원발생, 사업비증가

2) 대책방안

* $Fs = \dfrac{저항력}{작용력}$ → 작용력을 감소시키거나 저항력을 증가시킴

- 작용력 감소 : 부마찰 구간 Slip Layer 도포
- 저항력 증가 : 선단확장형 공법 검토(프리보링)

V. 공학적인 평가

- 지속적인 부마찰력은 상부구조물에 피해를 입히는 등, 많은 문제점을 일으키며 그에 대한 대책방안 검토가 요구되는 실정임. 그리고 현재 실무에서 주로 사용하는 말뚝지지력의 설계 기법을 점차 선진국 설계기준으로 변경하여 과다설계 방지의 분위기 조성이 필요함 〈끝〉

서 2.

극한 지지력에 대하여 소정의 안전율을 가지며 침하량이 허용치 이하가 되게 하는 하중강도 중의 최대의 것을 허용 지내력이라고 할 때 점성토와 사질토 지반에서 기초폭과 하중강도 사이에는 각각 아래의 그림과 같은 도식적 관계가 있다. 이 그림에 대하여 지지력 공식과 침하량 계산식을 이용하여 이러한 관계가 갖는 공학적 의미를 구체적으로 설명하시오.

(a) 점성토   (b) 사질토

* ("답안 작성 시 문제 출제 삽도는 미작성함")

답

1. 개요

- 얕은기초 설치 시에 지반의 종류에 따라 기초폭과 하중강도 사이에는 상관관계가 존재함

- 지지력 공식과 침하량 계산식을 이용하여 상관관계를 검토해 보면 점성지반에서는 1차원의 상관관계를 보이고 사질지반에서는 2차원적 상관관계를 보임

- 본고에서는 기초의 지지력과 침하 산정의 신뢰도 향상을 위해 Scale Effect의 대책을 검토함

II. 기초의 허용지내력 검토를 위한 평판재하시험의 사전고찰

〈평판재하시험 P-S 곡선〉

1) 목적 : P-S 곡선 얻음
2) 방법 : 지반평탄화 → 평판설치 및 재하 → 계측
3) 활용 : 반력계수, 지지력, 변형계수, 침하특성 파악

III. 지지력과 침하량 계산식을 이용한 공학적 의미(점성토)

1) 지지력 계산식 : $\alpha \cdot C \cdot N_c + \beta \cdot B \cdot \gamma \cdot N_r + D_f \cdot \gamma \cdot N_q \to 0$
2) 침하량 계산식 : $S_f = S_p(B_f/B_p)$
   → 상기의 관계에서 $Q_f = Q_p$

IV. 지지력과 침하량 계산식을 이용한 공학적 의미(사질토)

1) 지지력 계산식 : $\alpha \cdot C \cdot N_c + \beta \cdot B \cdot \gamma \cdot N_r + D_f \cdot \gamma \cdot N_q$
2) 침하량 계산식 : $S_f = S_p(2B_f/(B_p+B_f))^2$
   → 상기의 관계에서 $Q_f = Q_p(B_f/B_p)$

V. 기초의 지지력과 침하량의 산정 신뢰도 향상을 위한 Scale Effect의 대책 검토

1) Scale Effect란?

[모식도: 평판(하중)과 실제기초(하중)의 영향범위를 기반암 위에 표시]

→ 좌측 모식도에서 축소 규모의 재하시험은 실제 규모의 현장현황을 모사하지 못함

2) Scale Effect에 대한 대책 방안

- 지지력 검토 : 보정 검토

[그래프: x축 B_f/B_p, y축 지지력, y절편 M, 기울기 N]

→ 좌측 그래프를 이용하여

$$q'_{(보정)} = M + N\left(\frac{B_f}{B_p}\right)$$

where) M : y절편
N : 그래프 기울기

〈지지력 보정 Graph〉

- 침하 검토 : 보정방법 미비하여 추가 연구 필요

VI. 공학적인 평가

- 기초는 지지력과 침하의 함수임. 그리고 지지력과 침하는 해당 지반의 종류에 따라 다른 거동을 보임. 얕은기초의 안정해석 시 기초폭과 하중강도 사이의 관계를 바르게 이해하여 지반 종류에 알맞은 안정해석이 결과 신뢰성을 좌우한다고 해도 과언이 아님

〈끝〉

서 3. 지반은 세립분의 함량에 따라 크게 사질토지반과 점성지반으로 대별하여 취급된다. 다음 사항을 설명하시오.
1) 사질토지반과 점성토지반의 공학적 특성 비교
2) 사질토지반과 점성토지반의 기초계획 시 하중에 따른 거동특성 비교

답

I. 개요
- 세립분 함량에 따른 사질토와 점성토의 분류는 USCS, AASHTO 분류법으로 검토함
- 사질토지반과 점성토지반의 공학적 특성을 강도특성과 배수특성, 시간특성으로 비교 검토함
- 사질토지반과 점성토지반의 기초계획 시 하중에 따른 거동특성은 관계식으로 비교 검토함

II. 세립분 함량 따른 사질토와 점성토의 분류방법 사전고찰

구분		USCS	AASHTO
공통점		흙을 분류하는 공학적 방법론	
차이점	분류기준	입도, 연경도	입도, 군지수
	조립/세립	#200번체 50% 통과율로 구분	#200번체 35% 통과율로 구분
	모래/자갈	#4번체 50% 통과율로 구분	불명확
	실트/점토	소성도로 구분	소성도로 구분

III. 사질토지반과 점성토지반의 공학적 특성 비교

1) 강도특성

* $\tau_f = C + \sigma' \tan\Phi$에서

"사질토는 ϕ의 함수이고
점성토는 C의 함수이다"

→ 좌측 그래프로부터
사질토지반이 강도 우세 경향

〈강도특성 Graph〉

2) 배수특성

시간특성으로 검토하면
"사질토는 $t=0$
점성토는 $t=0\sim\infty$"

→ 좌측 그래프로부터
사질토지반이 배수 우세 경향

〈배수특성 Graph〉

IV. 사질, 점성지반의 기초계획 시 하중에 따른 거동특성 비교

〈기초폭과 침하 Graph〉 〈기초폭과 지지력(사질)〉 〈기초폭과 지지력(점성)〉

→ 상기 세 그래프의 관계로부터

구분	사질토지반	점성토지반
침하량	$S_f = S_p(2B_f/(B_p+B_f))^2$	$S_f = S_p(B_f/B_p)$
지지력	$Q_f = Q_p(B_f/B_p)$	$Q_f = Q_p$

| V | 사질토지반과 점성토지반에 대한 기초설계 및 시공 시 예상되는 문제점 및 대책방안 검토 |

1) 문제점
- 설계 : 수치해석 시 강도정수 등의 유사성
- 시공 : 연약지반에 대한 안정성의 문제점
- 관리 : 준공 이후에도 변형 등 잔류거동 가능

2) 대책방안
- 설계 : 계측의 역해석으로 유사성 제고
- 시공 : 연약지반에 대한 지반안정처리 검토
- 관리 : 계측을 통한 지속적 유지관리 필요

| VI | 공학적인 평가 |

- 국내에서 극단적으로 사질토 지반과 점성토 지반이 각각으로 나뉘어 존재하는 경우는 극히 드물지만, 이론적으로 이런 극한의 연약상태에 대한 검토가 지반의 안정해석 개념 정립에 큰 도움이 됨. 각 지반에 대한 공학적인 거동에 대해 바르게 이해하여 책임기술자로서 안정해석의 신뢰성을 제고할 수 있는 능력 배양이 중요함 〈끝〉

서 4. 다음과 같은 지반에서 말뚝시공 시 항타분석기(Pile Driving Analyzer)에 의한 말뚝의 품질관리를 수행하려고 한다. 다음 질문에 답하시오.

(1) 항타분석기에서 측정하는 파의 종류와 이러한 파를 측정하기 위하여 설치하는 계측기 및 측정원리에 대하여 설명하시오.

(2) 아래 지반에 항타 시 각 층에서 관찰할 수 있는 파의 형태를 추정하고 이러한 파가 관찰되는 이유를 설명하시오.

매우 연약한 점토

중간 굳기 점토

매우 단단한 지반($N > 50$)

* ("답안 작성 시 문제 출제 삽도는 미작성함")

답

I 개요

— 항타분석기에서 측정하는 파의 종류는 F파와 V파가 있고 설치하는 계측기는 가속도계, 변형률계가 있음

— 항타분석기에서 파를 측정하는 원리는 F파로부터 힘을 산정하고 V파로부터 파속도를 산정함임

— 지반의 단단한 정도에 따라 F파와 V파가 서로 분리하게 되는데 지반이 단단할수록 파의 분리가 심함

II. 항타분석기에서 측정하는 파의 종류와 파를 측정하기 위하여 설치하는 계측기 및 측정원리에 대한 설명

  1) 파의 종류 ┌ F(힘)파 산정
           └ V(속도)파 산정

  2) 설치 계측기 : 변형률계, 가속도계, PDA

  3) 측정원리

     ┌ F(힘)파로부터 $\sigma = E \cdot \varepsilon \rightarrow F = \sigma \cdot A$ 산정
     └ V(속도)파로부터 시간＝거리/속도 산정

     → F와 V 상관관계 $F = \dfrac{EA}{C} V$ where) $\dfrac{EA}{C}$: 임피던스

III. 문제 지반에 항타 시 각 층에서 관찰할 수 있는 파의 형태 추정 및 관찰되는 이유 설명

  * 기본개념 : F파 증가, V파 감소 → 저항력 큰 지반

  1) 매우 연약한 지반
     → 주면저항력이 작아 파 분리 적음

  2) 중간굳기 점토
     → 주면저항력 증가하여 파 분리 생김

  3) 매우 단단한 지반
     → 주면저항력 매우 커 파 분리 심함

Ⅳ. 현재 실무에서 항타분석기에 의한 말뚝 품질관리의 한계성 및 개선방안의 제안

1) 한계성
 - 타격이 수반되는 시험으로 실제 말뚝거동의 유사검토
 - 검토 기술자의 능력차에 의한 결과신뢰도 차이

2) 대책방안

 ① 계측의 역해석 통해 항타시험 결과치의 재검토

| 결과 추정 | → | Analysis | → | 응력/변위 예측 |
| 결과 결정 | ← | | ← | 응력/변위 측정 |

where) → : 기본 해석, ← : 계측 해석

 ② 주기적 교육을 통한 기술자 평균능력의 제고

Ⅴ. 공학적인 평가

- 실무에서 말뚝의 동재하시험은 주로 항타시험을 수행함. 하지만 타격을 수반하는 시험으로 기술자 개인의 능력치와 타격에 대한 보정치의 검토를 필연적으로 수반하게 됨. 계측을 중심으로 한 역해석의 검토로 동재하시험 결과치의 피드백 및 주기적 기술자 교육을 통해 한계성을 개선할 수 있음. 〈끝〉

서 5. 말뚝기초의 지지력 산정방법 중 재하시험에 의한 방법과 현장시험결과(SPT, CPT, PMT)를 이용한 방법 및 항타에 의한 방법을 설명하시오.

답

I. 개요
- 말뚝기초의 지지력 산정방법 중 재하시험에 의한 방법은 정재하, 동재하, 정동재하, 양방향재하시험 방법이 있음
- 현장시험결과(SPT, CPT, PMT)를 이용한 방법으로 관련한 경험식을 통해 지지력을 산정할 수 있음
- 항타를 이용한 방법은 동재하시험 방법이며, 지지력 산정은 Case 법, CAPWAP 법으로 검토됨

II. 말뚝기초의 지지력 평가방법의 대분류 사전 고찰

1) 역학적 방법 ─ 정역학적 공식 : Terzaghi 이론 등
　　　　　　　└ 동역학적 공식 : Sander, Hiley, Engineering-News 이론 등

2) 재하시험 ─ 정재하시험 : 압축재하시험 등
　　　　　　├ 동재하시험 : 항타시험 등
　　　　　　├ 정동재하시험
　　　　　　└ 양방향재하시험 : Osterberg-Cell

3) 현장시험결과 이용 ─ 표준관입시험(SPT)
　　　　　　　　　　├ 콘관입시험(CPT)
　　　　　　　　　　└ 공내재하시험(PMT)

III. 재하시험에 의한 말뚝기초 지지력 산정방법 검토

1) 정재하 시험

- 압축재하시험 : 완속재하, 급속재하시험 등에 의해 "하중-침하 곡선을 얻어 지지력 산정"

〈압축재하시험의 하중-침하 Graph〉

2) 동재하시험 : 주로 항타에 의한 PDA분석

3) 정동재하 시험 : 대구경현타말뚝 지지력 산정 시 적합

4) 양방향재하 시험 : 주로 Osterberg-Cell 사용

 등가 침하곡선으로 하중과 침하 산정

IV. 현장시험결과를 이용한 말뚝기초의 지지력 산정방법

* 해당 현장시험 별 경험식을 통해 지지력 산정

1) SPT(표준관입시험)

$$Q_u = (30N)A_p + (0.2N_s)(P_s l_s) + (0.5N_c)(P_c l_c)$$

where) Ap : 선단단면적, Ns : 주면부N치, Ps : 주면둘레

2) CPT(콘관입시험)

$$Q_u = q_c \cdot A_p + f_c \cdot A_s$$

where) qc : 콘저항값, Ap : 선단단면적, fc : 콘마찰값

3) PMT(공내재하시험)

$$Q_u = q_0 + K_9(P_2 - P_1) + Q_s$$

where) q0 : 재하시험치, K9 : 관련계수, P2-P1 : 하중차

V		항타에 의한 말뚝의 지지력 산정방법 검토

- 동재하 시험(항타시험)
  - 시험방법 : 말뚝에 변형률계, 가속도계 설치 후,
    두부 타격 → F파, V파 계측
  - 측정원리 ─ F파 : $\sigma = E \cdot \varepsilon$ → 힘 $= \sigma \cdot A$ 산정
           └ V파 : 시간 = 거리/속도 산정
  - 지지력 산정
    ① Case 법 : $RTL = Rd - Rs$
    where) RTL : 관입저항, Rd : 동적관입저항, Rs : 정적저항
    ② CAPWAP 법 : F파, V파로 힘과 변위를 정량화하여
    시행착오법으로 지지력 산정

VI		평가(이론식에 의한 말뚝 지지력 산정 한계성 중심)

- 재하시험에 의한 말뚝의 지지력 산정은 Sander, Hiley, Engineering-News 이론식에 의한 산정 방법보다 시간과 비용측면에서 불리하기 때문에 실무에서 주로 이론식에 의한 지지력 산정을 수행하고 있음. 하지만 이론식에 의한 지지력의 안전율은 4~8의 범위로서 결과 신뢰성이 많이 낮다는 것을 의미함. 따라서 실제 재하시험을 통한 말뚝의 지지력 산정이 신뢰성 제고에 도움이 된다고 판단함. 〈끝〉

서 6. 말뚝은 작용하는 하중상태에 따라 주동말뚝과 수동말뚝으로 구분할 수 있다.
(1) 주동말뚝과 수동말뚝을 구분하여 설명하시오.
(2) 수동말뚝에 작용하는 수평토압을 고려하여 말뚝의 거동방정식을 설명하시오.

답

I. 개요
- 하중에 의해 말뚝이 거동하여 지반이 저항하는 말뚝을 주동말뚝이라고 함
- 하중에 의해 지반이 거동하여 말뚝이 저항하는 말뚝을 수동말뚝이라고 함
- 효과적인 지반안정해석을 위해 두 말뚝의 거동차이 개념을 이해하여 바르게 적용함이 중요

II. 주동토압과 수동토압에 대한 사전 고찰(옹벽 중심)

〈옹벽의 주동, 수동토압 모식도〉
where) PSA : 평면주동상태
PSP : 평면수동상태

→ 좌측 모식도로부터 배면 토압에 의한 "하중으로 작용하는 토압이 주동토압"임

→ 옹벽 전면에 주동토압에 대해 "저항하는 토압이 수동토압"임

| | III | 주동말뚝과 수동말뚝을 구분하여 설명 |

구분		주동말뚝	수동말뚝
공통점	목적	지반의 안정해석 실시	
	함수	토압, 수평변위	
차이점	변위	말뚝 변위	지반 변위
	저항	지반 저항	말뚝 저항
	적용	일반 교대말뚝	측방유동 교대말뚝
		일반 구조물기초	사면 안정기초
	모식도	(지표면, 수평하중, 지반 반력, 말뚝)	(파괴면, 흙의 변형, 지반 반력, 수평토압, 말뚝)

IV 수동말뚝의 수평토압을 고려한 말뚝 거동방정식 설명

1) Winkler 모델(탄성법)

$$p'_z = A'_p \frac{Q_g}{T} + B'_p \frac{M_g}{T^2}$$

where) T : 흙-말뚝체계의 특성길이, 나머지 모두 계수

2) Broms 이론(극한하중분석)

　　— 횡방향극한지지력과 근입깊이 구하여 그래프에서 산정

$$횡방향극한지지력 = \frac{Q_u}{K_p \gamma D^3}$$

where) Qu : 극한하중지지력, Kp : 수동토압계수

V. 측방유동이 발생할 수 있는 교대 수동말뚝의 효과적인 유지관리를 위한 계측 제안

1) 계측목적
   - 교대의 지속적 유지관리

2) 계측항목 및 설치목적

계측항목	설치목적
① 경사계	변형관측
② 지하수위계	수위변동관측
③ 침하계	지반침하관측
④ 균열계	균열관측

   〈교대 계측관리 모식도〉

3) 계측치 관리
   - 계측치 < 1차관리치 : 안정
   - 계측치 > 2차관리치 : 관리검토

VI. 공학적인 평가

- 주동말뚝과 수동말뚝 중에 공학적으로 불리한 것은 수동말뚝으로 측방유동에 의한 피해나 사면의 붕괴가 발생할 수 있음. 측방유동이 예상되는 교대나 억지말뚝이 시공된 대형 사면에서는 주기적 계측관리를 통한 효과적인 유지관리 검토가 요구되는 바임. 〈끝〉

Chapter 07

연약지반

단답형 1 연직배수공법 적용 시 배수저항
단답형 2 연약지반의 계측관리 기법
단답형 3 성토지지말뚝
단답형 4 지중에서 오염물질 이동 메커니즘
단답형 5 투수성 반응벽체
단답형 6 연약지반에서 샌드매트 두께 결정방법
서술형 1 교대부 측방유동과 교대인접 성토부 측방유동에 대하여 아는 바를 설명하시오.
서술형 2 SCP(Sand Compaction Pile) 공법으로 연약점성토 지반을 처리하여 복합지반(Composite Ground)을 형성하고자 한다. 다음 사항에 대하여 기술하시오.
  1) 복합지반의 효과
  2) 복합지반의 압밀해석 방법
  3) SCP시공 시 복합지반 상층부의 SCP직경이 원래 계획된 직경에 미달되는 사유 및 그에 따른 지반공학적 대처방법
서술형 3 폐기물 매립지의 안정화 과정을 초기단계부터 최종단계까지 5단계의 과정 및 폐기물의 분해과정(물리적, 화학적, 생물학적)에 따라 나타나는 변화에 대하여 설명하시오.
서술형 4 연약지반에 도로 성토를 하는 경우 측방유동이 발생할 수 있다. 이때 연약지반을 보강하였다면 연약지반을 보강하기 전과 보강한 후에 대하여 Marche & Chapuis 및 Tschebotarioff 방법을 사용하여 측방유동 판정방법을 설명하시오.
서술형 5 해안지역을 준설매립하고 연약지반 개량을 위하여 선행압밀하중 공법을 적용하였으나 단계성토 시공 중에 원지반 활동파괴가 발생되었다. 아래 내용을 설명하시오.
  1) 원지반 전단특성 파악에 필요한 Ko압밀시험
  2) 원지반에 대한 준설매립부터 활동파괴 시까지의 응력경로
  3) 활동파괴 후 대책수립에 필요한 추가적인 시험항목과 필요성
서술형 6 폐기물 매립지반의 공학적 특성과 침하특성에 대하여 설명하시오.

단	1.	연직배수공법 적용 시 배수저항
답		
	I	연직배수공법 적용 시 배수저항의 개념

- 배수저항은 지반내적으로 Clogging, Blocking, Blinding 지반외적으로 Smear Zone Effect 등이 있음

II 효과적인 연직배수공법을 위한 Barron 이론 사전 고찰

$$\frac{\partial u}{\partial t} = C_v \frac{\partial^2 u}{\partial z^2} + C_h \left(\frac{\partial^2 u}{\partial r^2} + \frac{1}{r} \frac{\partial u}{\partial r} \right)$$

→ 시간의 흐름에 따른 과잉간극수압의 소산은 수평압밀계수를 고려한 방사방향의 과잉간극수압의 소산이다.

III 연직배수공법 적용 시 배수저항

〈배수저항 모식도〉

1) 내적저항 ─ Clogging
　　　　　　 ─ Blocking
　　　　　　 ─ Blinding

2) 외적저항 ─ Smear Zone
　　　　　　 ─ Mat Resistance

IV 연직배수공법의 배수저항에 대한 대책방안

- 배수재 통수능 시험 : Delft 시험 실시
- 투수성 시험 : Clogging 시험 → $GR = (\Delta h_1 / L_1)/(\Delta h_2 / L_2)$

V 공학적인 평가

- 연직배수공법은 연약지반압밀을 촉진시키나 배수재 막힘 현상 등의 부작용에 대한 대책 마련 필요 〈끝〉

단	2.	연약지반의 계측관리 기법
답		
	I	연약지반의 계측관리 기법 개념
		— 연약지반의 안정을 위해 계측기 설치 후 주기적으로 관리하여 활동파괴, 붕괴 등의 피해 방지 적용
	II	연약지반의 계측관리를 실시하는 목적
		┌ 내적 안정 : 원호파괴 방지, 과잉간극수압 소산 파악
		└ 외적 안정 : 지지력 확보 관리, 지하수위 관리
	III	연약지반의 계측관리 기법
		1) 설치 계측기 및 설치 목적

구분	설치목적
① 지표침하계	침하예측
② 층별침하계	층별침하예측
③ 간극수압계	간극수압소산
④ 경사계	원형활동예측
⑤ 지하수위계	지하수위변화

2) 계측치 관리

→ "타미나가 그래프" 통해 계측치의 변화양상으로 계측치 관리

| | IV | 평가 (역해석 제안 중심) |
| | | — 계측치를 통해 연약지반 안정설계의 영향인자에 대한 역해석을 실시하여 결과신뢰성 향상 검토 〈끝〉 |

단 3. 성토지지말뚝

답

Ⅰ. 성토지지말뚝의 개념
 - 상부 성토체의 하중을 지지할 목적으로 설치되는 말뚝으로서 펀칭파괴의 주의 요함

Ⅱ. 연약지반 성토개량 시 문제점 및 성토지지말뚝 도입배경

 1) 연약지반 성토개량 시 문제점

 → 프리로딩 하중을 연약지반이 버티지 못함
 → "히빙 등 활동 발생"

 2) 성토지지말뚝 도입배경 ─ 성토 하단에 성토말뚝 지지
   └ "연약지반 활동파괴 방지"

Ⅲ. 실무에서 시행되는 성토지지말뚝의 한계성 및 토목섬유 제안

 1) Punching 파괴 발생
  → 강성차이에 의한 펀칭

 2) 지압판 사용 시
  → 비용고가 문제

 3) "토목섬유(경제성 확보)"   〈펀칭전단 모식도〉
  → 경계면 토목섬유 부설하여 펀칭파괴 방지

Ⅳ. 평가(성토지지말뚝 공법 시 토목섬유 적용 중심)
 - 펀칭 파괴 방지를 위해 고가의 지압판 대신 경제적인 토목섬유의 적용 검토가 효율적임 〈끝〉

단 4.	지중에서 오염물질 이동 메커니즘
답	
I	지중에서 오염물질 이동 메커니즘의 개념
	- 지중에서 오염물질은 고농도에서 저농도로 이동하며 Fick의 확산방정식을 통한 이해 가능
II	지중에서 오염물질 이동 메커니즘
	1) 기본 개념
	[고농도 오염물질] →(농도감소)→ [저농도 오염물질]
	2) 이론 방정식의 검토 (Fick의 확산방정식)
	$$J_x = -D \frac{\partial^2 C}{\partial x^2}$$ where) J_x : 물질의 이동, D : 확산계수, C : 농도
	→ "오염물질의 이동은 x방향으로의 농도 소산이다"
III	지중에서 오염물질 이동 시 지반에 미치는 영향 검토
	1) 긍정적 영향 : 오염물질의 농도의 감소
	2) 부정적 영향 ┌ 오염물질 확산에 의한 환경피해 └ 민원발생, 대책 사업비용 발생
IV	지중에서 오염물질 이동에 대한 대책방안 고찰
	┌ 공학적 대책 : 차수벽 설치, 지반개량(치환) 등 └ 친환경 대책 : 투수성 반응벽, 생물학적 분해 등
V	평가 (투수성 반응벽 적용 중심)
	- 지중에서 오염물질 이동을 투수성 반응벽으로 제어하면 지하수위 미변동의 장점까지 취할 수 있음 〈끝〉

5. 투수성 반응벽체

답

I. 투수성 반응벽체의 개념

- 지중 오염물질 정화의 한 방법으로서 지하수위 변동을 동시에 방지할 수 있는 공법으로 지반침하 미발생 가능

II. 기존 토양오염확산 대책의 한계성 및 투수성반응벽체 도입배경

구분	내용
한계성	억지대책 → 지하수위변동 → 지반침하
도입배경	경제성 양호, 지반침하 방지

III. 투수성 반응벽체의 Mechanism 고찰

〈투수성 반응벽체 모식도〉

→ ① 지중 오염물질 확산 시
② 투수성 반응벽체 투과 후 반응제에 의해 정화됨
③ 지하수위는 변동 없음

IV. 지반의 공학적 안정을 위한 투수성 반응벽체 실무 주의사항

구분	공학적 주의사항	일반적 주의사항
반응제	반영구적 개발	경제성 검토
오염물질	확산 최소화	인접영향 검토
지하수위	변동 검토	지반침하 검토

V. 공학적인 평가

- 친환경 투수성 반응벽체 공법 적용은 반응제의 반영구적 성능 개발 시 더욱 효율성을 제고할 수 있음 〈끝〉

단 6. 연약지반에서 샌드매트 두께 결정방법

답

I 연약지반에서 샌드매트 두께 결정방법의 개념
  - 연약지반에서 샌드매트 두께 결정은 주로 배수량 기준으로 결정하거나 장비 접지압 기준으로 결정함

II 연약지반 개량 시 샌드매트를 설치하는 목적

공학적 목적	일반적 목적
• 장비주행성 향상	• 지하수위 상승차단
• 배수원활	• 공기 준수, 사업비 절감

III 연약지반에서 샌드매트 두께 결정방법

  1) 배수량 기준

  $$Q = KIA = \frac{K\Delta h A}{L}$$

  $$\Delta h = \frac{QL}{KA} \rightarrow h = \frac{L^2 S}{K\Delta h}$$

  〈배수량 기준 모식도〉   where) L : 배수거리
  h : 샌드매트 두께, S : 침하속도, △h : 매트수위차

  2) 장비접지압 기준 $Fs = \dfrac{q_u}{q} = \dfrac{지지력}{상재하중} > 1.5 \, (OK)$

IV 공학적인 평가
  - 연약지반 프리로딩 개량 시 바른 샌드매트 두께 결정으로 간극수 배수 및 장비 주행성 제고 필요 〈끝〉

서 1.	교대부 측방유동과 교대인접 성토부 측방유동에 대하여 아는 바를 설명하시오.
답	
I	개요

- 교대부 측방유동은 주로 지반의 원호활동에 의해 발생하며, 경험적인 방식에 의해 검토가 가능함
- 교대인접 성토부 측방유동은 주로 기초부의 지반안정처리가 미흡하여 발생하게 됨
- 본고는 교대부 측방유동과 교대인접 성토부 측방유동에 대한 메커니즘의 이해 및 주기적 계측을 통한 유지관리에 초점을 맞추고 있음

II 교대 측방유동 이해를 위한 지중평면 변형상태 사전고찰

① PSA (평면주동상태)
② DSS (단순전단상태)
③ PSP (평면수동상태)

〈교대 평면지중응력 모식도〉

- 평면주동상태 : 축방향 압축, 수평방향 인장
- 단순전단상태 : 축방향, 수평방향 변형 없음
- 평면수동상태 : 축방향 인장, 수평방향 압축

| III | 교대부 측방유동에 대한 설명 |

1) 측방유동의 원인

- 교대 성토부의 상재하중에 의한 토압
- 교대기초 부 연약지반에 의한 원호활동 등

2) 검토 방법

- 측방유동지수 검토

$$F = \frac{C_u}{\gamma HD} > 0.04 \, (OK)$$

where) C_u : 비배수전단강도
H : 성토고, D : 연약지반깊이

- 측방유동판정수 검토

$$I = \frac{\mu_1 \mu_2 \mu_3 \gamma H}{C_u} < 1.20 \, (OK)$$

where) μ_1 : 연약층깊이 보정계수
μ_2 : 기초폭 보정계수, μ_3 : 교대길이 보정계수

| IV | 교대 인접 성토부 측방유동에 대한 설명 |

1) 측방유동의 원인

- 교대 기초부 지반의 안정처리 미흡
- 교대 인접 성토부의 부등침하 발생 등

2) 검토 방법

→ "체보타리오프 이론"으로 검토 가능

- $3C_u > H\gamma$: 안정
- $3C_u < H\gamma$: 변형
- $5.14C_u < H\gamma$: 유동

(그래프: $q_u (H \cdot \gamma)$ vs C_u, 매우위험 $7.9C_u$, 위험 $5.14C_u$, 변형 $3C_u$, 안정)

| V | 교대의 측방유동에 방지를 위한 주기적 유지관리 측면의 계측관리 제안 |

1) 계측목적
   - 교대부 지속적 유지관리

2) 계측항목 및 설치목적

계측항목	설치목적
① 경사계	변형관측
② 지하수위계	수위변동관측
③ 침하계	지반침하관측
④ 균열계	균열관측

〈교대부 계측관리 모식도〉

3) 계측치 관리 ─ 계측치 < 1차관리치 : 안정
              └ 계측치 > 2차관리치 : 관리검토

| VI | 공학적인 평가 |

- 교대의 측방유동은 연약지반의 유무, 시공불량 등에 의해서 발생할 수 있으나 해석 시 고려되는 토질정수의 간접성에 의해서도 발생할 수 있음. 계측치에 의해 구해지는 실측치를 역해석하여 해석의 토질정수로 대입하는 것이 교대부 측방유동의 방지에 도움이 됨 〈끝〉

서 2. SCP(Sand Compaction Pile) 공법으로 연약점성토 지반을 처리하여 복합지반(Composite Ground)을 형성하고자 한다. 다음 사항에 대하여 기술하시오.
1) 복합지반의 효과
2) 복합지반의 압밀해석 방법
3) SCP시공 시 복합지반 상층부의 SCP직경이 원래 계획된 직경에 미달되는 사유 및 그에 따른 지반공학적 대처방법

답

I. 개요
- 복합지반효과는 원지반강도와 SCP의 Composite 효과를 기대할 수 있는 공법임
- 복합지반의 압밀해석은 관통조건을 고려하여 수치해석으로 압밀해석을 실시함
- SCP시공 시 복합지반 상층부의 계획 직경에 미달되는 사유를 파악하여 대책공법을 적용해야 함

II. 복합지반 형성을 위한 SCP공법의 순서별 특징 사전 고찰

```
[자료구득                           [수직도관리
[지질도                            [공벽붕괴방지
    ↓                                ↑
 사전준비  ─────────────→  굴착
    ↓                                ↓
 장비 Setting ─────────────→ 포설
[대상spot확인                       [설계심도
[지반물성치확인                      [모래말뚝형성
```

⟨SCP 공법 순서별 특징 Flow Chart⟩

III 복합지반의 효과

1) 복합지반 효과란?

- 연약지반과 SCP의 강도의 복합형태 지반

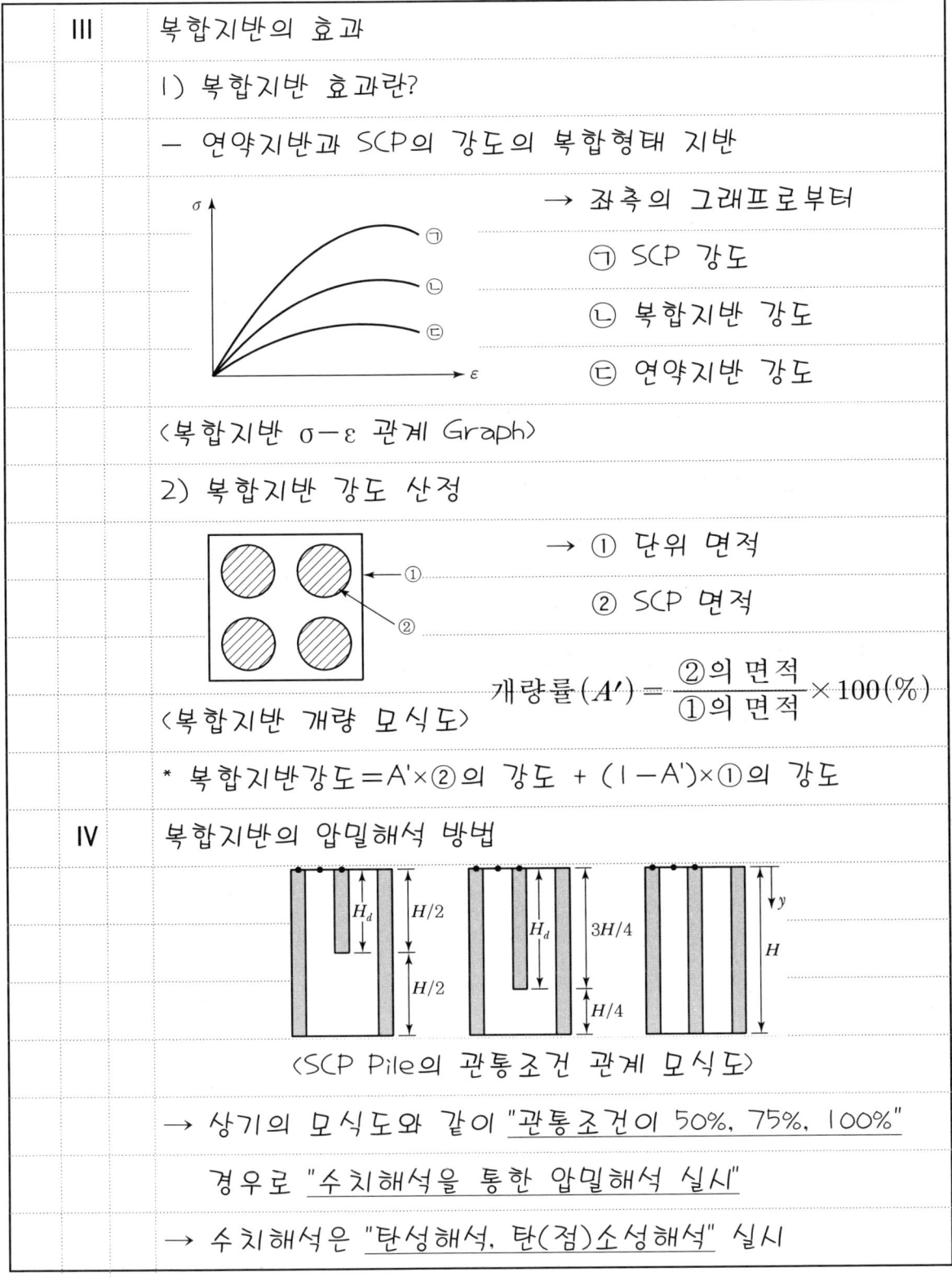

→ 좌측의 그래프로부터
ⓐ SCP 강도
ⓑ 복합지반 강도
ⓒ 연약지반 강도

〈복합지반 σ-ε 관계 Graph〉

2) 복합지반 강도 산정

→ ① 단위 면적
② SCP 면적

$$개량률(A') = \frac{②의 면적}{①의 면적} \times 100(\%)$$

〈복합지반 개량 모식도〉

* 복합지반강도 = A' × ②의 강도 + (1-A') × ①의 강도

IV 복합지반의 압밀해석 방법

〈SCP Pile의 관통조건 관계 모식도〉

→ 상기의 모식도와 같이 "관통조건이 50%, 75%, 100%" 경우로 "수치해석을 통한 압밀해석 실시"

→ 수치해석은 "탄성해석, 탄(점)소성해석" 실시

V SCP시공 시 복합지반 상층부의 SCP직경이 원래 계획된 직경에 미달되는 사유 및 지반공학적 대처방법

1) 직경 미달사유

→ "상층부의 구속압력이 작게 작용"하여 직경 미달함

2) 지반공학적 대처방법
- 상층부 복토 : 상층부에 대한 구속압 증가
- 상층부 지반개량 : 상층부에 대한 구속압 증가

VI 복합지반효과를 극대화할 수 있는 Gravel Compaction Pile의 도입 제안

1) 제안배경
① GCP 강도, ② 복합지반강도
③ 연약지반강도

→ 자갈에 의한 배수촉진으로 "압밀이 발생하여 복합지반 강도 극대화됨"

〈GCP 복합지반 $\sigma - \varepsilon$ 관계 Graph〉

서 3. 폐기물 매립지의 안정화 과정을 초기단계부터 최종단계 까지 5단계의 과정 및 폐기물의 분해과정(물리적, 화학적, 생물학적)에 따라 나타나는 변화에 대하여 설명하시오.

답

I. 개요
 - 폐기물 매립지의 안정화 과정은 매립부터 숙성단계 까지의 다섯 단계로 검토가 가능함
 - 매립지 폐기물이 분해되면서 침하, 화학적 반응, 생물학적 반응에 의한 안정화 진행
 - 본고에서는 계측에 의한 매립지 안정관리 및 투수성 반응벽체 도입을 향상방안으로 제안하였음

II. 매립지의 지반공학적 안정을 위한 Fick의 확산방정식 고찰

$$J_x = -D\frac{\partial^2 C}{\partial x^2}$$

where) J_x : 물질의 이동
D : 확산계수, C : 농도

→ "오염물질의 이동은 x방향으로의 농도 소산이다"

III. 매립지의 안정설계를 위한 사전 조사, 시험의 검토

[자료구득 / 지질도] ⟨사전조사⟩   ⟨실내시험⟩ [시료제작 / 교란확인]

사전준비 → 제반준비

본조사 → 압밀, 전단시험

[지반조사 / 현장시험]   [C, φ값 / Cc, Cv값]

Ⅳ. 폐기물 매립지 안정화 과정(초기 → 최종까지 5단계)

- 폐기물 매립 — 해당 매립지에 폐기물 매립
  ⇩
- 전이 단계 ┌ Fick의 확산방정식 검토
           └ 오염물질의 농도 확산의 단계
  ⇩
- 메탄 형성 ┌ 매립폐기물의 부패 시작단계
           └ 메탄이 형성되며 침하 발생
  ⇩
- 산 형성 ┌ 폐기물이 분해되며 산 형성
         └ 산 확산 대책 공법 필요
  ⇩
- 숙성단계 — 숙성 진행되어 침하 안정단계

Ⅴ. 폐기물 분해과정(물리적, 화학적, 생화학적)에 따른 변화

1) 물리적 변화(침하발생)

   ┌ 1차 침하 : $S = \dfrac{C_c}{1+e} H \log\left(\dfrac{P_0 + \Delta P}{P_c}\right)$
   │ $(P_0 + \Delta P < P_c)$
   │
   └ 2차 침하 : $S_\alpha = \dfrac{C_\alpha}{1+e_p} H_p \log\left(\dfrac{t2}{t1}\right)$

   where) e_p : 1차침하 후 간극비, C_α : 매립압축지수

2) 화학적 변화

   ┌ 전이단계 : 오염물질의 이동 메커니즘
   └ 메탄형성 : 폐기물 메탄형성 → 화학반응 진행

3) 생화학적 변화 ┌ 산 형성 : 생화학적 반응
               └ 안정화 : 침하완료, 지반안정

Ⅵ. 폐기물 매립지의 지반공학적 안정을 위한 계측관리 제안

1) 계측목적
 - 매립지 지속적 유지관리

2) 계측항목 및 설치목적

계측항목	설치목적
① 경사계	변형관측
② 지하수위계	수위변동관측
③ 침하계	지반침하관측
④ CCTV	지속적 관측

〈매립지 계측관리 모식도〉

3) 계측치 관리
 - 계측치 < 1차관리치 : 안정
 - 계측치 > 2차관리치 : 관리검토

Ⅶ. 평가(투수성 반응벽체 도입 제안)

 - 폐기물 매립지의 지반안정화 시, 매립된 폐기물의 확산이 발생할 수 있으므로 지하수위 변동을 방지할 수 있는 친환경 공법인 투수성 반응벽체 도입을 검토해볼 수 있음. 투수성 반응벽체는 지하수위 변화를 최소화 시키므로 지반침하의 방지의 효과도 더불어 기대할 수 있음. 〈끝〉

서4. 연약지반에 도로 성토를 하는 경우 측방유동이 발생할 수 있다. 이때 연약지반을 보강하였다면 연약지반을 보강하기 전과 보강한 후에 대하여 Marche & Chapuis 및 Tschebotarioff 방법을 사용하여 측방유동 판정방법을 설명하시오.

답

I. 개요

- Marche & Chapuis 방법은 연약지반에 도로성토 시 성토체 사면의 안정을 검토하는 방법임
- Tschebotarioff 방법은 연약지반에 도로성토 시 성토체 하부 연약지반의 안정을 검토하는 방법임

II. 연약지반 도로성토에 의한 측방유동 평면응력상태 사전고찰

① PSA (평면주동상태)

② DSS (단순전단상태)

③ PSP (평면수동상태)

〈도로성토 평면지중응력 모식도〉

- 평면주동상태 : 축방향 압축, 수평방향 인장
- 단순전단상태 : 축방향, 수평방향 변형 없음
- 평면수동상태 : 축방향 인장, 수평방향 압축

| III | 연약지반의 측방유동 판정 방법의 사전 고찰 |

1) 교대의 측방유동
   - 경험적 : 측방유동지수, 판정수, 원호활동검토 등
   - 해석적 : 수치해석을 통한 검토

2) 성토하중에 의한 측방유동
   - 배수조건 : 계측에 의한 검토, 수치해석
   - "비배수조건 : Marche & Chapuis, Tschebotarioff 법"

| IV | 연약지반에 도로성토 시 Marche & Chapuis의 측방유동 판정 방법 |

1) 판정조건 : "비배수조건의 성토사면 안정"

2) 판정식 $R = \dfrac{\delta_0 E_0}{qB}$ where) δ_0 : 측방변위, E_0 : 변형계수
   q : 상재하중, B : 성토저면폭

3) 판정방법 : 상기의 R값과 침하량을 산정하여 → 관계 그래프에서 안전율을 찾음 → Fs 1.4 이하 붕괴위험

| V | 연약지반에 도로성토 시 Tschebotarioff의 측방유동 판정 방법 |

- 판정조건 : "비배수조건의 성토지반 안정"

→ 지반의 비배수전단강도와 상재하중의 관계로 검토

- $3C_u > H\gamma$: 안정
- $3C_u < H\gamma$: 변형
- $5.14C_u < H\gamma$: 유동

VI. 도로 성토에 의한 연약지반의 측방유동 발생 시 문제점 및 대책방안 검토

1) 문제점

일반적 문제점	공학적 문제점
• 인접 구조물 피해	• 과다 침하 발생
• 공기, 공사비 지장	• 추가적 안정처리 요구

2) 대책방안

일반적 대책	공학적 대책
• 공기 설계변경	• 지반 안정처리
• 추가 공사비 반영	• 계측 관리

VII. 공학적인 평가

- 연약지반에 도로성토를 하는 경우 측방유동이 발생할 수 있음. 관련 검토 이론으로 Marche & Chapuis 및 Tschebotarioff 방법이 있음. Marche & Chapuis 방법은 성토체의 사면 안정검토 시에, Tschebotarioff 방법은 연약지반의 측방유동 검토에 적합함. 관련 사항의 바른 이해가 필요함 〈끝〉

서 5.

해안지역을 준설매립하고 연약지반 개량을 위하여 선행압밀하중 공법을 적용하였으나 단계성토 시공 중에 원지반 활동파괴가 발생되었다. 아래 내용을 설명하시오.

1) 원지반 전단특성 파악에 필요한 K_0압밀시험
2) 원지반에 대한 준설매립부터 활동파괴 시까지의 응력경로
3) 활동파괴 후 대책수립에 필요한 추가적인 시험항목과 필요성

답

I. 개요

- 원지반 전단특성 파악에 필요한 K_0압밀시험은 비등방 삼축 압축 시험(CAU)을 실시하여 검토
- 원지반에 대한 준설매립부터 활동파괴 시까지의 응력경로는 파괴포락선으로 왕복 거동하는 형태임
- 활동파괴 후 대책수립에 필요한 추가적인 시험항목은 한계성토고 검토, 강도증가율 검토 등이 있음

II. 단계성토에 의한 원지반 활동파괴의 평면토압상태 사전고찰

① PSA (평면주동상태)

② DSS (단순전단상태)

③ PSP (평면수동상태)

〈단계성토 평면지중응력 모식도〉

III. 원지반 전단특성 파악에 필요한 K_0 압밀시험

1) K_0 상태 : 상재압은 존재하나 수평변위 발생 없음

2) K_0 압밀시험
   - 비등방 삼축 압축 시험(CAU)이라고 함
   - 수직, 수평하중을 현장조건과 유사하게 재하
   - 현장조건($K_0 = \sigma h/\sigma v$)과 시험조건이 거의 일치

IV. 원지반에 대한 준설매립부터 활동파괴 시까지의 응력경로

〈단계성토 준설지반 응력경로 Graph〉

→ 좌측 모아원으로부터
"원지반의 K_0 상태에서
단계성토 하중재하마다
파괴포락선으로
왕복 거동하는 현상"

V. 활동파괴 후 대책수립에 필요한 추가적인 시험항목과 필요성

1) 단계성토 시 한계성토고 시험

$$H_1 = \frac{5.14 C_u}{\gamma Fs} \qquad H_2 = \frac{5.14(C_u + \Delta C)}{\gamma Fs} - H_1$$

where) H1 : 첫 성토고, H2 : 다음 성토고

2) 강도증가율 검토

$$\alpha = \frac{C_u}{P}$$

where) C_u : 비배수강도
P : 유효상재압

3) 지중응력 영향범위 검토 등

| VI | 단계성토 시공 중 연약 원지반에 활동 파괴 발생 시 문제점과 대책방안 검토 |

1) 문제점

```
┌─── 일반적 문제점 ───┐      ┌─── 공학적 문제점 ───┐
• 주변 피해                    • 추가 안전율 확보 검토
• 공기, 공사비 지장            • 추가적 안정처리 요구
```

2) 대책방안

```
┌─── 일반적 대책 ───┐         ┌─── 공학적 대책 ───┐
• 공기 설계변경                • 지반 안정처리
• 추가 공사비 반영             • 계측 관리
```

| VII | 평가(계측관리 제안 중심) |

- 해안지역을 준설 매립한 연약지반에 안정처리를 위하여 선행압밀공법 적용 후 공사가 준공되었다고 끝난 것이 아님. 잔류침하에 대한 효과적인 유지관리를 위해 지하수위계, 응력계, 침하계, 경사계 등의 계측기를 설치하고 주기적으로 계측관리를 하여 예방중심의 선제적 현장관리가 필요함. 〈끝〉

서 6. 폐기물 매립지반의 공학적 특성과 침하특성에 대하여 설명하시오.

답

I. 개요

- 폐기물 매립지반의 공학적 특성의 향상을 위해 사전에 안정화 단계에 대한 이해가 필요함
- 폐기물 매립지반은 애터버그 한계를 통해 액성한계를 넘어서는 거동이 보이는 것을 확인할 수 있으며, 일반 지반에 비해 공학적 특성은 불리한 것으로 검토
- 폐기물 매립지반의 침하 특성은 초기침하와 크리프 및 생물학적 분해에 영향 받는 장기침하로 구분 검토

II. 폐기물 매립지반 특성 이해를 위한 안정화 단계 사전고찰

| 폐기물 매립 | — 해당 매립지에 폐기물 매립 |

↓

| 전이 단계 | ┌ Fick의 확산방정식 검토
└ 오염물질의 농도 확산의 단계 |

↓

| 메탄 형성 | ┌ 매립폐기물의 부패 시작단계
└ 메탄이 형성되며 침하 발생 |

↓

| 산 형성 | ┌ 폐기물이 분해되며 산 형성
└ 산 확산 대책 공법 필요 |

↓

| 숙성단계 | — 숙성 진행되어 침하 안정단계 |

〈폐기물 매립지반 안정화 단계 Flow〉

III. 폐기물 매립지반 특성 이해를 위한 Fick의 확산방정식 고찰

$$J_x = -D \frac{\partial^2 C}{\partial x^2}$$

where) J_x : 물질의 이동
D : 확산계수, C : 농도

→ "오염물질의 이동은 x방향으로의 농도 소산이다"

IV. 폐기물 매립지반의 공학적 특성 검토

1) 애터버그 한계

→ 좌측의 그래프로부터 "폐기물 매립지반은 액성한계 넘어서는 거동" → 투수성 감소, 압축성 증가, 강도 감소 경향

2) 공학적 특성

→ 좌측의 그래프로부터 폐기물 매립지반은 "일반 지반에 비해 공학적 특성이 약세임"

V. 폐기물 매립지반의 침하 특성 검토

1) 초기침하(1차침하) : 재하하중에 영향 받음
2) 장기침하(2차침하) : Creep과 생물학적 분해 영향 등

$$S_\alpha = \frac{C_c}{1+e} H \log\left(\frac{P_0 + \Delta P}{P_0}\right) + C_{\alpha(1)} \log\left(\frac{t_2}{t_1}\right) + C_{\alpha(2)} \log\left(\frac{t_3}{t_2}\right)$$

where) S_α : 전체침하, $C_{\alpha(1)}$: 중간단계 2차압축지수
$C_{\alpha(2)}$: 2차압축지수, C_c : 1차압축지수

VI. 폐기물 매립지반의 주변영향 최소화를 위한 투수성 반응벽체 설치의 제안

1) 도입배경
- 주변 오염영향 최소화, 지반침하 방지

2) 투수성 반응벽체 공법

→ ① 지중 오염물질 확산 시
② 투수성 반응벽체 투과 후 반응제에 의해 정화됨
③ 지하수위는 변동 없음

〈투수성 반응벽체 모식도〉

3) 기대효과
- 지하수위 저하 예방되어 도심지에 적합함
- 경제적인 폐기물 토양오염 피해 예방 공법

VII. 공학적인 평가

- 최근 이슈가 되고 있는 폐기물 매립지반의 특성 이해는 중요한 사항임. 폐기물 매립지반은 액성한계를 넘어선 거동으로 공학적으로 불리한 특성을 가지고 있음. 효과적인 안정화 단계의 진행으로 지반의 공학적 특성을 향상시켜야 하고 예방공법 적용으로 인접한 지반으로의 오염피해 최소화 검토 필요함 〈끝〉

Chapter 08

사면 / 조사

단답형 1 함수특성곡선
단답형 2 Bishop의 경험식에 의한 불포화토의 유효응력
단답형 3 토석류와 산사태
단답형 4 GPR 탐사
단답형 5 도심지에서 발생하는 지반함몰의 원인 및 대책
단답형 6 토층심도율(Soil Depth Ratio)과 블록크기비(Block Size Ratio)
서술형 1 토사, 풍화암, 연암으로 이루어진 깎기 비탈면에서 안정해석을 하고 공사를 완료하였다. 그러나 공사 완료 후 붕괴가 발생하였다. 예상되는 붕괴원인 및 대책을 설명하시오.
서술형 2 사면안정해석 시 적용되는 안전율 개념의 장단점을 기술하고 파괴확률 개념의 적용 가능성에 대하여 설명하시오.
서술형 3 무한사면의 안정조건에 대하여 토질조건과 수위조건별로 설명하시오.
서술형 4 불포화토의 전단강도특성에 관련된 다음 내용을 설명하시오.
1) 함수특성곡선(SWCC)의 정의
2) 함수특성곡선 특징
3) 불포화토의 파괴기준 개요
서술형 5 균질한 토사 사면에서 최소안전율을 갖는 파괴포락선을 아래 그림과 같이 직선으로 가정하고 아래에 주어진 조건에 대한 사면의 안정성을 검토하시오.(토사의 전단강도는 GL − 5m의 평균치로 가정한다)
(1) 지하수위가 GL − 10m 이하로 하강한 건기 시의 최소안전율을 산정하시오.
(2) 우기 시 지하수위가 지표면까지 포화되었을 때의 최소안전율을 산정하시오.
(3) 지하수가 사면의 안전율에 미치는 영향을 설명하시오.
서술형 6 최근 계속되는 집중호우에 의해 산지지역 비탈면의 경우 계곡부 상류의 토석류에 의한 비탈면 붕괴가 빈번히 발생되고 있다. 다음 사항을 설명하시오.
1) 도로 및 철도 건설 시 설계단계에서 토사비탈면 안정해석에서 우기 시 강우침투를 고려한 지하수위 산정방법에 대하여 설명하고, 우기 시 지하수위가 지표면까지 포화됨을 가정한 종래 방법과의 차이점
2) 현재 시행되고 있는 토석류 조사 및 대책공법과 적용상의 문제점 및 개선방향

단	1.	함수특성곡선
답		
	I	함수특성곡선의 정의
		— 지반의 체적함수비와 모관흡수력의 관계로 나타나는 곡선으로 불포화토의 거동 특성 판단 가능
	II	함수특성곡선의 영향인자 사전 고찰
		┌ 체적함수비: 공기체적 고려한 함수비, $V_w/(V_s + V_v)$
		└ Matric Suction: 불포화 거동특성 인자, Ua−Uw
	III	함수특성곡선의 특징 검토
		① 추출곡선: 포화 → 전이 → 잔류 거동, 불포화 특성 나타냄
		② 흡착곡선: 강우 등 포화복귀 거동
		〈함수특성곡선 Graph〉
	IV	지반 종류별 함수특성곡선의 거동 검토
		→ 좌측 그래프로부터
		① 점성토지반(함수비변화 큼)
		② 실트질지반
		③ 모래질지반(함수비변화 작음)
		〈지반별 함수특성곡선〉
	V	평가(불포화 거동특성 적용 중심)
		— 사면 해석 시 함수특성곡선 거동 고려된 불포화토 거동 특성을 고려해야 실제 거동 모사 가능함 〈끝〉

단답 2. Bishop의 경험식에 의한 불포화토의 유효응력

I. Bishop의 경험식에 의한 불포화토의 유효응력 개념
- Bishop의 전단강도에서 유효응력은 간극공기압과 Matric Suction의 함수임

II. Bishop의 불포화토 전단강도 경험식 고찰

$$\tau_f = C' + (\sigma - U_a)\tan\Phi' + (U_a - U_w)\tan\Phi'$$

where) U_a : 간극공기압, U_w : 간극수압, ϕ' : 포화내부마찰각

III. Bishop의 경험식에 의한 불포화토의 유효응력

〈흙의 3상 모식도〉

1) 불포화토의 유효응력은 "$\sigma - U_a$"로서, 전응력에서 간극공기압을 뺀 값으로
2) 모관흡수력에 영향 받음

IV. Bishop 경험식에 의한 불포화토의 유효응력 실무활용성
- 안전율 산정

$$Fs = \frac{전단강도}{전단응력} = \frac{Bishop\ 경험식}{\tau} > 1.5\ (안정)$$

→ 사면해석 시 불포화토 유효응력 고려한 안정해석 실시

V. 평가(사면적용 중심)
- 사면에서 모관흡수력에 의한 불포화토 전단강도 검토가 사면안정해석의 신뢰성에 영향을 미침 〈끝〉

문 3. 토석류와 산사태

답

I. 토석류와 산사태의 개념
  - 토석류 : 집중호우로 산사면의 토석이동(Land Sliding)
    산사태 : 누적강우량의 영향으로 붕괴(Land Creep)

II. Mohr's Circle을 이용한 토석류와 산사태 거동특성 검토

① 불포화사면의 전단강도가
② 강우에 점점 포화되어
   "유효응력을 상실"하고
③ 마침내 붕괴 발생

〈토석류와 산사태 거동 모아원〉

III. 토석류와 산사태의 유사성과 차이점 비교 검토

구분		토석류	산사태
유사성	거동	산사면 토석의 이동 발생	
차이점	원인	Land Sliding	Land Creep
	시점	산정상에서 발생	Random

IV. 토석류와 산사태에 대한 공학적 대책방안

안전율 유지
- 사면식생, 녹생토공법
- 산마루측구 등 배수시설

안전율 증가
- 사방댐, 앵커설치
- 계측 통한 유지관리

V. 역학적인 평가
  - 단시간 내 발생 가능한 토석류 및 누적 강우강도에 의한 산사태의 거동 특성 파악하여 효과적 대책 필요 〈끝〉

단 4.		GPR 탐사
답		
	I	GPR 탐사의 개념
		- 지반의 물리탐사의 한 종류로서 지표면의 전달파속도 및 위치결정으로 탐사 자료획득 가능
	II	GPR 탐사 방법 및 절차 검토

〈GPR 탐사 모식도〉   〈GPR 절차 Flow〉

	III	GPR 탐사의 분석 및 평가방법 고찰

1) 심도결정

$$0.5 \cdot V \cdot T$$
$$\rightarrow V = C/\sqrt{\epsilon r}$$

where) V : 전달파속, T : 도달시간

2) 위치결정
- 탐사 통한 영상획득
- Pattern 해석
- 공동 등 위치결정

	IV	도심지 지반침하 조사를 위한 GPR 탐사의 한계성 고찰

기술적 한계
- 탐사깊이 2~3m
- 지하수위 존재 시 난항

일반적 한계
- 전문기술인력 부족
- 결과 신뢰성 저하

	V	평가(한계성 개선 중심)

- 탐사깊이 증가에 대한 기술력, 관련 전문 기술인력 양성, 취득 영상 해상도 향상이 개선사항임 〈끝〉

단 5.	도심지에서 발생하는 지반함몰의 원인 및 대책

답

I. 도심지에서 발생하는 지반함몰의 개념

- 도심지에서 지하관로 파손, 개발행위 실시에 따른 지하수위 변동으로 발생하는 함몰을 의미함

II. 도심지에서 지반함몰 발생 시 예상되는 문제점

구분	내용
기술적 문제점	상부 구조물 파손, 도로·교량 피해
일반적 문제점	대형 재난 가능, 인명 피해 가능

III. 도심지에서 발생하는 지반함몰의 원인

1) 1순위 : 지하관로 파손 의한 지하수위변동② (60%)
2) 2순위 : 개발행위 의한 지하수위변동① (15%)
3) 3순위 : 부실공사, 기타(25%) 〈도심지 지반함몰 모식도〉

IV. 도심지에서 발생하는 지반함몰의 대책 검토

공학적 대책
- GPR탐사 의한 조사
- 지중공동 그라우팅 등

제도적 대책
- 지반공동 등급 관리
- 관련 빅데이터 구축

V. 평가(빅데이터 구축 제안 중심)

- 상시 접근 가능한 지역별 지반함몰 빅데이터를 구축하여 기술자, 국민에게 관련 정보공유, 제공 필요함 〈끝〉

단 6.	토층심도율(Soil Depth Ratio)과 블록크기비(Block Size Ratio)
답	
I	토층심도율과 블록크기비의 정의
	− 토층심도율 : 암반높이에 대한 토층심도 비율
	블록크기비 : 암반높이에 대한 블록크기지수 비율
II	토층심도율과 블록크기비의 검토 목적 및 산정식 고찰
	1) 검토목적 : 암사면의 거동특성 파악
	2) 산정식
	$$\text{토층심도율}(SR) = \frac{D}{H} \quad \text{블록크기비}(BR) = \frac{I_b}{H} \rightarrow I_b = \frac{\sum \text{절리간격}}{3}$$
	where) H : 대상지반고, D : 토층심도, I_b : 블록크기지수
III	토층심도율과 블록크기비의 유사성과 차이점 비교검토

구분		토층심도율	블록크기비
유사성	적용	암사면의 파괴거동 검토	
차이점	영향인자	토층심도	블록크기지수
	활용	파괴형태	절리상태

IV	토층심도율과 블록크기비의 실무활용성 검토
	┌ SR > 0.4 : 원호파괴, SR < 0.4 : 평면, 쐐기파괴
	└ BR > 0.01 : 절리암반, BR < 0.01 : 연속암반
V	공학적인 평가
	− 암반사면의 파괴형태, 절리상태 파악을 위해 토층심도율과 블록크기비의 바른 이해가 필요함 〈끝〉

서 1. 토사, 풍화암, 연암으로 이루어진 깎기 비탈면에서 안정해석을 하고 공사를 완료하였다. 그러나 공사완료 후 붕괴가 발생하였다. 예상되는 붕괴원인 및 대책을 설명하시오.

답

I 개요
 - 깎기 비탈면의 붕괴원인으로는 역학적인 원인과 환경적인 원인이 있으며 원인별 대책 강구 필요
 - 관련 대책으로는 안전율을 고려한 안전율 유지, 안전율 증가 공법이 요구되는 바임
 - 본고에서는 계측관리를 통한 깎기 비탈면의 지속적 유지관리에 대안 방향을 제시하였음

II 토사, 풍화암, 연암으로 이루어진 깎기 비탈면의 공학적 안정을 위한 불포화토 거동 특성의 사전 고찰

1) 검토목적 : 사면의 실제거동 파악, 사업비 절감

2) 불포화토 거동 영향인자 ─ 체적함수비
 └ Matric Suction

3) 불포화토 거동특성 파악을 위한 함수특성곡선 검토

[그래프: 체적함수비 vs 모관흡수력, 포화/전이/잔류 구간, ①추출곡선 ②흡착곡선, 공기함입치]

① 추출곡선 : 포화 → 전이 → 잔류 거동, 불포화 특성 나타남

② 흡착곡선 : 포화복귀 거동

Ⅲ 토사, 풍화암, 연암으로 이루어진 깎기 비탈면에서 안정해석 검토방법 고찰

* $Fs = \dfrac{저항력}{작용력} = \dfrac{전단강도}{전단응력}$ 으로부터

1) 깎기 비탈면의 평면파괴 시

$$Fs = \dfrac{c'l + (w \cdot \cos\theta - ul)\tan\Phi'}{w \cdot \sin\theta} > 1.5 \,(안정)$$

where) c' : 점착력
l : 사면길이

2) 깎기 비탈면의 평형파괴 시

$$Fs = \dfrac{c' + (\gamma \cdot z\cos^2 i - u)\tan\Phi'}{\gamma \cdot z\sin i \cdot \cos i} > 1.5 \,(안정)$$

where) i : 경사각

Ⅳ 토사, 풍화암, 연암으로 이루어진 깎기 비탈면의 붕괴원인

1) 역학적 원인 ┬ 작용력 증가 : 주변 개발행위
            └ 저항력 감소 : 비탈면 유효응력감소

2) 환경적 원인 ┬ 강우강도 : 집중호우 지속
            ├ 지반상태 : 간극수압의 증가
            └ 지하수위 : 지하수위 상승 → 포화됨

Ⅴ 토사, 풍화암, 연암으로 이루어진 깎기 비탈면 붕괴의 대책방안

안전율 유지	안전율 증가
- 산마루측구 설치	- 앵커, 락볼트 시공
- 식생 추가 심기	- 억지말뚝 시공
- 녹생토공법 적용	- 계측 통한 유지관리
- 배수공 추가설치	- 역해석의 현장조건반영

| VI | 토사, 풍화암, 연암으로 이루어진 깎기 비탈면의 효과적인 유지관리를 위한 계측관리 제안 |

1) 계측목적
   - 사면의 지속적 유지관리

2) 계측항목 및 설치목적

계측항목	설치목적
① 경사계	변형관측
② 지하수위계	수위변동관측
③ 침하계	지반침하관측
④ CCTV	상시관측

〈사면의 계측관리 모식도〉

3) 계측치 관리
   - 계측치 < 1차관리치 : 안정
   - 계측치 > 2차관리치 : 관리검토

| VII | 평가 (역해석 관리 제안) |

- 깎기 비탈면의 안정해석은 수치해석에 의한 유사해석이므로 설계 시 실내에서 모형시험을 실시하여 최대한 현장조건을 재현한 검토를 수행하여야 함. 그리고 계측에 의한 사면의 강도정수의 역해석을 실시하여 설계에 대한 Follow-up이 필요함 〈끝〉

서 2. 사면안정해석 시 적용되는 안전율 개념의 장단점을 기술하고 파괴확률 개념의 적용 가능성에 대하여 설명하시오.

답

I 개요
- 사면안정해석 시 적용되는 안전율은 전단강도와 전단응력의 관계로 검토 가능함
- 파괴확률개념은 주로 결정론적 해석방법과 확률론적 해석방법으로 접근 가능함
- 본고에서는 안정해석의 유사성 보완으로 계측관리를 통한 Back Analysis를 제안하는 바임

II 효율적인 사면안정해석을 위한 불포화토 거동특성 사전고찰

1) 검토목적 ┬ 사면의 실제거동 파악
         └ 사업비 절감, 붕괴방지

2) 불포화토 거동 영향인자 ┬ 체적함수비
                    └ Matric Suction

3) 불포화토 거동특성 파악을 위한 함수특성곡선 검토

→ 좌측의 그래프로부터
① 추출곡선 : 포화 → 전이 → 잔류 거동, 불포화 특성 나타남
② 흡착곡선 : 불포화에서 포화로 복귀 거동

〈함수특성곡선 Graph〉

| III | 사면안정해석 시 적용되는 안전율 개념의 장단점 기술 |

$$Fs = \frac{저항력}{작용력} = \frac{전단강도}{전단응력} \text{ 으로부터}$$

1) 안전율 산정

- 평면파괴 시
$$Fs = \frac{c'l + (w \cdot \cos\theta - ul)\tan\Phi'}{w \cdot \sin\theta} > 1.5 \text{ (안정)}$$

- 평형파괴 시
$$Fs = \frac{c' + (\gamma \cdot z\cos^2 i - u)\tan\Phi'}{\gamma \cdot z\sin i \cdot \cos i} > 1.5 \text{ (안정)}$$

where) c' : 점착력, l : 사면길이, i : 경사각, ϕ' : 내부마찰각

2) 장단점 기술

- 장점 ┌ 암사면과 토사사면 모두 적용 가능
       └ 안정해석 기간과 비용 단축 가능

- 단점 ┌ 유사해석으로 결과치 신뢰성 확인 필요
       └ 설계자 개인능력치에 좌우됨

| IV | 사면안정해석 시 파괴확률개념의 적용 가능성 검토 |

* 결정론적 해석방법과 확률론적 해석방법으로 접근

1) 결정론적 해석방법

┌ 한계평형해석이론에 근거한 안전율로 안정성 판단
└ 현장 특성이나 환경의 가변성 고려하기 어려움

2) 확률론적 해석방법

┌ 통계파라미터를 이용하여 상태함수에 대한 분석
└ 결정론적 해석방법의 단점보완 방법

V. 현재 시행되고 있는 사면안정해석의 한계성 및 역해석 중심의 개선방안 제안

```
[설계 추정]  →  [        ]  →  [응력/변위 예측]
              Analysis
[설계 결정]  ←  [        ]  ←  [응력/변위 측정]
```
where) → : 지수 해석, ← : 계측 해석

⟨Back Analysis Flow⟩

1) 한계성
  - 불포화 특성인자의 모호함으로 유사해석 발생
  - 실내시험의 강도정수를 설계해석에 적용

2) 개선방안
  - 계측에 의한 측정치를 검토하여 실제 지반의 거동에 대한 인자들을 설계에 반영하여 Feed Back ⟨끝⟩

서 3. 무한사면의 안정조건에 대하여 토질조건과 수위조건별로 설명하시오.

답

I 개요
- 무한사면의 안정조건을 사질지반, 점성지반으로 구분하여 안전율 검토를 실시해야 함
- 수위가 사면 아래에 존재 시, 사면 위에 존재 시, 사면 포화 시로 수위 조건을 고려해야 함
- 본고에서는 최근 무한사면 해석 시 발생하는 한계성 및 개선방안을 제시하였음

II 무한사면의 공학적 안정을 위한 불포화토 거동특성 사전고찰

1) 검토목적 ─ 사면의 실제거동 파악
           └ 사업비 절감, 붕괴방지

2) 불포화토 거동 영향인자 ─ 체적함수비
                        └ Matric Suction

3) 불포화토 거동특성 파악을 위한 함수특성곡선 검토

〈함수특성곡선 Graph〉

→ 좌측의 그래프로부터
  ① 추출곡선:
     포화 → 전이 → 잔류 거동,
     불포화 특성 나타남
  ② 흡착곡선: 불포화에서
     포화로 복귀 거동

Ⅲ. 토질 조건에 의한 무한사면의 안정 조건

〈무한사면 단위토체 하중작용 모식도〉

$$Fs = \frac{\tau_f(\text{전단강도})}{\tau(\text{전단응력})} = \frac{C' + (\sigma - u)\tan\Phi'}{\tau}$$ 에서

한계평형상태로부터 → $\dfrac{c' + (\gamma \cdot z\cos^2 i - u)\tan\Phi'}{\gamma \cdot z\sin i \cdot \cos i}$ 유도됨

where) c' : 점착력, i : 경사각, ϕ' : 내부마찰각

1) 점성지반

$$Fs = \frac{c' + (\gamma \cdot z\cos^2 i - u)\tan\Phi'}{\gamma \cdot z\sin i \cdot \cos i}$$

2) 사질지반

$$Fs = \frac{(\gamma \cdot z\cos^2 i - u)\tan\Phi'}{\gamma \cdot z\sin i \cdot \cos i}$$

Ⅳ. 수위조건에 따른 무한사면의 안정조건(사질지반 가정)

1) 지하수위가 파괴면 아래 존재

$$Fs = \frac{\cancel{c'} + (\gamma \cdot z\cos^2 i - \cancel{u})\tan\Phi'}{\gamma \cdot z\sin i \cdot \cos i} = \frac{\tan\Phi'}{\tan i}$$

2) 지하수위가 파괴면 위에 존재

$$Fs = \frac{c' + (\gamma sat \cdot z\cos^2 i - u)\tan\Phi'}{\gamma sat \cdot z\sin i \cdot \cos i} = \frac{\gamma sub}{\gamma sat}\frac{\tan\Phi'}{\tan i}$$

3) 사면 완전포화 시 = 지하수위가 파괴면 아래 존재 시

V. 현재 시행되고 있는 무한사면 안정해석의 한계성 및 관련 개선방안의 제안

한계성	개선방안
1) 불포화 특성인자 • 모관흡수력 기준 모호 • 프로그램 데이터 신뢰 낮음	1) 불포화 특성인자 → 관련 학계의 불포화특성 연구 및 시험 추진
2) 해석기술자, 관련 기준 • 해석능력 편차 • 설계기준 난이도 높음	2) 해석기술자, 관련 기준 • 주기적 기술교육 • 매뉴얼 제작 / 배포

VI. 공학적인 평가

- 무한사면의 안정평가는 건기 시 기본 안정조건에서 지반종류별 포화특성 등을 고려하여 종합 검토를 실시해야 함. 최근 무한사면 해석 실시에 대한 문제점이 제기되면서 실무에 어려움이 발생하지만 상기에 기술한 개선방안 중심으로 효과적인 설계가 가능하다고 판단함.

〈끝〉

서 4. 불포화토의 전단강도특성에 관련된 다음 내용을 설명하시오.
1) 함수특성곡선(SWCC)의 정의
2) 함수특성곡선 특징
3) 불포화토의 파괴기준 개요

답

I. 개요
- 함수특성곡선은 체적함수비와 모관흡수력의 함수로서, 불포화토의 역학적 성질을 보여주는 곡선임
- 함수특성곡선은 포화, 전이, 잔류영역으로 구분되며 추출곡선과 흡착곡선으로 분류됨
- 불포화토의 파괴기준은 Bishop의 이론으로 검토할 수 있으며, 모관흡수력과 유효점착력의 함수임

II. 지반의 공학적 안정을 위한 불포화토의 특성 사전고찰

1) 검토목적 ─ "지반의 실제거동 파악"
           └ 사업비 절감, 붕괴방지

2) 불포화토 거동 영향인자
- 체적함수비

→ 좌측의 흙의 3상 모식도로부터

체적함수비 = 간극률 × 함수비 $\left(\dfrac{V_v}{V}\right)$

- Matric Suction = $U_a - U_w$

→ 모관흡수력 = 간극공기압 − 간극수압

| III | 함수특성곡선(SWCC)의 정의 |

1) 함수특성곡선의 정의
- 체적함수비와 모관흡수력의 함수로서, "불포화토의 역학적 성질을 보여주는 곡선임"

2) 함수특성곡선의 구성
- 포화영역 : 간극외부로 물이 유출되지 않는 영역
- 전이영역 : 간극으로 공기 유입, 모관흡수력 증가
- 잔류영역 : 간극으로 물 유입, 모관흡수력 증가

| IV | 함수특성곡선 특징 |

1) 함수특성곡선

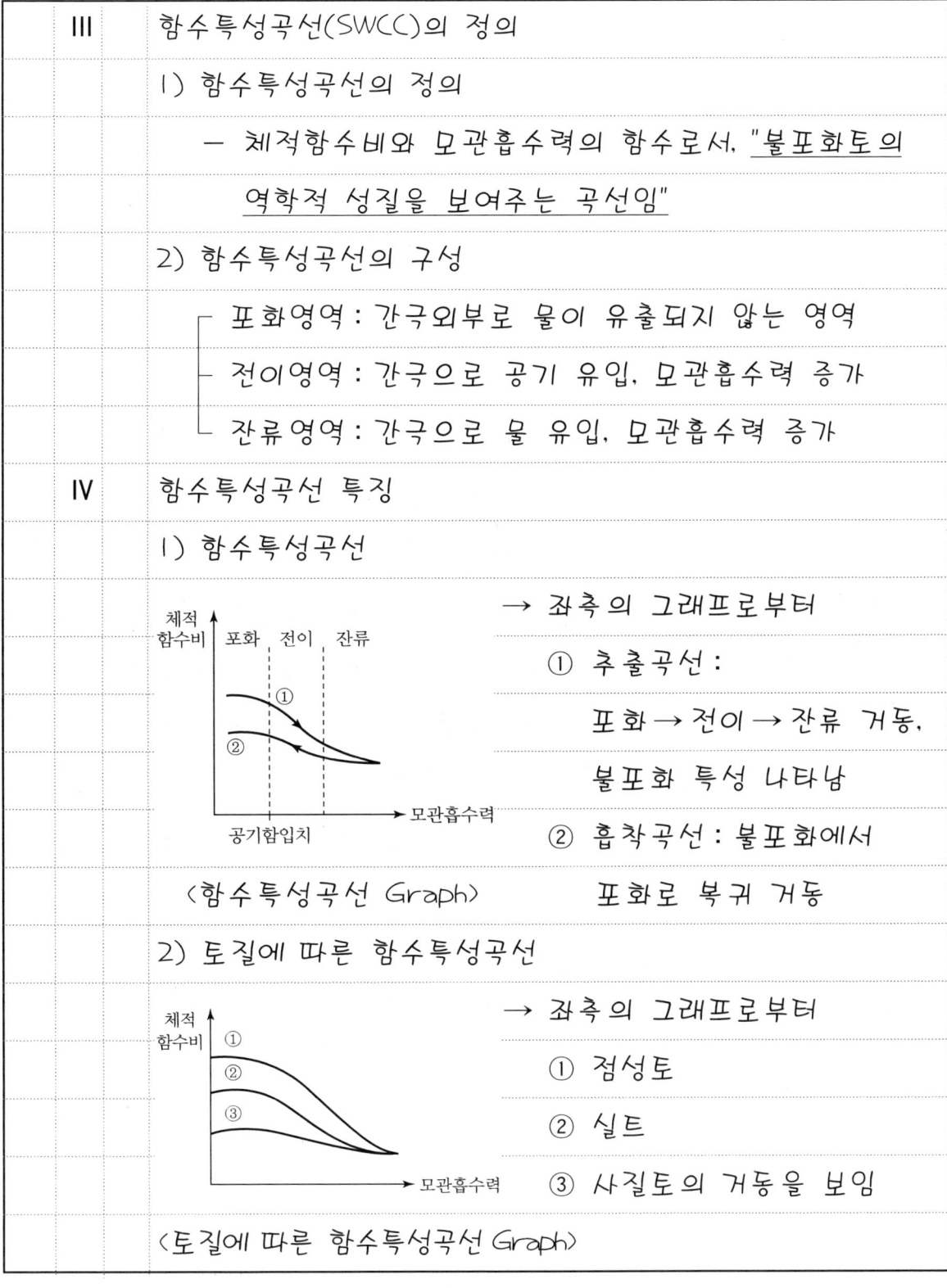

→ 좌측의 그래프로부터
① 추출곡선 : 포화 → 전이 → 잔류 거동, 불포화 특성 나타남
② 흡착곡선 : 불포화에서 포화로 복귀 거동

〈함수특성곡선 Graph〉

2) 토질에 따른 함수특성곡선

→ 좌측의 그래프로부터
① 점성토
② 실트
③ 사질토의 거동을 보임

〈토질에 따른 함수특성곡선 Graph〉

V	불포화토의 파괴기준 개요
	* "간극수압(U) 대신 모관흡수력(Ua-Uw) 적용이 핵심"

1) 포화토와 불포화토의 적용 차이점

구분	포화토	불포화토
유효응력	$\sigma' = \sigma - u$	$\sigma' = \sigma - x(u_a - u_w)$
파괴규정	$\tau_f = c' + (\sigma - u)\tan\Phi'$	$\tau_f = c' + (\sigma - x(u_a - u_w))\tan\Phi'$

2) 산정방법 (Bishop 중심)

$$\tau_f = c' + (\sigma - u_a)\tan\Phi' + x(u_a - u_w)\tan\Phi'$$

where) $\sigma - u_a$: 유효응력, $u_a - u_w$: 간극수압(모관흡수력)

c' : 유효점착력, ϕ' : 유효내부마찰각

VI	평가 (지반의 실제거동 모사를 위한 불포화토 적용 중심)
	– 실무에서 수행하는 대부분의 지반안정해석은 학자들의 이론대로 포화상태 가정의 조건임. 그러나 실제 지반의 거동은 불포화상태로 존재함이 대부분임. 포화상태로 해석을 실시하면 과다설계의 우려가 있음. 따라서 불포화토 특성에 대해 바르게 이해하는 것이 사업 추진의 효율에 도움이 됨 〈끝〉

서 5. 균질한 토사 사면에서 최소안전율을 갖는 파괴포락선을 아래 그림과 같이 직선으로 가정하고 아래에 주어진 조건에 대한 사면의 안정성을 검토하시오.
(토사의 전단강도는 GL-5m의 평균치로 가정한다)

(1) 지하수위가 GL-10m 이하로 하강한 건기 시의 최소안전율을 산정하시오.

(2) 우기 시 지하수위가 지표면까지 포화되었을 때의 최소안전율을 산정하시오.

(3) 지하수가 사면의 안전율에 미치는 영향을 설명하시오.

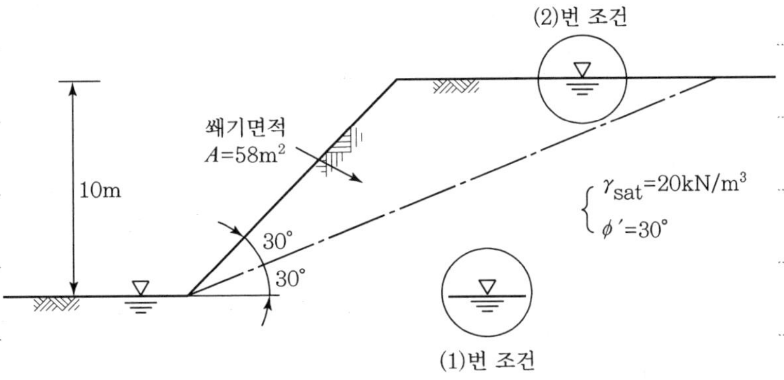

쐐기면적 $A = 58m^2$
$\gamma_{sat} = 20 kN/m^3$
$\phi' = 30°$

* ("답안 작성 시 문제 출제 삽도는 미작성함")

답

I 개요
- 관련 검토를 통해 강우에 의한 지하수의 포화는 유한 토사사면의 안전율을 감소시킴을 알 수 있음
- 실제 사면의 거동이해를 위해 불포화토 거동의 이해가 필수적이며 과다설계 방지에 도움이 됨

II. 효과적인 토사사면 안정성 검토 위한 불포화토 거동고찰

1) 검토목적 ┬ 사면의 실제거동 파악
          └ 사업비 절감, 붕괴방지

2) 불포화토 거동 영향인자 ┬ 체적함수비
                      └ Matric Suction

3) 불포화토 거동특성 파악을 위한 함수특성곡선 검토

① 추출곡선 : 포화 → 전이 → 잔류 거동, 불포화 특성 나타냄

② 흡착곡선 : 불포화에서 포화로 복귀 거동

〈함수특성곡선 Graph〉

III. 지하수위가 GL-10m 이하 하강한 건기 시 최소안전율 산정

* $\gammaت=\gamma sat$, $c=0$으로 가정, 건기 시 $u=0$

$$Fs = \frac{cl+(\gamma \cdot z\cos\theta - ul)\tan\Phi'}{\gamma \cdot z\sin\theta} = \frac{0+(20\times10\times\cos30-0)\tan30}{20\times10\times\sin30} = 1$$

→ "최소안전율은 1.0임"

IV. 우기 시 지하수위 포화되었을 때 최소안전율 산정

* $\gamma t=\gamma sat$, $c=0$으로 가정,

  우기 시 포화상태의 간극수압은 $10kN/m^2$

$$Fs = \frac{cl+(\gamma \cdot z\cos\theta - ul)\tan\Phi'}{\gamma \cdot z\sin\theta} = \frac{0+(20\times10\times\cos30-(10\times20))\tan30}{20\times10\times\sin30} = 0.15$$

→ "최소안전율은 0.15임"

| V | 지하수가 사면의 안전율에 미치는 영향에 대한 설명 |

* 앞의 관계에서 "안전율은 1.0 → 0.15로 감소함"

"유효응력 = 전응력 - 간극수압"으로서

구분	전응력	간극수압	유효응력	강도
상향침투 시	Constant	상승	감소	감소경향

→ 전응력이 일정(Constant)하다고 사전 가정한다면

"침투에 의한 간극수압과 유효응력은 반비례 관계"임

$$안전율 = \frac{저항력}{작용력} = \frac{유효응력}{간극수압(지하수)}$$

→ 상기의 식을 통해 "지하수는 사면의 안전율 감소"시킴

| VI | 우기 시 물의 침투로 사면이 포화되었을 때 안전율의 감소에 따른 문제점 및 대책방안 |

1) 문제점

- 일반적 문제점
  - 주변 피해
  - 공기, 공사비 지장

- 공학적 문제점
  - 추가 안전율 확보 필요
  - 앵커 등 강제공법 검토

2) 대책방안

- 일반적 대책
  - 공기 설계변경
  - 추가 공사비 반영

- 공학적 대책
  - 안전율 유지공
  - 안전율 증가공

〈끝〉

서 6. 최근 계속되는 집중호우에 의해 산지지역 비탈면의 경우 계곡부 상류의 토석류에 의한 비탈면 붕괴가 빈번히 발생되고 있다. 다음 사항을 설명하시오.

1) 도로 및 철도 건설 시 설계단계에서 토사비탈면 안정해석에서 우기 시 강우침투를 고려한 지하수위 산정방법에 대하여 설명하고, 우기 시 지하수위가 지표면까지 포화됨을 가정한 종래 방법과의 차이점

2) 현재 시행되고 있는 토석류 조사 및 대책공법과 적용상의 문제점 및 개선방향

답

I. 개요

- 2011년 서울 도심지 주거지역 내 대규모 토석류의 발생으로 기존의 안정해석 검토의 재고 필요
- 우기 시 지하수위가 포화됨을 가정한 종래 방법과는 달리 최근방법은 습윤대 등을 적용한 불포화 이론 검토
- 종래의 보수적인 방법에서 습윤대, 불포화특성의 현실반영을 통한 안정해석의 신뢰성 제고 필요

II. Mohr's Circle을 이용한 토석류 거동의 사전이해

① 불포화사면의 전단강도가
② 강우에 점점 포화되어 "유효응력을 상실"하고
③ 마침내 붕괴 발생

〈토석류와 산사태 거동 모아원〉

Ⅲ. 토사비탈면 안정해석에서 강우침투를 고려한 지하수위 산정방법과 지표면까지 포화 가정한 종래 방법과의 차이점

1) 지하수위 산정방법

① 습윤대 이용 방법

→ 좌측 그래프로부터
"지표부근은 100% 포화, 깊이증가 시 포화도 감소"

$$습윤대두께\ h = \frac{kt}{n(S_f - S_0)}$$

〈습윤대 관련 Graph〉   where) S_f : 강우 전 포화도

S_0 : 강우 후 포화도, k : 투수계수, n : 간극률, t : 강우지속시간

② 침투해석의 고려

→ 지반의 불포화 전단강도 이론을 적용. 실제와 부합하지만 전단강도, 투수계수 시험 요구

2) 지표면까지 포화 가정한 종래 방법과의 차이점

구분		종래 방법	강우침투 고려
공통점		사면의 안정검토 방법	
차이점	물성치	CU시험	CKOU시험
	전단강도	Mohr-Coulomb	Bishop
	강우	포화가정	침투고려
	수압	간극수압	Matric Suction
	결과	과다설계	현실반영

IV	현재 시행되고 있는 토석류 조사 및 대책공법과 적용상 문제점 및 개선방향

1) 토석류 조사(현장조사 중심)

종류	특징
시험굴	지반단면 확인, 시료채취
현장밀도	지반의 단위중량 획득
오거보링	Test Hole 제공
공내전단	강도정수 획득
현장투수	투수계수 획득
DCPT	지반층 두께 산정, 강도추정

2) 토석류 대책공법

안전율 유지공	안전율 증가공
- 식생 추가 설치	- 사방댐 설치
- 배수공 추가설치	- 앵커 등 강제공법 검토
- 녹생토 지표 부설	- 억지말뚝 공법 검토

3) 적용상 문제점 및 개선방향

문제점	개선방향
- 침투 시 포화 가정	- 불포화토 이론 적용
- 자연환경 훼손	- 친환경 공법 적용
- 수치해석 시 유사해석	- 현장시험 병행

〈끝〉

Chapter 09

진동 / 암반

- **단답형 1** 유동액상화
- **단답형 2** Squeezing 현상
- **단답형 3** Jar – Slack Test
- **단답형 4** 단층과 주응력
- **단답형 5** 암반의 상태의 시험과 이용
- **단답형 6** Hoek – Brown의 파괴기준
- **서술형 1** 산악지역 대심도터널에서 과지압에 대한 안정성 해석을 위하여 자연상태의 응력분포를 파악하는 것은 대단히 중요하다. 이를 파악하기 위한 초기지압 측정방법의 종류 및 원리에 대하여 설명하시오.
- **서술형 2** 진동 및 내진설계 시 지반 내의 감쇠이론에 대하여 설명하시오.
- **서술형 3** 지반의 액상화 현상에 미칠 수 있는 영향인자와 액상화 가능성 평가과정에 대하여 설명하시오.
- **서술형 4** 어느 도시에 지진이 발생하였다. A지역은 암반이 지표에 위치하고 B지역은 연약점토층이 20m 두께로 발달하였다.
  (1) A지역과 B지역의 지표에서 측정된 지진기록의 특징을 설명하시오.
  (2) A지역 지표에서 측정된 지진기록을 이용하여 B지역 내진해석 시 입력지진으로 이용하려 한다면 그 이용 방법을 설명하시오.
  (3) A지역에 위치한 30층 고층건물과 3층 학교건물의 내진설계를 수행하고자 한다. A지역 측정기록이 없어 B지역 지표에서 측정된 지진기록을 입력지진으로 내진설계를 수행하였다. 각 건물의 내진설계 타당성을 기술하시오.
- **서술형 5** 내진해석 시 지반응답 특성평가에 필요한 지반정수의 종류와 실내 및 현장시험법에 대해 구체적으로 설명하시오.
- **서술형 6** 다음 도표는 Q값을 이용하여 터널지보설계에 일반적으로 이용되는 되고 있는 Barton(1993)이 제시한 도표이다. 다음 물음을 설명하시오.
  1) Q값의 구성요소들에 대하여 설명하시오.
  2) ESR(Excavation Support Ratio)를 설명하시오.
  3) Q = 4.5, ESR = 1.3(철도터널 경우) 그리고 Excavation Span = 15m일 때 상기 도표를 이용하여 요구되는 터널의 지보량을 산정하시오.
  4) 상기 도표를 이용할 수 없는 지하구조물의 크기 예측
  5) Q값과 RMR(Rock Mass Rating)의 차이점에 대한 설명

Chapter 09 진동 / 암반

단	1.	유동액상화
답		
	I	유동액상화의 정의
		— 지반의 정적 전단응력이 전단강도보다 클 때 발생하는 액상화 현상으로 인접 구조물에 대형 피해 가능
	II	지반의 유효응력 감소에 따른 유동액상화 Mechanism 고찰
		* $\tau_f = C + \sigma' \tan\Phi \rightarrow \sigma' = \sigma - u \rightarrow u = h_p \times \gamma w$
		→ 진동 의한 hp 증가로 u 증가, σ' 감소하여 τ_f가 0이 됨
		→ "정적전단응력 > 전단강도" : 유동액상화 발생
	III	유동액상화 평가방법의 검토
		1) 지질자료 수집분석
		2) 예비평가 : 진동가능성
		3) 본평가 ┌ 지진응답해석
		└ 안전율 검토 〈유동액상화 발생깊이 Graph〉
		4) 액상화 가능지수 검토 $LPI = \int_0^{20} F_{(x)} W_{(z)} dz$
	IV	유동액상화에 대한 대책방안
		┌─ 작용력 감소 ─┐ ┌─ 저항력 증가 ─┐
		— 지중 Damping 검토 — 포화거동 → 배수거동
		— 내진, 면진 구분검토 — 양질토로 치환
	V	평가(지역특성 반영 제안 중심)
		— 유동액상화는 인접 건물, 구조물에 대형피해 및 인명피해 발생시키므로 설계기준의 지역특성 반영 필요 〈끝〉

단	2.	Squeezing 현상
답		
	I	Squeezing의 개념
		— 터널현장 등에서 염암 같은 연약암반의 응력 구속해방으로 해당단면의 체적이 팽창하는 현상
	II	Squeezing 발생 Mechanism의 고찰

터널단면 → 터널굴착 시 ① 염암 등 연약암반의 구속압 감소로 ② 터널단면에서 ③ 체적이 팽창하는 현상

III. Squeezing 발생 판단기준의 산정식 검토

$$\alpha = \frac{\sigma_{cm}}{\gamma \cdot H} > 2 \rightarrow Squeezing\ 발생$$

→ 위의 식에서 $\sigma_{cm} = \sqrt{S} + \sigma_c$

where) α : 발생계수, H : 굴착심도, σ_{cm} : 암반강도
γ : 암단위중량, S : RMR관련값, σ_c : 일축압축강도

IV. 터널에서 Squeezing에 의한 문제점 및 대책방안 검토

문제점	대책방안
— 터널 건축한계선 축소	— 사전 암반보강 실시
— 터널 막장붕괴 가능	— 지보재 패턴 재검토

V. 평가(Swelling과의 구분 검토 중심)

— 터널현장에서 외형상 비슷한 Squeezing과 Swelling의 구분 검토가 터널 안정공법 선정에 효과적임 〈끝〉

단 3.		Jar-Slack Test
	답	
	I	Jar-Slack Test의 개념
		− 셰일 등 이암의 Slack 상태를 구분하는 시험으로 결과 기준은 Mode I ~ VI으로 구분할 수 있음
	II	Jar-Slack Test의 시험방법 순서별 특징 검토

$\begin{bmatrix} 110°C \\ 24시간 \end{bmatrix}$ → 시료 건조 → 포화 지속 → $\begin{bmatrix} 24시간 \\ 지속수침 \end{bmatrix}$

$\begin{bmatrix} 24시간 \\ 지속포화 \end{bmatrix}$ → 시료 포화 → 상태 파악 → $\begin{bmatrix} 1~6단계 \\ Mode검토 \end{bmatrix}$

| | III | Jar-Slack Test 결과 Mode의 검토방법 고찰 |

구 분	상 태	구 분	상 태
Mode I	Mud	Mode IV	Fractures
Mode II	Flakes	Mode V	Slabs
Mode III	Chips	Mode VI	Non-react

→ 시료 24시간 수침 후, Mode 검토 실시

| | IV | Jar-Slack Test 실시 시 주의사항 및 영향인자 검토 |

주의사항	영향인자
− 건조온도 관리	− 포화시간 24시간 준수
− Mode별 거동 검토	− 시료의 교란상태

| | V | 평가(국내 여건 고려한 기준수립 제안) |
| | | − 결과 Mode 기준은 선진국이 자국여건 고려하여 수립한 기준으로 국내 여건 고려한 기준 수립 요구됨 〈끝〉 |

단 4. 단층과 주응력

답

I. 단층과 주응력의 정의
- 단층 : 지각이 두 개의 조각으로 어긋난 지질구조
- 주응력 : 전단응력이 0인 면에 작용하는 수직응력

II. 단층의 종류 및 특징

정단층	역단층	수평단층
상반이 아래로	상반이 위로	상하반이 수평으로

III. 단층과 주응력의 상관관계 고찰

구 분	정단층	역단층	수평단층
최대주응력	σ_v	σ_h	수평응력
최소주응력	σ_h	σ_v	σ_h
중간주응력	수평응력	수평응력	σ_v

IV. 단층과 주응력 상관관계의 실무적용성
- 터널 : 불연속면의 안정해석 시 검토
- 암사면 : 붕괴 등의 예방 공법 적용 시 검토

V. 공학적인 평가
- 터널이나 암사면 등의 암반을 다루는 안정해석 시 단층과 주응력의 상관관계의 바른 적용이 중요함 〈끝〉

단 5. 암반의 상태의 시험과 이용

답

I. 암반의 상태의 시험과 이용 개념
  - 암반의 상태의 시험은 암반의 초기응력 상태 파악 및 안정해석에 필요하며 터널 및 암사면 분야에 주로 적용

II. 암반의 상태의 시험 종류 및 종류별 특징

  1) Flat Jack Test

   암반에 계측기 설치 → Flat Jack 삽입(응력이완측정)
   → 응력변화 측정($\sigma-\varepsilon$ 관계 규명)

  2) 수압파쇄법

   ┌─────────────┐
   │ 시험구간 시추 │
   └─────────────┘
          ⇩
   ┌─────────────┐
   │ 패커 설치   │
   └─────────────┘
          ⇩
   ┌─────────────┐
   │   수압 재하 │
   └─────────────┘
          ⇩
   ┌─────────────┐
   │ 균열의 방향성 관측 │
   └─────────────┘

   〈수압파쇄시험 결과 Graph〉

  3) 응력해방법

   ┌─────────────┐
   │ 암반에 계측기 설치 │ : 시추공에 게이지 설치
   └─────────────┘
          ⇩
   ┌─────────────┐
   │ Flat Jack 삽입 │ : 응력과 변형률 등 측정
   └─────────────┘
          ⇩
   ┌─────────────┐
   │ 응력 변화 측정 │ : $\sigma-\varepsilon$ 관계 규명
   └─────────────┘

III. 암반의 상태의 시험에 대한 이용

터널	암사면
- 지보의 패턴 결정	- 사면안정 공법결정
- 라이닝 설계	- 암반의 초기응력 파악

〈끝〉

단 6.	Hoek-Brown의 파괴기준

답

I Hoek-Brown의 파괴기준의 개념

- Hoek-Brown의 파괴기준은 암석 및 암반 모두 적용가능한 이론으로 Mohr-Coulomb 이론과의 상관성이 있음

II Hoek-Brown의 파괴기준의 특징

- 암석이나 암반 분야에 모두 적용(2방성 암반 제외)
- 그리피스 이론에 근거함
- 암석 대상으로 3,000번 이상의 현장시험 근거

III Hoek-Brown 파괴기준 산정방법 및 M-C 이론과 상관성

1) Hoek-Brown 파괴기준 산정방법

$$\sigma_{1f} = \sigma_3 - \sigma_c(m_b \frac{\sigma_3}{\sigma_c} + s)^a$$

where) σ_{1f} : 암석파괴강도, m_b, s, a : 암반의 특성값

2) Mohr-Coulomb 이론과의 상관성

→ 좌측의 그래프로부터

$$\sigma_{1f} = \sigma_{cm} + k \cdot \sigma_3$$

(H-B이론) (M-C이론)

IV Hoek-Brown 파괴기준의 한계성 및 개선방안

한계성	개선방안
- 2방성암반 적용 제외	- 추가 연구 필요
- 지역성 반영 못함	- 지역성 반영 기준 검토

〈끝〉

서 1. 산악지역 대심도터널에서 과지압에 대한 안정성 해석을 위하여 자연상태의 응력분포를 파악하는 것은 대단히 중요하다. 이를 파악하기 위한 초기지압 측정방법의 종류 및 원리에 대하여 설명하시오.

답

I. 개요
- 자연상태 암반의 과지압 이력의 파악이 대심도터널의 안정을 좌우한다는 것은 과언이 아님
- 초기응력 측정은 Flat Jack Test, 수압파쇄법, 응력해방법으로 수행하게 됨
- 본고에서는 측정방법의 종류 및 종류별 특징 원리에 대한 기술, 한계성에 대한 개선을 제안하였음

II. 과지압을 받는 암반의 거동특성 사전 고찰

1) 강도특성

① 과지압 암반
② 과소지압 암반
→ ①이 ②보다 "강도특성 우세"

2) 투수거동특성

① 과소지압 암반, ② 과지압 암반
→ 과지압 암반 "투수계수 감소가 작은 경향성" 보임

III. 산악 대심도터널의 자연상태 응력분포 파악의 중요성 검토

```
σ ↑           locking
  IV ┄┄┄┄┄┄┄┄┄
  III ┄┄┄┄┄┄ 간극밀착
  II ┄┄┄┄┄ 탄성거동
  I ┄┄┄ 미세균열 닫힘
                    → ε
```

"$k_0 = \dfrac{\sigma_h}{\sigma_v} = \dfrac{수평응력}{수직응력}$"

→ 암반의 과지압 특성은 구속상태의 이력이므로

〈암반의 삼축압축관계 Graph〉 → "고려 시 안정성, 경제성 상승"

IV. 암반의 초기지압 측정방법의 종류 및 원리

1) Flat Jack Test의 원리

암반에 계측기 설치	: 굴착면 일정간격 설치
⇩	
Flat Jack 삽입	: 응력이완 과정 측정
⇩	
응력 변화 측정	: $\sigma - \varepsilon$ 관계 규명

2) 수압파쇄법의 원리

| 시험구간 시추 |
| ⇩ |
| 패커 설치 |
| ⇩ |
| 수압 재하 |
| ⇩ |
| 균열의 방향성 관측 |

〈수압파쇄시험 결과 Graph〉

3) 응력해방법의 원리

암반에 계측기 설치	: 시추공에 게이지 설치
⇩	
Flat Jack 삽입	: 응력과 변형률 등 측정
⇩	
응력 변화 측정	: $\sigma - \varepsilon$ 관계 규명

| V | 현재 실무에서 시행되고 있는 초기지압 측정방법의 한계성 및 개선방안 제안 |

1) 한계성
- 초기지압 측정결과의 유사성 또는 근사해석
- 해석 기술자의 개인능력에 따라 결과 신뢰성 좌우

2) 개선방안

| 결과 추정 | → | Analysis | → | 응력/변위 예측 |
| 결과 결정 | ← | | ← | 응력/변위 측정 |

where) → : 지수 해석, ← : 계측 해석

⟨Back Analysis Flow⟩

- 계측 역해석 통한 결과치 근사성의 Feed Back
- 주기적 관련 교육, 매뉴얼 배포 → 개인능력 제고

| VI | 공학적인 평가 |

- 산악지역에 대심도터널 계획 시 암반의 구속이력에 대한 파악이 안정해석의 신뢰성을 좌우한다고 해도 과언이 아님. 따라서 초기응력 측정방법을 통해 과지압에 대한 검토가 필수적임. 더불어 결과의 근사성을 개선하는 노력도 추진해야 함 ⟨끝⟩

서 2. 진동 및 내진설계 시 지반 내의 감쇠이론에 대하여 설명하시오.

답

I. 개요

- 감쇠란 진동이나 지진파가 지반을 통해 흐르면서 시간과 거리에 따라 감소하는 현상
- 감쇠의 종류에는 토체의 부피 팽창하면서 급격히 감쇠하는 기하감쇠 및 토립자운동 → 마찰 → 열 → 에너지감소 특징을 가지는 내부감쇠가 있음
- 본 고에서는 내진설계의 기본인 감쇠영향 극대화 및 공진 영향 최소화에 대하여 고찰함

II. 효과적인 내진설계를 위한 설계지진하중 산정 사전 고찰

1) 산정 목적
   - 진동 및 내진설계 시 지반 내의 안정해석 물성치의 산정 및 결과 신뢰성 제고

2) 설계지진하중(a_{max}) 산정

→ 좌측 모식도로부터
① 기반암 노두 a_{max} 산정
② 설계지진파 결정
③ 지반동적물성치 결정
④ 1차원 지진응답해석
⑤ 지표 최대가속도(a_{max}) 산정

<a_{max} 산정 모식도>

III. 진동 및 내진설계 시 지반 내의 감쇠이론에 대한 설명

1) 감쇠이론이란?
   - 진동이나 지진파가 지반을 통해 흐르면서 시간과 거리에 따라 감소하는 현상

2) 감쇠의 종류 및 종류별 특징
   - 기하감쇠 : 토체의 부피 팽창하면서 급격히 감쇠
   - 내부감쇠 : 토립자운동 → 마찰 → 열 → 에너지감소 특징

3) 감쇠비 산정방법

   → 좌측의 그래프에서
   $$D = \frac{1}{4\pi} \frac{AL}{AT}$$
   where) D : 감쇠비, AT : ▨ 면적
   AL : 이력곡선전체면적

   〈응력-변형률 이력곡선〉

4) 감쇠 발생 : 기하감쇠와 내부감쇠 동시 발생

5) 관련 시험
   - 기하감쇠 : 진동측정기 시험으로 산정 검토
   - 내부감쇠 : 공진주 시험으로 산정 검토

6) 감쇠비와 전단탄성계수의 상관성

   → 좌측의 그래프로부터 감쇠비와 전단탄성계수는 서로 반비례 관계임을 알 수 있음

   〈D와 G의 상관 Graph〉

IV. 내진 설계 시 신뢰성 제고를 위한 감쇠영향 극대화 및 공진영향 최소화 고찰

1) 공진이란?

→ "물체의 고유주기와 진동의 가진주기가 서로 일치할 때 파괴력이 급격히 증가"하는 현상

〈공진 관련 모식도〉

2) 감쇠영향 극대화 및 공진영향 최소화

감쇠영향 극대화	공진영향 최소화
- 내진설계 적용	- 면진 교좌장치 설치
- 진동원의 계측관리	- 교량에 댐퍼 설치
- 지진 저항력 증대	- 공진 수치해석 실시

V. 공학적인 평가

- 진동 및 내진설계 시 지반 내의 감쇠이론에 대해 정확히 파악하는 것이 설계 신뢰성을 좌우한다고 해도 과언이 아님. 특히 감쇠영향을 극대화시키고 공진의 영향은 최소화시키는 것이 내진설계의 기본임. 관련 현상을 바르게 이해하는 것이 책임기술자의 역량에 요구되는 바임. 〈끝〉

서 3. 지반의 액상화 현상에 미칠 수 있는 영향인자와 액상화 가능성 평가과정에 대하여 설명하시오.

답

I 개요
- 지반의 액상화 현상에 미칠 수 있는 영향인자는 밀도, 입도, 포화도, 배수, 진동, 상재압임
- 액상화 가능성 평가과정은 예비평가와 본평가, 액상화 가능지수의 검토 순서로 이루어짐
- 본고에서는 액상화 발생 시의 문제점 및 유효응력 회복 중심의 대책방안에 대해서 기술함

II 지반의 유효응력 및 전단강도와 액상화 현상의 상관관계 및 액상화 Mechanism에 대한 사전 고찰

1) 상관관계

$\tau_f = C + \sigma' \tan\Phi$ 에서 → u 증가 시 σ' 감소
↓ ↓
$\sigma' = \sigma - u$ → 결국 σ'이 0이 됨
↓ ↓
σ이 일정할 경우 → 액상화 발생

2) 액상화 Mechanism

모식도에서
- 유효응력 = $\gamma sub \times z$
- 과잉간극수압
  = $z \cdot \gamma w + \Delta h \cdot \gamma w$

III. 지반의 액상화 현상에 미칠 수 있는 영향인자

구분	특징
밀도	느슨한 사질토 지반
입도	비배수 유지 쉬운 실트질
포화도	간극수에 토립자 부양 가능
배수조건	비배수의 조건
진동조건	진동이나 지진 발생
압력	유효 상재압 존재 시

→ "상기의 조건 모두 충족 시 액상화 발생"

IV. 지반의 액상화 가능성 평가과정에 대한 설명

예비평가 : 자료수집 분석, 지반조건에 따른 발생 가능성 검토

⇩

본평가 :
- 지진응답해석

$$\frac{\tau_{d\max}}{\sigma_v'} = 0.65 \frac{a_{\max}}{g} \frac{\sigma_0}{\sigma_0'} C_d$$

- 간편예측

$$Fs = \frac{액상화저항응력비}{전단응력비} > 1.5$$

- 상세예측

$$Fs = \frac{전단저항응력비}{전단응력비} > 1.1$$

가능지수검토 : 액상화가능지수 검토

$$LPI = \int_0^{20} F(z)w(z)\,dz$$

| V | 액상화에 대한 효과적인 대책방안 마련을 위한 액상화 가능깊이에 대한 고찰 |

<그림: 액상화 가능깊이 Graph - 깊이(6m, 20m)에 따른 전단응력, 진동, 저항 곡선>

→ 좌측의 그래프로부터 "액상화의 가능깊이는 지표로부터 6m 아래부터 20m 깊이 사이"까지임

→ 진동전단응력과 저항전단응력의 교점 구간

| VI | 액상화 발생 시 문제점 및 지반의 유효응력 회복중심의 액상화 대책방안 검토 |

1) 문제점

일반적 문제점	공학적 문제점
- 상부 구조물 피해	- 과다 침하 발생
- 공기, 공사비 지장	- 추가적 안정처리 요구

2) 대책방안

일반적 대책	공학적 대책
- 공기 설계변경	- 지반 안정처리
- 추가 공사비 반영	- 계측 관리

〈끝〉

서 4. 어느 도시에 지진이 발생하였다. A지역은 암반이 지표에 위치하고 B지역은 연약점토층이 20m 두께로 발달하였다.

(1) A지역과 B지역의 지표에서 측정된 지진기록의 특징을 설명하시오.

(2) A지역 지표에서 측정된 지진기록을 이용하여 B지역 내진해석 시 입력지진으로 이용하려 한다면 그 이용 방법을 설명하시오.

(3) A지역에 위치한 30층 고층건물과 3층 학교건물의 내진 설계를 수행하고자 한다. A지역 측정기록이 없어 B지역 지표에서 측정된 지진기록을 입력지진으로 내진설계를 수행하였다. 각 건물의 내진설계 타당성을 기술하시오.

답

1 개요

- A지역은 암반지역으로 지진파가 단주기 거동을 보이고 B지역은 연약지반으로 장주기 거동을 보임
- 고층건물의 진동에 대한 고유주기는 장주기 거동을 보이고 단층건물은 단주기 거동을 보임

II	효과적인 내진설계 수행을 위해 필요한 지반정수의 종류 및 특징에 대한 사전고찰	

종류	특징
G(전단탄성계수)	이력곡선의 직선 기울기
D(감쇠비)	진동이 거리, 시간에 의해 소산
E(탄성계수)	암반의 탄성계수
v(전단변형률)	전단에 의한 변형각

III A지역과 B지역의 지표에서 측정된 지진기록 특징 설명

→ A지역은 암반지역으로 **단주기파** 형성
→ B지역은 연약점토지역으로 **장주기파** 형성

IV A지역 지표 지진기록을 이용한 B지역 입력지진 이용 방법

1) 호환 이용 목적 : 해당 내진설계에 대한 신뢰성 제고

2) B지역 입력지진 이용 방법

→ 좌측 모식도로부터,
① 기반암 노두 a_{max} 산정
② 설계지진파 결정
③ 지반동적물성치 결정
④ 1차원 지진응답해석
⑤ 지표 최대가속도(a_{max}) 산정

〈관련 모식도〉

V. A지역에 30층과 3층 건물의 내진설계 수행 시 B지역 지진 기록을 입력지진으로 검토할 경우의 타당성

1) 구조물의 진동특성
   - 30층 건물 : 고유진동수가 "장주기 거동"을 보임
   - 3층 건물 : 고유진동수가 "단주기 거동"을 보임

2) 30층 건물의 내진설계에 대한 타당성
   - B지역은 연약지반으로 지진파가 장주기 거동 → 30층 건물의 고유진동은 장주기 거동 → 가진진동과 고유진동이 유사 → "공진 검토 타당함"

3) 3층 건물의 내진설계에 대한 타당성
   - B지역은 연약지반으로 지진파가 장주기 거동 → 3층 건물의 고유진동은 단주기 거동 → 가진진동과 고유진동이 차이 → "공진 검토 타당성 결여"

〈끝〉

서 5. 내진해석 시 지반응답 특성평가에 필요한 지반정수의 종류와 실내 및 현장시험법에 대해 구체적으로 설명하시오.

답

I. 개요
- 내진해석 시 지반응답 특성평가에 필요한 지반정수의 종류는 전단탄성계수, 전단변형률 등이 있음
- 지반정수 산정을 위한 실내 및 현장시험법으로는 공내속도 검층, SASW, 탄성파콘관입시험 등이 있음
- 동적 지반물성치를 산정할 때 실내 및 현장시험을 병행하여 결과를 교차 검토하는 것이 필요함

II. 효율적인 내진해석 및 시험추진을 위한 설계지진하중 ($a_{\max}$) 산정 사전 고찰

1) 산정 목적
- 진동 및 내진설계 시 지반 내의 안정해석 물성치의 산정 및 결과 신뢰성 제고

2) 설계지진하중($a_{\max}$) 산정

→ 좌측 모식도로부터
① 기반암 노두 $a_{\max}$ 산정
② 설계지진파 결정
③ 지반동적물성치 결정
④ 1차원 지진응답해석
⑤ 지표 최대가속도($a_{\max}$) 산정

⟨$a_{\max}$ 산정 모식도⟩

III. 내진해석 시 지반응답 특성평가에 필요한 지반정수 종류

종류	특징
G(전단탄성계수)	이력곡선의 직선 기울기
D(감쇠비)	진동이 거리, 시간에 의해 소산
E(탄성계수)	암반의 탄성계수
v(전단변형률)	전단에 의한 변형각

IV. 지반정수 산정을 위한 실내 및 현장시험법에 대한 구체적인 설명

1) 실내시험

시험	E	G	v	D
초음파	구득	구득	구득	—
공진주	구득	구득	구득	구득
반복삼축	구득	구득	—	구득
반복단순전단	구득	구득	—	구득
반복비틂전단	구득	구득	—	구득

2) 현장시험법

구분	특징	비고
공내속도검층	지반 압축파와 전단파를 구하여 동적물성치 산출	• Down Hole • Up Hole • Cross Hole
SASW	표면파 이용해석	• 표면파 스펙트럼
탄성파콘관입	전단파 속도 도출	• In Hole

V. 현재 실무에서 시행하는 내진해석에 대한 한계성과 개선방안 검토 및 시험 시 주의사항

1) 한계성 및 개선방안

```
┌─────한계성─────┐              ┌─────개선방안─────┐
  - 유사해석                       - 현장시험 병행
  - 담당기술자 능력 저하            - 주기적 교육실시
```

2) 시험 시 주의사항

```
┌────일반적 사항────┐            ┌────공학적 사항────┐
  - 주변 피해 검토                  - 주변 교란 영향
  - 관련 인허가 검토                - 결과신뢰성 제고
```

VI. 평가 (실내시험과 현장시험 병행 제안)

- 내진해석에 대한 결과 신뢰성은 효과적인 동적 지반정수의 획득에 좌우된다 해도 과언이 아님. 지반정수의 획득 방법에는 실내시험과 현장시험이 있음. 하지만 어느 한 가지 방법으로만 동적물성치를 검토한다면 유사해석의 우려가 있음. 따라서 두 방법을 병행하여 교차 검토하는 것이 결과 신뢰성 제고에 효과가 있다고 제안하는 바임. 〈끝〉

서 6. 다음 도표는 Q값을 이용하여 터널지보설계에 일반적으로 이용되는 되고 있는 Barton(1993)이 제시한 도표이다. 다음 물음을 설명하시오.

1) Q값의 구성요소들에 대하여 설명하시오.
2) ESR(Excavation Support Ratio)를 설명하시오.
3) Q=4.5, ESR=1.3(철도터널 경우) 그리고 Excavation Span=15m일 때 상기 도표를 이용하여 요구되는 터널의 지보량을 산정하시오.
4) 상기 도표를 이용할 수 없는 지하구조물의 크기 예측
5) Q값과 RMR(Rock Mass Rating)의 차이점에 대한 설명

답

1 개요

— Q값은 절리군, 절리면거칠기, 절리면풍화지수, 지하수계수, 응력저감계수 등을 검토하여 산정함

— RMR값은 암반강도, RQD값, 불연속면 상태, 간격, 지하수의 상태 등을 종합적으로 고려하여 산정함

| II | Q값의 구성요소들에 대한 설명 |

$$Q = \frac{RQD}{J_n} \times \frac{J_r}{J_a} \times \frac{J_w}{SRF}$$

→ $RQD(\%) = \dfrac{\Sigma 10cm \text{ 이상 시추코어길이}}{\text{시추 전체 길이}} \times 100$

where) Jn : 절리군, Jr : 절리면거칠기, Ja : 절리면풍화지수,

Jw : 지하수계수, SRF : 응력저감계수

| III | ESR(Excavation Support Ratio)에 대한 설명 |

1) ESR이란?

    – 터널의 굴착지보비율로서 Q값 산정그래프에 적용

2) 산정방법

$$ESR = \frac{\text{굴착경간 또는 굴착높이}}{\text{터널 유효 크기}}$$

3) 적용기준

    – 0.8 : 철도역, 1.0 : 발전소, 1.3 : 소규모터널, 4 : 광산

| IV | 도표를 이용한 터널의 지보량 산정 |

* 문제조건에서 Q=4.5, ESR=1.3, Excavation span=15m

→ 도표를 활용하려면 먼저 터널유효크기 산정

$$D_e = \frac{\text{굴착경간 또는 굴착높이}}{ESR} = \frac{15}{1.3} = 11.54$$

→ y축에 11.54, x축에 Q=4.5를 대입하여 검토하면

<u>"(4) 해당숏크리트 보강 없이 40~100mm 시스템볼팅 설치"</u>

V. 상기 도표를 이용할 수 없는 지하구조물의 크기 예측

〈Q-system Graph〉

→ 좌측 그래프로부터, 터널의 유효직경이 100m를 넘거나 Q값이 1,000을 넘는 "초대형단면 터널"에서 불가

VI. Q값과 RMR(Rock Mass Rating)의 차이점에 대한 설명

구분		RMR	Q-system
공통점		터널의 지보설계에 적용	
차이점	산정	강도, RQD, 지하수 불연속면 상태 등	$Q = \dfrac{RQD}{J_n} \times \dfrac{J_r}{J_a} \times \dfrac{J_w}{SRF}$
	체계	단순	세분화
	응력	고려 못함	고려
	적용	소단면터널	대단면터널
	불연속면	보정	보정 못함
	그래프	(굴착폭 vs 자립시간, I등급~V등급)	(유효직경 vs Q, 1등급~9등급)

〈끝〉

Chapter 10

터널

단답형 1	터널막장 안정성 평가방법 및 대책
단답형 2	쌍굴터널에서 필러의 개념
단답형 3	도로터널에서의 정량적 위험도 평가
단답형 4	Single Shell과 NATM 터널 비교
단답형 5	터널에서 Gap Parameter의 정의와 활용
단답형 6	자유면과 최소저항선
서술형 1	터널에서 Terzaghi의 암반상태에 따른 암반하중 분류 및 모델에 대하여 설명하시오.
서술형 2	터널 발파 굴착의 영향으로 주변지반이 이완된 경우 터널 주변의 이완범위와 이완하중 계산 방법에 대하여 설명하시오.
서술형 3	터널의 설계 및 시공 시 지보타입 결정 방법에 대하여 설명하시오.
서술형 4	막장 전방에 파쇄대와 같은 불연속면이 존재할 경우의 굴착과정에서 아칭효과와 관련하여 다음 사항에 대하여 기술하시오. 가) 아칭효과가 수직변위의 변화에 미치는 영향 나) 계측관리를 통하여 막장전방의 지반변위를 예측하는 방법
서술형 5	배수형 터널과 비배수형 터널의 비교
서술형 6	지반조사 과정에서 발견된 대규모의 단층대에서 과압밀된 단층점토와 단층각력이 혼재된 층이 수백 미터의 폭과 깊이로 발달된 것이 확인되었다. 이곳을 관통하는 터널을 계획하고자 할 때 고려사항에 대해서 답하시오. 1) 단층의 규모와 특성을 파악하기 위한 현장조사, 탐사 및 시험의 종류를 쓰시오. 2) 단층대 내의 점토의 특성을 규명하기 위한 실내 및 현장시험법과 그 결과를 터널해석에 활용하는 기법을 쓰시오. 3) 이러한 지역에서 안전한 터널굴착을 위한 단면 설계법과 보강대책공법에 대해서 쓰시오.

단	1.	터널막장 안정성 평가방법 및 대책
	답	
	I	터널막장 안정성 평가방법 및 대책의 개념
		- 터널막장 안정성 평가방법은 예비평가, 막장면 전방탐사, 연약암반대 평가, 수치해석의 방법이 있음
	II	터널막장 시공 시 안정성 평가방법의 종류 및 종류별 특징
		1) 예비평가 : Face Mapping(단층, 파쇄대, 지하수누수)
		2) 막장면 전방탐사

구분	TSP탐사	수평보링 시추
원리	굴절파 이용(200m)	전방시추공(15m)
장/단점	원거리탐사/정밀한계	근거리정밀/계측 짧음

III 터널막장 설계 시 안정성 평가방법의 종류 및 종류별 특징

1) 연약암반대 평가 ┌ 사질토 : 붕괴모드해석
 └ 점성토

$$N = \frac{P_0 - \sigma_t + \gamma(H + \frac{D}{2})}{C_u} < 6 \, (안정)$$

2) 수치해석 : 실제 현장조건 모사하여 유한요소해석

IV 터널막장 안정성 불량 시 대책

┌ 설계 시 : 안전율 증가공법 설계에 적용
└ 시공 시 : Fore Poling, 강관다단그라우팅 등

V 공학적인 평가

- 터널막장 안정성에 대하여 설계와 시공 시로 구분해 검토하여 붕괴를 예방하는 대책이 필요함 〈끝〉

단 2. 쌍굴터널에서 필러의 개념

답

I 쌍굴터널에서 필러의 정의
  - 쌍굴터널에서 터널과 터널의 외부 이격거리를 의미하며 필러 두께에 따라 터널의 거동차이가 발생함

II 쌍굴터널에서 필러의 개념
  1) 쌍굴터널에서 필러란?
    - 터널과 터널의 외부 이격거리
  2) 필러두께에 따른 터널 거동
    ┌ 필러두께가 1.0D 이하 → 응력집중 현저히 증가
    └ 필러두께가 2.0D → 응력집중이 저하 후 수렴
  3) 필러부 응력의 대책

  → 필러부 락볼트   → 락볼트 + 강관다단

III 쌍굴터널 굴착 시 인접지반의 응력변화 고찰

구분	σ_h	σ_v
지반 보강	증가	일정
선행터널굴착	감소	일정
필러부 보강	증가	일정
후행터널굴착	감소	일정

〈끝〉

단	3.	도로터널에서의 정량적 위험도 평가
	답	
	I	도로터널에서의 정량적 위험도 평가 개념
		– 도로터널에서의 정량적 위험도 평가는 사건발생률, 화재, 차량정체 등을 해석하여 대형 인명피해 예방하는 평가임
	II	도로터널에서 정량적 위험도 평가를 실시하는 목적
		┌ 공학적 : 방재시설의 설치기준 수립 등 └ 제도적 : 대형 인명 피해, 대형 재난 예방 등
	III	도로터널에서의 정량적 위험도 평가 절차
		화재 시나리오 작성 → 인명 대피 해석 ↓ ↓ 사건발생률 산정 유해가스피해 정량화 ↓ ↓ 화재 해석 사상자수 추정 ↓ ↓ 차량정체 해석 → 위험수준 분석
	IV	도로터널에서 정량적 위험도 평가 기준(대피시간 중심)
		* 대피시간 = 감지시간 + 대피결정시간 + 대피속도 　　　　　　(1분 이내) (차탈출시간) (인원밀도, 시야)
	V	평가(국내 여건 고려한 기준수립 제안)
		– 도로터널에서의 정량적 위험도 평가 기준에 대해 국내 여건을 고려한 기준의 수립이 요구됨 〈끝〉

단 4.		Single Shell과 NATM 터널 비교		
답				
	I	Single Shell과 NATM 터널의 개념		
		— Single Shell 터널은 견고한 암반에 적용이 유리하고 국내 여건에서는 NATM 터널 적용이 유리함		
	II	Single Shell과 NATM 터널 비교		

구분		Single Shell	NATM
공통점		터널 설계의 한 종류	
차이점	적용	NMT 터널	NATM 터널
	지보	숏크리트 + 락볼트	숏크리트 + 락볼트 + 라이닝
	특징	2차라이닝 없음	대부분 적용성
		굴착단면축소	시공실적 많음

III Single Shell과 NATM 터널의 분류체계 비교 검토

→ Q-system (1~9등급)   → RMR (1~5등급)

IV 공학적인 평가
— 우리나라의 대부분의 산악지역에서는 Single Shell 터널 보다는 NATM 터널 적용이 타당함 〈끝〉

단 5. 터널에서 Gap Parameter의 정의와 활용

답

Ⅰ 터널에서 Gap Parameter의 개념

— 터널에서 Gap Parameter는 조사, 설계, 시공의 계획 적합성을 판단할 수 있는 인자임

Ⅱ 터널에서 Gap Parameter의 정의

1) 정의 : 터널 쉴드 외경과 세그먼트 차이가 발생하는 각종 변수들의 정량적 수치

2) 산정방법 : $G = 2\Delta + \delta + U$

where) Δ : 쉴드와 라이닝공간

δ : 시공변위, U : 막장+쉴드변위

(Gap Parameter 모식도)

Ⅲ 터널에서 Gap Parameter의 실무적용성

— 암반의 파쇄대 위치, 두께, 분포 확인
— 대상 지반의 지하수 존재 유무 파악 가능

Ⅳ 터널에서 Gap Parameter 발생 원인 및 대책 방안

발생 원인	대책 방안
— 쉴드의 과다굴착	— 철저한 지반조사
— 쉴드와 라이닝 외경차이	— 굴착 시 시공관리

Ⅴ 공학적인 평가

— 터널의 굴착에 있어서 Gap Parameter의 수치가 높으면 공사기간 및 공사비 추가소요 발생 가능함 〈끝〉

문 6. 자유면과 최소저항선

답

I. 자유면과 최소저항선의 개념
 - 토목현장에서 암을 발파하거나 터널 추진을 위한 발파 시 자유면과 최소저항선의 개념 이해 필요함

II. 자유면과 최소저항선의 정의 및 산정방법 검토

  1) 자유면과 최소저항선이란?
   - 자유면 : 토목현장에서 발파 시 노출면
   - 최소저항선 : 폭약중심부터 자유면까지의 최단거리

  2) 최소저항선의 산정방법

   $$누두지수(n) = \frac{r}{w} = \frac{누두반지름}{최소저항선}$$

   n=1 : 표준장약
   n>1 : 과장약

III. 자유면을 확보하는 이유
   - 발파 시 작용 능력을 극대화
   - 터널에서는 여굴을 방지하고 모암의 영향 최소화

IV. 효과적인 자유면 확보를 위한 시험발파 검토

  1) 시험발파 전 주민설명회
   - 민원 최소화

  2) 시험발파 실시
   - 장약량, 천공간격 등 변화
   - 발파진동, 소음 측정

  3) 회귀분석 실시 〈끝〉

  〈회귀분석 Graph〉 (속도(kine) vs 장약량, 회귀분석 $f(W,D)$)

서 1.	터널에서 Terzaghi의 암반상태에 따른 암반하중 분류 및 모델에 대하여 설명하시오.
답	
I	개요
	— 터널에서 Terzaghi의 암반하중 산정은 토압계수, 터널폭, 터널높이, 토피 등에 대한 함수임
	— Terzaghi의 암반하중 분류 및 모델은 암반상태, RQD 값, 암반하중에 대해 분류 후 검토할 수 있음
	— 본 고에서는 Terzaghi의 암반하중 검토 방법 이외에 Q-system, RMR, RSR에 의한 평가방법에 대해서도 기술하였으며 검토방법의 비교 검토를 제안함
II	터널에서 Terzaghi의 암반하중의 효과적인 이해를 위한 터널 라이닝에 작용하는 하중의 사전 고찰
	1) 정적하중 = 자중 + 상재하중 + 토압 + 수압 + 추가하중
	where) q_1 : 콘크리트자중 q_2 : 지하수압 q_3 : 암반이완하중 H : 터널높이
	2) 동적하중 = 교통하중 + 지진하중
	┌ 교통하중 : 교통량 + 운행 진동 + 공기압 등 └ 지진하중 : 내진에 대한 설계 적용 시 고려
	3) 추가하중 = 지반압 + 인접굴착영향 + 라이닝 2차응력 등

| III | 터널에서 Terzaghi의 암반상태에 따른 암반하중 산정방법 |

→ Terzaghi의 암반하중 식은 다음과 같다.

$$P_{roof} = \frac{\gamma B}{2K\tan\Phi}(1 - e^{-K\tan\Phi \frac{2H}{B}})$$

상기식에서
$$B = 2\left[\frac{b}{2} + m \times \tan\left(45 - \frac{\Phi}{2}\right)\right]$$

where) P_{roof} : 암반하중, K : 토압계수, b : 터널폭

m : 터널높이, H : 토피, B : 지반이완범위

| IV | 터널에서 Terzaghi의 암반상태에 따른 암반하중 분류 및 모델에 대한 설명 |

암반상태	RQD	암반하중(ft)
1. 경질 무결암	95~100	0
2. 경질 층상	90~99	0~0.5B
3. 보통의 절리	85~95	0~0.25B
4. 보통의 균열	75~85	0.25B~0.20($B+H_t$)
5. 심한 균열	30~75	0.20~0.60($B+H_t$)
6. 완전히 파쇄	3~30	0.60~1.10($B+H_t$)
6a. 모래, 자갈	0~3	1.10~1.40($B+H_t$)
7. 보통 압착성	NA	1.10~2.10($B+H_t$)
8. 깊은 압착성	NA	2.10~4.50($B+H_t$)
9. 팽창성 암반	NA	250ft까지

V		Terzaghi의 암반하중 이외에 터널의 암반하중을 산정하는 방법에 대한 고찰

1) Q-system에 의한 평가

$$P_r = \left(\frac{2.0}{J_r}\right) \times Q^{-\frac{1}{3}}$$

where) P_r : 암반하중, J_r : 관계상수, Q : Q-system값

2) RMR에 의한 평가

$$P = \left(\frac{100-R}{100}\right) \times \gamma \times B$$

where) P : 암반하중, γ : 암반단위중량, R : RMR값

3) RSR에 의한 평가

$$W_r = \frac{D}{302}\left(\frac{6,000}{RSR+B}\right) - 70$$

where) W_r : 암반하중, RSR : RSR값

VI	평가(여러 산정방법에 대한 비교검토 제안 중심)

- 터널의 안정해석을 수행할 때 터널 상부에 작용하는 암반이완하중에 대한 올바른 검토가 안정해석 신뢰도를 좌우한다고 해도 과언이 아님. Terzaghi에 의한 검토 방법 이외에 Q-system, RMR, RSR에 의한 평가방법에 대해서도 검토하여 결과치를 비교 검토하는 것이 효과적인 검토방법이라고 제안하는 바임 〈끝〉

서 2. 터널 발파 굴착의 영향으로 주변지반이 이완된 경우 터널 주변의 이완범위와 이완하중 계산 방법에 대하여 설명하시오.

답

I 개요

- 터널 발파 굴착의 영향에 의한 터널 주변의 이완범위는 터널폭, 터널높이, 암반내부마찰각의 함수임
- 터널 발파 굴착의 영향에 의한 터널 이완하중은 토압계수, 터널높이, 토피, 지반이완범위의 함수임
- 본고에서는 터널발파 피해 최소화를 위한 시험발파 및 제어발파를 제안하였음

II 터널발파 영향의 효과적인 검토를 위한 시험발파 사전고찰

⟨터널 시험발파 모식도⟩

⟨회귀분석 Graph⟩

1) 시험발파 전 주민설명회
   - 민원 최소화
2) 시험발파 실시
   - 장약량, 천공간격 등 변화
   - 발파진동, 소음 측정
3) 회귀분석 실시
   - 계측된 장약량, 발파진동의 회귀분석 실시
4) 관리기준

구분	가축류	가옥	건물	철골
kine(cm/sec)	0.1	0.3	1.0	5.0

Ⅲ 터널 발파 굴착의 영향에 의한 터널 주변의 이완범위

- 터널 주변의 이완범위는 아래 식을 통해 산정

$$B = 2\left[\frac{b}{2} + m \times \tan\left(45 - \frac{\Phi}{2}\right)\right]$$

where) b : 터널폭

m : 터널높이

B : 지반이완범위

φ : 암반내부마찰각

〈터널의 이완범위 모식도〉

Ⅳ 터널 발파 굴착의 영향에 의한 터널 이완하중 계산방법

1) Terzaghi 이론

$$P_{roof} = \frac{\gamma B}{2K\tan\Phi}(1 - e^{-K\tan\Phi\frac{2H}{B}})$$

where) K : 토압계수, m : 터널높이, H : 토피, B : 지반이완범위

2) Q-system에 의한 평가

$$P_r = \left(\frac{2.0}{J_r}\right) \times Q^{-\frac{1}{3}}$$

where) P_r : 암반하중, J_r : 관계상수, Q : Q-system값

3) RMR에 의한 평가

$$P = \left(\frac{100 - R}{100}\right) \times \gamma \times B$$

where) P : 암반하중, γ : 암반단위중량, R : RMR값

V	터널 발파 영향의 최소화를 위한 제어발파 고찰
	1) 제어발파의 필요성
	─ 해당 사업의 효과적인 추진을 위함
	─ 사업비 절감, 민원 최소화, 공사기간 적기 추진 등
	2) 제어발파의 종류별 특징

종류	특징
Line Drilling	암반손상 적음, 공사비 고가임
Pre Splitting	평행공 천공, 숙련기술자 요구
Cushion Blasting	견고하지 않은 지반 적용
Smooth Blasting	암반손상 적음, 여굴 적음

VI	평가(도심지 시험발파 및 제어발파 제안 중심)
	─ 터널 사업 추진을 위한 발파 시 지반이 이완되고 발파의 진동, 소음 등 피해가 발생하게 됨. 더욱이 도심지 터널 발파는 중요 구조물의 피해뿐만 아니라 민원 발생 소지가 다분함. 이러한 경우 공사비 증가, 공사기간 연장 등의 문제점이 발생할 수 있음. 도심지 터널 발파 시에는 시험발파 및 제어발파를 수행하여 피해 최소화 검토 요구됨 〈끝〉

서 3. 터널의 설계 및 시공 시 지보타입 결정 방법에 대하여 설명하시오.

답

I. 개요
- 터널의 설계 시에는 RMR과 Q-system의 검토에 의해 지보의 패턴이 결정됨
- 터널의 시공 시에는 암반반응곡선으로 지보설치 시기 결정하고 숏크리트-라이닝 반응곡선으로 패턴 결정함
- 본고에서는 효과적인 터널의 지보타입 결정을 위한 사전 조사, 시험에 대한 내용을 검토하고 터널의 설계, 시공 시의 지보패턴 결정에 대해 기술함

II. 효과적인 터널의 지보타입 결정을 위한 사전 조사 시험에 대한 고찰

〈사전조사〉　　　　〈실내시험〉

[지형도/지질도] → 자료수집 → 시편제작 등
　　　　　　　　　　　↓　　　　　↓
[지장물/주요건물] → 현장조사 → 교란 등 검토
　　　　　　　　　　　↓　　　　　↓
[관협의/관련법규] → 사전 인허가 → K_0시험 등 ← 역해석
　　　　　　　　　　　↓　　　　　↓
[보링/시추] → 지반조사 → 강도정수 산정

〈터널의 지보타입 결정을 위한 조사 및 실내시험 Flow chart〉

III. 터널의 설계 시 지보타입 결정 방법

1) RMR 검토(NATM 계획 시)

구분	강도	RQD	절리상태	절리간격	지하수
점수	15	20	30	20	15

* 절리방향에 대한 보정 후 0~12점 감점

→ 상기의 기준으로 대상 암반의 점수를 매김

→ 좌측의 그래프를 통해 평가점수를 대입하여 "암반을 1~5단계 구분 후 지보타입 결정"

〈RMR 관계 Graph〉

2) Q-system 검토(NMT 계획 시)

$$Q = \frac{RQD}{J_n} \times \frac{J_r}{J_a} \times \frac{J_w}{SRF}$$

where) RQD : 암질지수, J_n : 절리군,

J_r : 절리면거칠기, J_a : 절리면풍화지수,

J_w : 지하수계수, SRF : 응력저감계수

→ 좌측의 그래프를 통해 위의 Q값을 대입하여 "암반을 1~9단계 구분 후 지보타입 결정"

〈Q-system 관계 Graph〉

IV. 터널의 시공 시 지보타입 결정 방법

1) 암반반응곡선

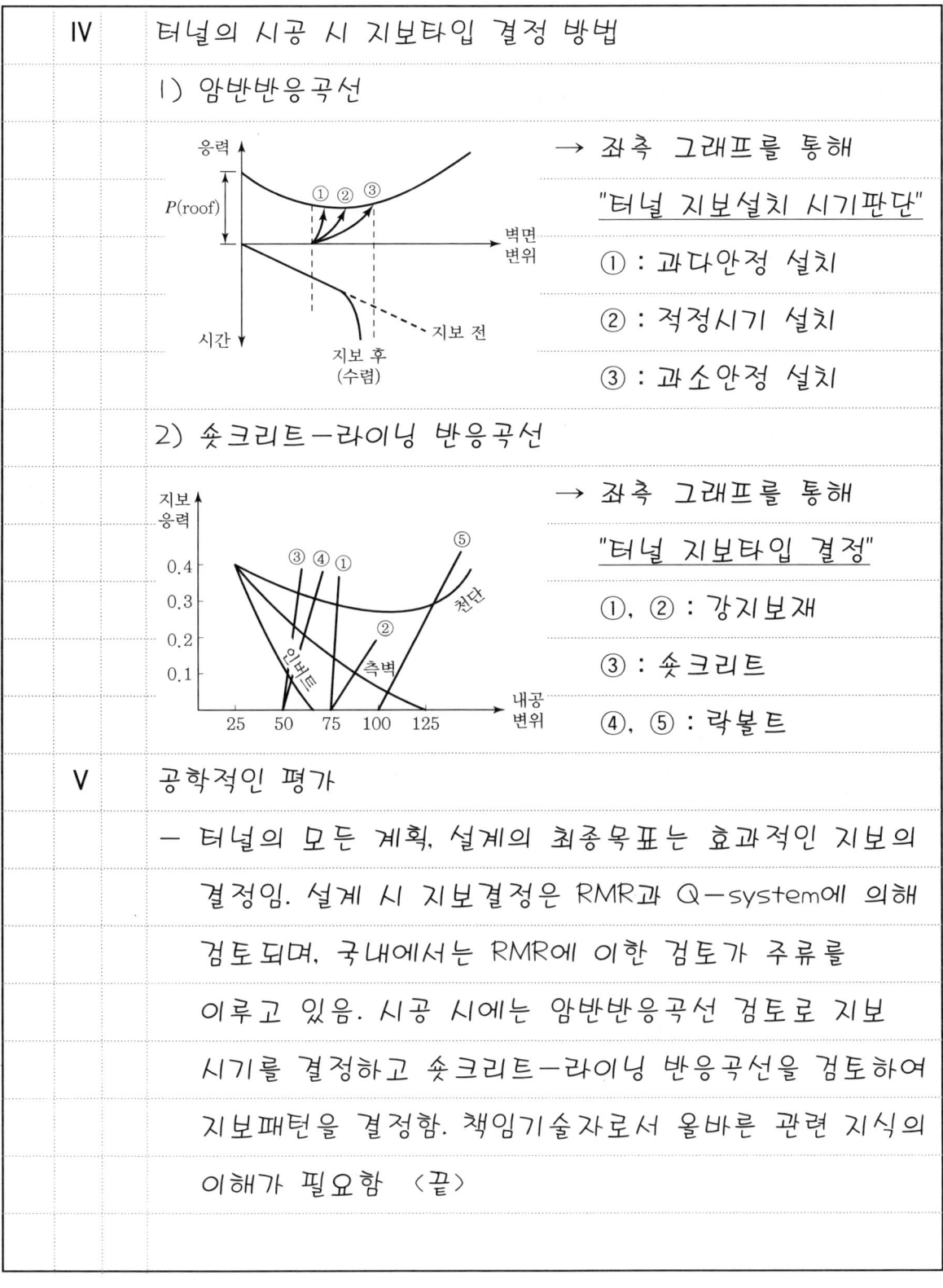

→ 좌측 그래프를 통해 "터널 지보설치 시기판단"
① : 과다안정 설치
② : 적정시기 설치
③ : 과소안정 설치

2) 숏크리트-라이닝 반응곡선

→ 좌측 그래프를 통해 "터널 지보타입 결정"
①, ② : 강지보재
③ : 숏크리트
④, ⑤ : 락볼트

V. 공학적인 평가

- 터널의 모든 계획, 설계의 최종목표는 효과적인 지보의 결정임. 설계 시 지보결정은 RMR과 Q-system에 의해 검토되며, 국내에서는 RMR에 의한 검토가 주류를 이루고 있음. 시공 시에는 암반반응곡선 검토로 지보시기를 결정하고 숏크리트-라이닝 반응곡선을 검토하여 지보패턴을 결정함. 책임기술자로서 올바른 관련 지식의 이해가 필요함 〈끝〉

서 4.		막장 전방에 파쇄대와 같은 불연속면이 존재할 경우의 굴착과정에서 아칭효과와 관련하여 다음 사항에 대하여 기술하시오. 가) 아칭효과가 수직변위의 변화에 미치는 영향 나) 계측관리를 통하여 막장전방의 지반변위를 예측하는 방법
답		
	I	개요 − 아칭효과가 막장안정에 미치는 영향은 긍정적인 영향과 부정적인 영향으로 구분할 수 있음 − 아칭효과가 수직변위의 변화에 미치는 영향은 불연속면과의 거리 차이에 의해 달라짐 − 계측관리를 통하여 막장전방의 지반변위를 예측하는 방법은 Face Mapping과 병행 검토해야 함
	II	막장 전방에 파쇄대 같은 불연속면 존재할 경우 고찰

구분	내용
파쇄대가 막장에 미치는 영향	• 막장의 응력증가 유발 • 막장의 지하수 누수 가능
영향 주는 요인	• 전방에 파쇄대 존재 • 전방에 염암 같은 연약암반 존재
관리 방안	• TSP, 수평보링조사 등 • 철저한 사전 지반조사

Ⅲ 아칭효과가 막장안정에 미치는 영향

1) 긍정적 영향(횡단방향)

→ 좌측 모식도와 같이 "횡단방향으로는 막장안정성 향상 (무지보 자립시간 증가)"

2) 부정적 영향(종방향)

→ 좌측 모식도와 같이 "종방향으로는 막장안정성 저하 (응력 증가)"

Ⅳ 아칭효과가 수직변위의 변화에 미치는 영향

$* \sigma_1' = \sigma_1 - \Delta\sigma$
$\sigma_3' = (\sigma_3 - \Delta\sigma)K_0$

〈수직변위 영향 모식도〉 〈관련 Mohr's Circle〉

1) <u>불연속면과 적정거리 유지 시</u>

→ 수직변위가 발생하여, Arching Effect에 의해 "막장안정성 향상 경향"

2) <u>불연속면 근접 시</u>

→ 수직변위 증가 < 종방향변위 증가 → <u>"매우 불안정"</u>

V. 계측관리를 통하여 막장전방의 지반변위를 예측하는 방법

1) 계측목적
   - 터널 막장의 안정성 지속적 유지관리

2) 계측방법

   〈터널막장 계측 모식도〉

   → 좌측 모식도와 같이 응력계와 변형률계 등 설치하여

   → "영향선과 경향선의 상관관계 검토"

3) 계측치 관리

   〈터널 Face Mapping 단면 진행 모식도〉

   → 상기의 모식도와 같이 "Face Mapping 단면의 진행과 계측치를 함께 검토"하여 관리치 초과 시 설계 재검토

〈끝〉

서 5. 배수형 터널과 비배수형 터널의 비교

답

I. 개요
- 터널의 배수형태를 중심으로 검토하면 배수형 터널과 비배수형 터널로 구분할 수 있음
- 배수형 터널은 배수시설과 지보 등으로 구성되며 배수시설중심의 시공성과 수위변화에 유연하게 대처한다는 장점과 유지관리비는 고가인 단점의 특징이 있음
- 비배수형 터널은 방수시설과 지보 등으로 구성되며 방수시설중심의 시공성과 유지관리비는 저렴하다는 장점과 초기시공비는 고가인 단점의 특징이 있음

II. 효과적인 배수형 터널과 비배수형 터널의 설계를 위한 사전 조사, 시험에 대한 고찰

〈사전조사〉   〈실내시험〉

[지형도, 지질도] → 자료수집 → 시편제작 등
            ↓   ↓
[지장물, 주요건물] → 현장조사   교란 등 검토
            ↓   ↓
[관협의, 관련법규] → 사전 인허가 K_0시험 등 ← 역해석
            ↓   ↓
[보링, 시추] → 지반조사 →   강도정수 산정

〈터널 설계를 위한 조사 및 실내 시험 Flow chart〉

III. 물이 터널지반의 공학적 안정에 미치는 영향

1) 기본개념

$\tau_f = C + \sigma' \tan\Phi$ 에서
↓
$\sigma' = \sigma - u$
↓
$u = hp \times \gamma w$

→ $hp = hw \pm \Delta h$
↓
물의 침투발생
↓
지반유효응력 저하

2) 지반의 공학적 안정에 미치는 영향

구분	전응력	간극수압	유효응력	강도
상향침투시	Constant	상승	감소	감소경향
하향침투시	Constant	감소	상승	증가경향

→ 전응력이 일정(Constant)하다고 사전 가정한다면
 "침투에 의한 간극수압과 유효응력은 반비례 관계"임

IV. 배수형 터널과 비배수형 터널의 비교

구분		배수형 터널	비배수형 터널
공통점		터널의 한 공법의 종류임	
차이점	구성	배수시설, 지보	방수시설, 지보
	시공	배수시설중심	방수시설중심
	장점	수위변화유연	유지비 감소
	단점	유지비 증가	초기시공비 증가
	원리	(정상류)	

	V	배수터널 적용 시 지하수 유입관련 검토
		1) 검토목적

- 공학적 : 배수터널의 안정성, 유지관리 용이 증가
- 일반적 : 유지관리비 절약, 주변피해 최소화

2) 유입량 산정식

$$Q = \frac{2\pi k H_0}{\ln(2H/r)}$$

where) H_0 : 수두차, H : 침투거리, r : 터널반경

3) 유입관련 검토

- 정상류 : 유입량이 충분 → 배수관리 용이
- 비정상류 : 유입량이 불충분 → 배수시설 유지관리 필요

VI 공학적인 평가

- 우리나라는 산지가 전국에 걸쳐 분포하고 있음. 때문에 터널의 설치가 필수적으로 이루어지고 있는 실정임. 지반조사 후에 분석하여 배수형 터널이 유리한지 비배수형 터널이 유리한지 확인 후 적합한 터널공법을 적용하는 것이 사업 추진의 효율성을 좌우한다고 해도 과언이 아님 〈끝〉

서 6. 지반조사 과정에서 발견된 대규모의 단층대에서 과압밀된 단층점토와 단층각력이 혼재된 층이 수백 미터의 폭과 깊이로 발달된 것이 확인되었다. 이곳을 관통하는 터널을 계획하고자 할 때 고려사항에 대해서 답하시오.

1) 단층의 규모와 특성을 파악하기 위한 현장조사, 탐사 및 시험의 종류를 쓰시오.
2) 단층대 내의 점토의 특성을 규명하기 위한 실내 및 현장시험법과 그 결과를 터널해석에 활용하는 기법을 쓰시오.
3) 이러한 지역에서 안전한 터널굴착을 위한 단면 설계법과 보강대책공법에 대해서 쓰시오.

답

I 과압밀 단층점토, 단층각력 혼재된 단층대 지반 거동특성

1) 강도특성

→ 좌측의 그래프와 같이
① 일반 지반
② 단층대 지반
→ 일반 지반의 강도특성 우월

2) 전단거동특성

→ 좌측의 그래프와 같이
① 일반 지반
② 단층대 지반
→ 일반 지반의 전단특성 우월

II	단층의 규모, 특성 파악 위한 현장조사, 탐사, 시험의 종류	
	구분	종류
	현장조사, 탐사	시추조사, 탄성파탐사, 전기비저항 탐사, TSP
	현장시험	초기응력 시험, 루전테스트, 베인전단시험, CPTu
	실내시험	일축압축, 삼축압축 시험

III	단층대 내의 점토의 특성을 규명하기 위한 실내 및 현장 시험법과 결과를 터널해석에 활용하는 기법	
	실내 및 현장시험법	활용 기법
	단층점토 함수비시험	단층 거동, 투수성 검토
	Sliken Side 방향성	단층 보강, 굴착 검토
	거칠기 시험	단층의 전단강도 검토
	X회절, SEM	점토광물 분석, 팽창성 검토
	팽윤시험	인버트 설치여부, 지보패턴

IV 이러한 지역에서 안전한 터널굴착을 위한 단면 설계법과 보강대책공법에 대한 검토

1) 단면설계법

⟨Ring Cut⟩   ⟨Silot⟩   ⟨중력식⟩

2) 보강대책공법

- 지반 : Fore Poling, 강관다단그라우팅 등
- 지수 : LW공법, SGR공법, MSG공법 등
- 막장안정 : 숏크리트, 락볼트, 스틸리브 등

V 단층대 터널의 효과적인 유지관리를 위한 계측관리 제안

1) 계측목적

　　- 단층대 터널의 안정성을 위한 지속적 유지관리

2) 계측방법

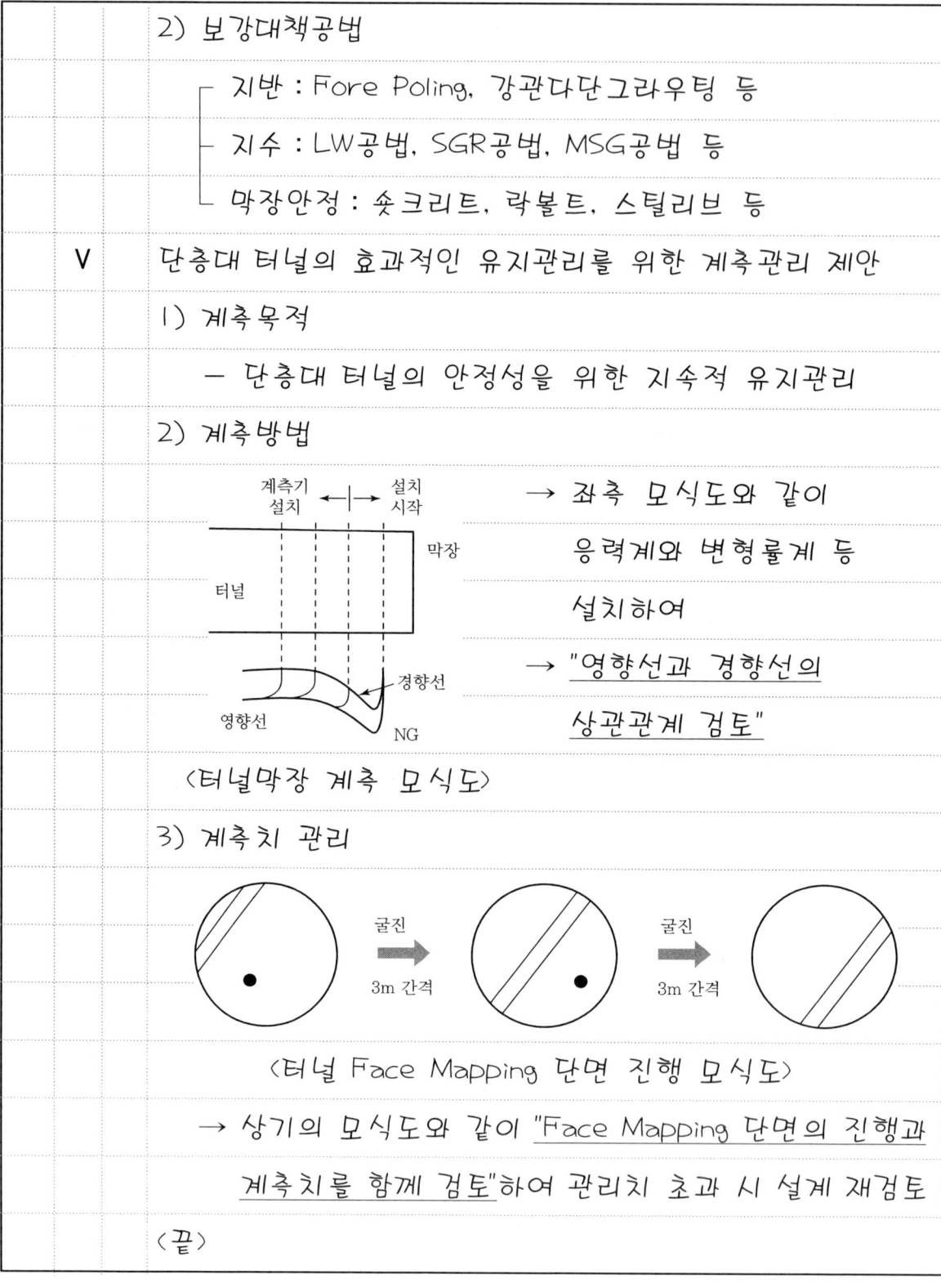

→ 좌측 모식도와 같이 응력계와 변형률계 등 설치하여

→ "영향선과 경향선의 상관관계 검토"

〈터널막장 계측 모식도〉

3) 계측치 관리

→ 상기의 모식도와 같이 "Face Mapping 단면의 진행과 계측치를 함께 검토"하여 관리치 초과 시 설계 재검토

〈끝〉

Appendix

부록

1. 토질및기초기술사 출제빈도 동향분석(114~130회)
2. 토질및기초기술사 출제문제 분석(108~130회)
3. 토질및기초기술사 필기 수험기간 동향분석(2016~2022년)
4. 토질및기초기술사 필기 응시연령 동향분석(2016~2022년)

1 토질및기초기술사 출제빈도 동향분석(114~130회)

[출처 : Q-net]

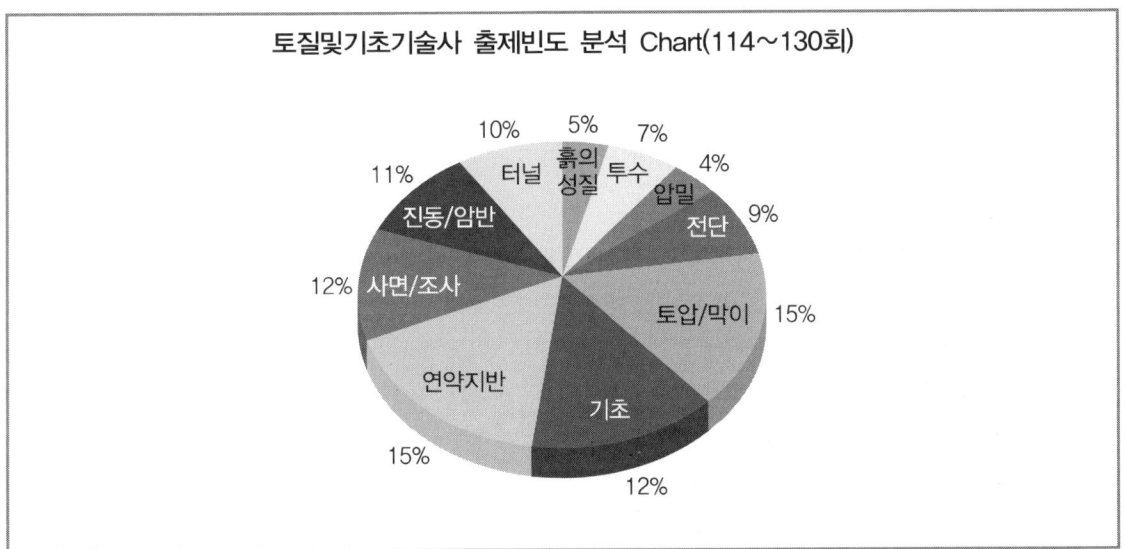

○ 출제빈도 총괄 동향분석(114~130회)

시행연도 (회차) 구분	2018			2019			2020			2021			2022			2023		빈도 (계)	빈도 (%)
	114	115	116	117	118	119	120	121	122	123	124	125	126	127	128	129	130		
흙의 성질	1	5	1	0	1	3	2	3	1	1	1	2	1	1	1	1	1	26	5
투수	3	3	2	2	0	2	2	0	1	1	6	3	2	1	3	4	1	36	7
압밀	2	2	3	1	3	2	1	0	1	2	1	1	2	2	1	0	0	24	4
전단	3	2	2	4	2	0	3	2	4	3	4	1	3	5	3	3	2	47	9
토압/막이	1	7	5	4	6	4	4	8	4	3	5	3	6	4	5	4	4	77	15
기초	6	3	6	1	4	3	3	5	6	5	3	3	1	4	1	3	7	62	12
연약지반	5	4	1	7	3	8	6	5	3	7	4	12	5	5	1	3	3	82	15
사면/조사	5	0	2	4	4	6	4	4	4	3	2	1	3	4	7	5	6	64	12
진동/암반	3	4	6	5	5	2	5	4	2	4	1	2	2	2	3	5	1	56	11
터널	2	1	3	3	3	1	1	2	5	2	4	3	6	3	5	3	6	53	10
TOTAL	31	31	31	31	31	31	31	31	31	31	31	31	31	31	31	31	31	527	100

2 토질및기초기술사 출제문제 분석(108~130회)

[출처 : Q-net]

1. 흙의 성질

구분	출제문제	회차
흙의 성질	• Quick Clay(10점) • Kögler의 근사해법(10점) • 점토의 건조작용(10점) • 팽창성 흙의 특성과 팽창가능성 판단방법을 설명하시오.(25점)	109회
	• 흙의 생성기원에 따라 토층을 분류하고 공학적 특성을 설명하시오.(25점) • 유한요소법해석에 의한 지반모델링에서 초기지중응력(Initial Stress Condition)의 설정 방법에 대하여 설명하시오.(25점)	110회
	• 틱소트로피(Thixotropy)현상(10점)	111회
	• IGM(Intermediate Geomaterial)(10점)	112회
	• Quick Clay와 Quick Sand(10점)	113회
	• 이온교환능력(10점)	114회

	• 점토광물과 물의 상호작용이 점토에 미치는 영향(10점)
	• 지중응력 영향계수 및 압력구근(10점)
	• 석화(Lithification)(10점)
	• A시료, B시료에 대하여 입도분석시험 결과가 아래와 같을 때, 다음 질문에 답하시오.
	  1) A시료, B시료를 통일분류법으로 분류
	  2) A시료와 같은 기초지반의 공학적 특성치 결정 시 고려사항(25점)
	• 흙과 암반의 이방성이 지반공학적 특성에 미치는 영향에 대하여 설명하시오.(25점)
		115회

	• 통일분류법(10점)	116회
	• 뉴마크(Newmark)의 영향원(10점)	118회
	• 확산이중층(Diffuse Double Layer)(10점) • 사질토의 겉보기 점착력(10점) • 점토광물을 구성하는 기본구조와 2층 구조 및 3층 구조 점토광물에 대하여 설명하시오. (25점)	119회

구분	출제문제	회차
흙의 성질	• 토량환산계수(10점) • 아래 그림과 같이 높이 6m, 단위중량 18kN/m³인 제방이 지표면 위에 설치되어 있을 때, 제방 하부 5m 깊이(z)에 있는 점 A1과 점 A2 위치에서의 수직응력 증가량을 각각 구하시오.(25점)	120회
	• 분산성 점토(Dispersive Clay)(10점) • 조립토와 세립토의 공학적 특성(10점) • 벤토나이트(Bentonite) 용액의 정의와 기능(10점)	121회
	• 흙의 소성도(Plasticity Chart)(10점)	122회
	• 붕적토(Colluvial Soil)(10점)	123회
	• 혼합토의 정의와 지반공학적 거동(10점)	124회
	• 비소성(Non-Plastic, NP)의 공학적 특성(10점) • 통일분류법(USCS)에서 조립토와 세립토의 분류방법과 공학적 활용방안에 대하여 설명하시오.(25점)	125회
	• IGM(Intermediate Geo-Material)의 정의(10점)	126회
	• 소성지수와 점토의 압축성(10점)	127회
	• 점토의 활성도(10점)	128회
	• 이중층(Double Layer)의 지반공학적 특성(10점)	129회
	• 흙의 생성기원 및 토층별 공학적 특성에 대하여 설명하시오.(25점)	130회

2. 투수

구분	출제문제	회차
투수	• 축조된 지 10년이 경과된 댐의 집수정에서 탁수발생과 누수량이 증가되고 있다. 이러한 문제가 발생될 수 있는 원인에 대하여 설계 및 시공 측면에서 설명하고, 대책을 기술하시오.(25점) • 파이핑에 대한 검토방법 중 Terzaghi에 의한 방법, 한계동수 경사에 의한 방법, 크리프비에 의한 방법을 각각 설명하고, 파이핑 방지대책을 제시하시오.(25점) • 사력댐(Rockfill Dam) 내진성능평가 시 수행절차 및 세부내용을 설명하시오.(25점)	108회
	• 수정동결지수(10점) • 유선망(10점)	109회

	• 심벽형 댐에서의 수압파쇄 발생원인 및 방지대책(10점)
	• 다음과 같은 조건의 층상토지반 등가투수계수를 구하는 방법에 대하여 설명하시오.
	  1) 수평방향 흐름 시
	  2) 연직방향 흐름 시(25점)
		110회

	• 댐의 계측치 경시변화를 통한 안정성 평가방법에 대하여 설명하시오.(25점) • 제방기초 하부에서 발생하는 문제점들을 고려한 기초지반 보강방법을 설명하시오.(25점) • 흙속의 물의 흐름에서 유선망, 침윤선의 개념과 작도방법에 대하여 설명하시오.(25점)	111회
	• 흙속에서 물의 모관상승(10점)	112회
	• 코아댐에서의 수압파쇄(Hydraulic Fracturing)현상(10점) • 아래 그림은 콘크리트 암거(Bos Culvert)이다. 최악의 경우를 고려하여 부상을 막을 수 있는 최소 콘크리트의 두께를 결정하시오(단, 안정률은 1.2이다). 만약 암거가 부상을 하는 경우 부상방지 대책방안에 대하여 설명하시오.(25점)	113회
	• 동결현상, 동상현상, 동결심도(10점) • 필댐에서의 내부 침식에 의한 사면붕괴 및 파이핑의 원인 및 대책에 대하여 설명하시오.(25점) • 현재 지하수위는 지표면에 위치하여 있으나, 과거에는 지하수위가 지표면으로부터 최대 3m 아래 있었던 점토지반의 단위중량(rt)은 $17kN/m^3$이다. 이때, 현재 유효상재하중(Po′), 선행압밀하중(Pc′) 및 과압밀비(OCR)에 대하여 심도 10m까지 심도별 분포도를 작성하시오.(25점)	114회
	• Darcy법칙의 가정조건 및 활용성(10점) • 포화된 흙속을 통해 흐르는 물의 유출속도(Discharge Velocity)와 침투속도(Seepage Velocity)의 관계를 유도하여 설명하시오.(25점)	115회

구분	출제문제	회차
투수	• 투수계수에 대하여 다음 질문에 답하시오. 　1) 투수계수 산정방법 　2) 실내 실험을 통해 얻은 투수계수 결과치의 신뢰성이 떨어지는 이유 　3) 암반의 투수성 평가 시 투수계수를 사용하지 않고 루전값을 활용하는 이유(25점)	115회
	• 유선망을 이용하여 파악할 수 있는 지하수 흐름 특성(유량, 간극수압, 동수경사, 침투수압)에 대하여 설명하시오.(25점) • 도심지 중앙으로 통과하는 하천제방의 붕괴원인과 누수조사 방법 및 대책에 대하여 설명하시오.(25점)	116회
	• 콘크리트 표면 차수벽형 석괴댐(CFRD) 계측 설계 시 착안사항과 계측의 항목 선정 및 목적에 대하여 설명하시오.(25점) • 구조물을 설치하기 위한 부력 검토방법과 안정화 대책을 설명하시오.(25점)	117회
	• 투수계수에 영향을 미치는 요소를 설명하시오.(25점) • 흙의 동해와 방지대책을 설명하시오.(25점)	119회
	• 동결융해에 의한 지반의 연화(軟化)현상(10점) • 지반을 통과하는 물의 흐름방향(상향, 하향, 정지)에 따른 지반 내 임의 점에서의 유효응력 변화를 설명하고, 이를 토대로 한계동수경사와 분사현상(Quick Sand), 히빙(Heaving)에 대하여 설명하시오.(25점)	120회
	• 가중크리프비(Weighted Creep Ratio)(10점)	122회
	• 대규격제방(Super Levee)의 정의와 설계 시 고려 사항에 대하여 설명하시오.(25점)	123회
	• 침투수력(Seepage Force)(10점) • 지수주입(Curtain Grouting) 및 밀착주입(Consolidation Grouting)(10점) • 수리구조물 하류부에 발생하는 파이핑(Piping) 발생원인, 안전성 평가방법 및 방지대책에 대하여 설명하고, 다음 두 경우의 파이핑에 대한 안전성을 비교 설명하시오.(25점) • 흙의 투수계수 결정방법에 대하여 설명하시오.(25점) • 다음 그림과 같이 2종류의 흙을 통과하여 물이 아래로 흐르고 있는 세로방향의 튜브(Tube)에 대하여 다음 물음에 답하시오.(단, Soil I의 단면적 A = 0.37m², 간극률 n = 1/2, 투수계수 k = 1.0cm/sec, Soil II의 단면적 A = 0.185m², 간극률 n = 1/3, 투수계수 k = 0.5cm/sec이다.) 　1) 튜브 각 위치별 압력수두(점선), 위치수두(일점쇄선), 전수두(실선)를 그래프에 표시하시오. 　2) (Soil I)에 흐르는 평균유속과 침투유속을 구하시오. 　3) (Soil II)에 흐르는 평균유속과 침투유속을 구하시오. 　4) 튜브 각 위치별 유속의 크기를 그래프에 표시하시오.(25점)	124회

구분	출제문제	회차
투수	• 지반 내 물의 2차원 흐름에 대하여 정상류 흐름의 기본방정식은 $k_x \dfrac{\partial^2 h}{\partial x^2} + k_z \dfrac{\partial^2 h}{\partial z^2} = 0$으로 유도된다. 이때 다음을 설명하시오. 1) 유선망을 이용한 이방성 흙의 투수문제에 적용할 수 있도록 위의 기본방정식을 이방성 투수방정식으로 변환하시오. 2) 변환된 투수방정식을 이용한 유선망의 작도방법과 침투수량 산정방법에 대하여 설명하시오. 3) 등가투수계수 $k_e = \sqrt{k_x k_z}$ 임을 증명하시오.(25점)	124회
	• 유선망 도해법에서 유선과 등수두선의 특징(10점) • 필댐(Fill Dam)의 안정성 검토항목(10점) • 필댐(Fill Dam)의 제체에 나타나는 주요 손상(균열, 변위 등)의 종류와 발생 원인에 대하여 설명하시오.(25점)	125회
	• 필댐의 필터재 정의 및 조건(10점) • 투수계수 측정방법 및 투수계수에 영향을 미치는 요소를 설명하시오.(25점)	126회
	• 구조물이 지하수위 아래에 건설된 경우 발생되는 양압력의 정의와 대책 방안 및 설계 시 고려사항에 대하여 설명하시오.(25점)	127회
	• 투수계수가 이방성인 지반의 유선망 작도(10점) • 흙댐에서의 간극수압비(B)와 사면안정해석에서의 간극수압비(γ_u)(10점) • 침윤선(Seepage Line)과 침투압(Seepage Pressure) 필댐(Fill Dam) 축조재료의 시험성토에 대하여 설명하시오.(25점)	128회

	• 파이핑(Piping)(10점)
	• 하천제방의 누수원인 및 누수에 대한 안정검토 방법에 대하여 설명하시오.(25점)
	• 그림과 같은 기초공사를 위한 굴착단면에서 h = 6m, L_1 = 4m, L_2 = 3m, L_3 = 10m일 때, 분사현상에 대한 안전율을 구하고, 분사현상에 대하여 설명하시오.(25점)
	• 필댐(Fill Dam)의 설계 및 시공 시 아래 사항에 대하여 설명하시오.
	  가. 코어존(Core Zone)의 역할
	  나. 코어존(Core Zone)의 습윤측 다짐 이유(25점)
		129회

	• 제방에서 제체, 기초지반의 누수방지 대책에 대하여 설명하시오.(25점)	130회

3. 압밀

구분	출제문제	회차
압밀	• 미완압밀 점성토(Underconsolidated Clay)의 발생원인과 대책(10점) • 응력경로법(Stress Path Method)으로 침하량을 산정하는 방법(10점) • 압밀침하현상에 대하여 1차압밀이 종료된 후 2차압밀이 발생한다는 가정 A(Hypothesis A)와 2차압밀은 1차압밀과 관계없이 압밀전체의 과정동안 발생한다는 가정 B(Hypo-thesis B)가 있다. 두 가정에 대하여 설명하시오.(25점)	108회
	• 평균압밀도(10점) • 사질토 지반의 탄성침하량을 산정하는 방법에 대하여 설명하시오.(25점) • 선행압밀하중(Pre-consolidation Pressure)에 대하여 설명하시오.(25점)	109회

	• 압밀과 다짐의 차이(10점)
	• 연약점성토지반에서 실측침하량이 설계침하량과 차이가 나는 이유(10점)
	• 포화점토지반에서 다음 사항을 설명하시오.
	  1) 무한등분포하중 작용 시 즉시침하가 발생되지 않는 이유
	  2) 유한면적하중 작용 시 즉시침하가 발생되는 이유(25점)
	• 정규압밀점토와 과압밀점토의 차이점에 대하여 아래 내용을 설명하시오.
	  1) 물리적성질
	  2) 축차응력-변형률곡선 및 간극수압-변형률곡선(25점)
		110회

	• 피압대수층(10점) • Terzaghi 1차원 압밀방정식과 2차원 침투방정식을 설명하시오.(25점) • 과소압밀(Under Consolidated) 점토지반에 대하여 설명하시오.(25점)	111회
	• 정규압밀점토에 대하여 Schmertmann이 제안한 원지반 간극비-하중곡선 결정방법에 대하여 설명하시오.(25점)	112회
	• 평균압밀도(10점) • log(압밀계수산정)(10점)	113회
	• 압축곡선과 압밀곡선 차이(10점) • 평균압밀도와 시간계수의 관계(10점)	114회

	• 2차 압밀침하(10점)
	• 정규압밀점토에서 $\sigma'_o = 50kN/m^2$, $e_o = 0.81$이고 $\sigma'_o + \Delta\sigma' = 120kN/m^2$일 때 $e = 0.7$로 주어졌다. 앞의 하중범위 내에서 다음을 구하시오.(단, 점토의 투수계수 $k = 3.1 \times 10^{-7} m/sec$, $r = 10kN/m^3$)
	  1) 현장에서 4m 두께의 점토(양방향 배수)가 50% 압밀되는 데 걸리는 시간
	  2) 50% 압밀 시 침하량(25점)
		115회

구분	출제문제	회차
압밀	• 아이소크론(Isochrone)(10점) • 이차압밀침해(10점) • 모래자갈로 구성된 피압대수층의 상부에 연약점토지반이 존재한다. 지반개량을 위해서 연직배수재를 부분관입 시켰을 경우 피압이 점토지반의 압밀거동에 미치는 영향에 대하여 설명하시오.(25점)	116회
	• 2차원흐름 기본방정식과 Terzaghi 1차원 압밀방정식의 기본 가정조건과 산출방법에 대하여 설명하시오.(25점)	117회

	• Terzaghi 압밀방정식의 기본가정과 문제점(10점)
	• 점토를 과압밀비(OCR)로 구분하고 그에 대한 역학적 특성을 비교 설명하시오.(25점)
	• 점토층은 정규압밀점토이며, 지표면에는 150kN/m²의 하중이 작용하고 있다. 다음 물음에 답하시오.(단, γ_w = 10kN/m³ 적용)
	  1) 점토층의 압밀침하량
	  2) 점토층의 압밀침하량이 45cm에 도달했을 때의 평균압밀도와 소요일수(25점)
		118회

	• 압밀계수의 정의, 실내시험에서 압밀계수 결정방법 및 적용방법에 대하여 설명하시오.(25점)
	• Schmertmann의 원지반 간극비 – 하중곡선 결정방법에 대하여 다음 사항을 설명하시오.
	  1) 정규압밀점토의 경우
	  2) 과압밀점토의 경우(25점)
		119회

	• 자연함수비(Wn) 50%, 비중(Gs) 2.7인 포화 점성토층이 8m 두께로 분포하고 있으며, 지반개량을 실시하여 1차압밀 완료까지 걸리는 시간은 1.5년, 1차압밀 침하량은 150cm가 예측된다. 지반개량 후 현 시점에서의 함수비(w)가 36%이고 2차 압축지수(Cα)가 0.02인 경우 다음을 구하시오.
	  a) 지반개량 후 현 시점에서의 평균 압밀도(Ut)
	  b) 1차압밀 완료 후 간극비(ep)
	  c) 1차압밀 완료 후 5년 경과 시 2차압밀 침하량(Ss)(25점)
		120회

	• 그림과 같이 지표면에 무한대로 넓은 범위로 100kN/m²의 하중이 작용되었다. Cv = 1.25m²/yr, e = 0.88 − 0.32log(σ'/100)이다. 단, 점토하부는 불투수층이다.
	  1) Terzaghi 식을 이용하여 전체 압밀침하량을 구하시오.
	  2) Terzaghi 근사식을 이용하여 재하 2년 후의 시간계수, 압밀도, 침하량을 구하시오.(25점)
		122회

구분	출제문제	회차
압밀	• 2차 압축지수와 2차 압축비의 상관관계(10점) • 연약점토지반 투수계수 및 체적압축계수의 압밀 진행에 따른 변화 특성에 대하여 설명하시오.(25점)	123회
	• 유한변형률 압밀이론(10점)	124회
	• 압밀계수 결정방법(log t법, $\sqrt{t}$ 법)(10점)	125회
	• 셰일(Shale)의 지반공학적 특성과 Slaking(10점) • Consolidation중 Self-Weight Consolidation, Hydraulic Consolidation 및 Vaccum Consolidation의 원리, 효과 및 문제점을 비교 설명하시오.(25점)	126회
	• 표준 압밀시험 결과를 이용하여 흙의 물성치를 결정하는 방법에 대하여 설명하시오.(25점) • 포화된 점토지반에 압밀이 발생하게 되면 강도 증가와 함께 토질 특성의 변화가 발생한다. 압밀 진행에 따른 투수계수와 체적압축계수의 변화 특성에 대하여 설명하시오.(25점)	127회
	• 1차원 압밀시험으로부터 구할 수 있는 토질정수들과 압밀해석에서 각각의 용도에 대하여 설명하시오.(25점)	128회

4. 전단

구분	출제문제	회차

전단	• 정규압밀점토의 압밀 – 비배수(CU) 전단강도특성(10점)
	• π – 평면에 투영된 Mohr – Coulomb의 파괴포락선과 흙의 거동(10점)
	• 광범위한 지역(2.5km×2.0km)에 걸쳐 다양한 두께의 연약점성토지반이 분포할 것으로 예상되는 지역에 제철공장을 신축하려고 한다. 제철공장과 관련된 각종 구조물과 부대시설 건설을 위해 타당성 검토(Feasibility Study)를 수행할 목적으로 연약점성토 지반의 공학적 특성을 파악하고자 한다. 다음 사항에 대하여 설명하시오.
	  1) 지반조건이 공장시설에 미칠 것으로 예상되는 문제점
	  2) 지역별, 깊이별로 각 연약점토층을 대표하는 흐트러지지 않은 시료(Undisturbed Sample) 채취계획 수립
	  3) 흐트러지지 않은 시료의 질(Quality)을 떨어뜨리는 각종 인자들
	  4) 실내시험으로 흐트러지지 않은 시료의 질(Quality)을 파악하는 방법과 그렇게 하는 이유(25점)
	• 포화된 점성토지반의 시공현장에서 발생할 수 있는 모든 외력조건에 따른 삼축압축 시험결과의 활용방법에 대하여 설명하시오.(25점)
		108회

	• 제체수위 강하에 따른 간극수압비(10점) • JCS(Joint Compressive Strength)(10점) • 탄소성이론을 바탕으로 한 지반해석 프로그램이 실무에 사용되고 있다. 지반 재료의 구성모델에서 소성이론을 구성하는 기본요소에 대하여 설명하시오.(25점) • 포화토와 불포화토의 전단특성에 대하여 설명하시오.(25점) • 삼축압축시험 결과를 활용하여 최적의 강도정수를 결정하는 방법에 대하여 설명하시오.(25점)	109회

	• Henkel의 간극수압계수(10점)
	• 모래의 전단강도에 영향을 주는 요소 중 중간주응력(10점)
	• 정규압밀점토와 과압밀점토의 차이점에 대하여 아래 내용을 설명하시오.
	  1) 물리적 성질
	  2) 축차응력 – 변형률곡선 및 간극수압 – 변형률곡선(25점)
		110회

	• 응력불변량(10점) • 삼축압축시험 시 간극수압계수에 대하여 설명하시오.(25점)	111회

구분	출제문제	회차
전단	• 응력경로(10점) • 회복탄성계수(10점) • 숏크리트 잔류강도등급(10점) • 모래, 점성토 지반의 전단강도를 산출하기 위해서 일반적으로 시행하는 실내시험방법 3가지에 대하여 설명하시오.(25점)	112회
	• Mohr원(10점) • 한계간극비(10점) • 흙에서의 일축압축시험(10점) • 평면변형률 조건(10점) • 지반반력계수(10점) • 모래의 전단강도와 응력-변형거동에 미치는 환경 요인을 포함한 영향 요소에 대하여 설명하시오.(25점)	113회
	• 점성토와 사질토 지반의 전단강도 특성과 함수비가 높은 점성토 지반의 처리대책에 대하여 설명하시오.(25점) • 지반반력계수(Modulus of Subgrade Reaction)를 정의하고 선형 또는 비선형 반력계수가 기초구조물 해석 시 어떻게 사용되는지 설명하시오.(25점) • 비배수 전단 시 체적팽창(Dilative) 시료와 체적압축(Contractive) 시료의 거동을 비교 설명하시오.(25점)	114회

	• 간극수압계수의 종류와 삼축압축시험을 통한 산정방법 및 결과이용에 대하여 설명하시오.(25점)
	• UU, CKoU, CIU 삼축압축시험에 대해 다음 질문에 답하시오.
	  1) 각 시험에 대한 응력경로를 p-q Diagram 도시
	  2) 현장 흙의 응력 상태를 재현하기 위해 UU, CIU 시험에서 가정한 조건과 실제와의 차이점
	  3) UU, CKoU, CIU시험의 실무적용(25점)
		115회

	• 주응력과 주응력면(10점) • 모래의 전단강도에 영향을 미치는 요소에 대하여 설명하시오.(25점)	116회
	• 지반의 강성과 강도(10점) • 점토의 연대효과(Aging Effect)(10점) • 흙의 취성지수(10점) • 불교란 시료를 채취하여 실내시험을 하고자 한다. 채취된 시료에 대한 실내시험으로부터 교란도를 평가하는 방법을 설명하시오.(25점)	117회

구분	출제문제	회차
전단	• 현장 및 실내시험에 의한 시료의 교란도 평가에 대하여 설명하시오.(25점) • 모래의 전단강도에 영향을 미치는 요소에 대하여 설명하시오.(25점)	118회
	• 지반반력계수와 탄성계수(10점) • 이력곡선(10점) • 포화점토지반 위에 고성토의 6차로 고속도로 건설 시 성토체 하부의 점토지반을 통과하는 가상파괴면상의 임의의 점에 대한 공사기간 중(착공~완공), 공사완료 후(완공~정상침투상태까지) 전단응력, 전단강도, 안전율의 변화를 설명하시오.(25점)	120회
	• 회복탄성계수(Resilient Modulus)와 동탄성계수(Dynamic Elastic Modulus)(10점) • 모래의 마찰저항과 억물림 효과(Interlocking Effect)(10점)	121회
	• SHANSEP 방법(10점) • 교란된 흙을 이용하여 3축압축시험용 공시체를 만들고자 한다. 공시체 제작 방법과 시험 중 발생하는 공시체의 단면적 변화에 대한 보정 방법을 설명하시오.(25점) • 매우 조밀한 모래나 과압밀된 점성토 시료로 비배수삼축압축시험을 수행하면 부의 간극수압과 다일러턴시현상이 발생한다. 그러나 이러한 지반에 실제 구조물을 축조하면 이와 같은 현상이 발생하지 않는 경우가 일반적이다. 그 이유를 설명하시오.(25점) • 간극률이 0.4인 모래를 구속압력($\sigma 3$) 200kN/m^{2}로 통상의 배수삼축압축시험을 수행하여 그림과 같은 결과를 얻었다. 이 시험조건에서 포아송비에 대한 식을 유도하고 포아송비를 구하시오.(이때 시료는 선형탄성거동을 보이는 것으로 가정한다.)(25점)	122회
	• 잔류강도(10점) • 흙의 응력-변형률 곡선으로부터 얻을 수 있는 계수의 종류 및 활용방안에 대하여 설명하시오.(25점) • 소성유동법칙(Plastic Flow Rule)에 대하여 설명하시오.(25점)	123회
	• 점토와 모래의 전단 시 거동 특성(10점) • 정규압밀점토(NC)의 강도증가율(10점) • 계수(Modulus)의 종류 및 특성(10점) • 지반조사 시 채취된 시료의 교란도 평가방법에 대하여 설명하시오.(25점)	124회
	• 동다짐(Dynamic Compaction)과 동치환(Dynamic Replacement)(10점)	125회
	• 노상토의 지지력비(CBR) 결정방법을 설명하고, 설계CBR과 수정CBR을 비교 설명하시오.(25점) • 지표 하부 매설강관의 유지관리 시 지반공학적 관점에서 유의사항을 설명하시오.(25점)	126회

구분	출제문제	회차
전단	• 흙의 다짐 중 다짐함수비에 따른 점토의 구조와 특성변화에 대한 다음 사항을 설명하시오. 1) 다짐함수비에 따른 점토의 구조변화 2) 다짐함수비에 따른 투수계수의 변화 3) 다짐함수비와 다져진 점토의 압축성 비교 4) 다짐함수비에 따른 점토의 전단강도 변화(25점)	126회
	• 응력 불변량(10점) • Mohr 원상의 평면기점(Origin of plane)(10점) • 불교란 시료 채취 시 교란의 원인과 실내시험을 활용한 교란도 평가방법에 대하여 설명하시오.(25점) • 다짐조건에 따른 점성토의 공학적 특성에 대하여 설명하시오.(25점) • 동하중에 의해 발생되는 모래와 점토의 동적 물성치 특성에 대하여 설명하시오.(25점)	127회
	• 비압밀비배수 전단강도 산정을 위한 시험법(10점) • 비압밀비배수(UU), 등방압밀비배수(CIU), K0압밀비배수(CK0U) 삼축압축시험에 대하여 설명하시오.(25점) • 흙의 응력 – 변형률 곡선으로부터 얻을 수 있는 역학정수들과 활용방안에 대하여 설명하시오.(25점) • 사질토의 전단강도를 최대 전단저항각, 한계상태 전단저항각, 잔류 전단저항각으로 각각 구분하여 정의하고 활용방안에 대하여 설명하시오.(25점)	128회
	• 사질토의 전단 저항각에 영향을 미치는 요소(10점) • 점성토의 다짐 특성(10점) • 직접전단시험의 한계성과 설계적용 시 유의사항에 대하여 설명하시오.(25점)	129회
	• 일반 삼축압축시험과 입방체 삼축압축시험(10점) • 모래질 지반과 폐기물 지반에 적용하는 동다짐공법의 설계법, 동다짐 시행 시 확인시험, 시공관리에 대하여 설명하시오.(25점)	130회

5. 토압/막이

구분	출제문제	회차

토압/막이	• 앵커의 군효과(10점)
	• Rankine토압, Coulomb토압의 기본가정 및 문제점과 Coulomb토압에서 벽면마찰각을 고려하는 이유에 대하여 설명하시오.(25점)
	• 도심지 지반굴착에 의한 근접시공이 인접구조물에 미치는 영향과 대책 방안에 대하여 설명하시오.(25점)
	• 토사지반을 아래의 그림과 같이 연직방향으로 깊이까지 굴착하고 역 L형 옹벽으로 수평토압을 지지하였을 경우 다음 사항에 대하여 설명하시오.
	  1) 내부마찰각이 0(Zero)인 경우 주응력면과 전단파괴면이 이루는 각도를 힘의 평형방정식을 이용하여 구하시오.
	  2) 상기 1)에서 구한 전단파괴면을 Mohr 응력원에 표시하고 이 Mohr 응력원에 내부마찰각이 0(Zero)이 아닌 경우에 대한 전단파괴면이 최대 주응력면과 이루는 각도를 표시하고, 수동토압이 주동토압보다 크게 되는 이유를 설명하시오.(25점)
		108회

	• 지반에 설치된 Earth Anchor의 파괴메커니즘(Failure Mechanism)에 대하여 설명하시오.(25점) • Mohr – Coulomb 파괴 포락선을 이용하여 Rankine 주동토압을 유도하시오.(25점) • 지하 매설관에 작용하는 토압에 대하여 설명하시오.(25점)	109회

	• 토류벽 소단(Berm)(10점)
	• 가설토류벽에서 인접구조물의 하중에 의하여 가설토류벽에 추가로 발생되는 수평토압과 토압의 전이(Apparent Earth Pressure)에 대하여 설명하시오.(25점)
	• 보강토공법의 역학적 개념에 대하여 다음 사항을 설명하시오.
	  1) 보강(강도증가)개념
	  2) 응력전달기구(25점)
	• 암반층을 포함한 대심도 굴착 시 가시설벽체(연성벽체)에 작용하는 토압과 관련하여 경험토압의 암반층 적용상 문제점 및 적용방법을 설명하시오.(25점)
		110회

	• 지반조사 결과 모래, 자갈, 기반암층 순으로 형성된 지역에서 수중보건설을 위한 물막이공법으로 Sheet Pile을 설계하고자 할 때 고려사항에 대하여 설명하시오.(25점) • 인장형 및 압축형 그라운드앵커에 대하여 설명하시오.(25점) • 보강토옹벽 시공 시 토목섬유 보강재의 설계 인장강도에 대하여 설명하시오.(25점)	111회

구분	출제문제	회차

토압/막이	• 아래 그림과 같은 도심지 연약점성토 지반에서 건물을 축조하기 위하여 기존고가교에 근접하여 흙막이 굴착공사를 실시할 계획이다.
	  1) 굴착시공 시 발생 가능한 문제점 및 대책방안을 설명하시오.
	  2) 대책방안 수립 시 조사, 설계, 시공상의 유의점에 대하여 설명하시오.(25점)
	• 보강토 옹벽의 흙다짐체 내에서 파괴단면과 토압분포, 보강재의 안정성에 대하여 설명하시오.(25점)
		112회

	• 보강토 옹벽의 과다변위 및 붕괴발생 원인에 대하여 설명하시오.(25점) • 흙막이 가시설 굴착공사에서 구조물의 안정을 확보하기 위한 소단의 규모를 결정하는 방법에 대하여 설명하시오.(25점) • 토사지반 하부에 암반층이 존재할 경우 굴착 시 암반지반에서의 경험도입분포 적용에 대하여 설명하시오.(25점)	113회
	• 국내 보강토 옹벽의 설계, 시공 및 유지관리에 대한 문제점 및 대책방법에 대하여 설명하시오.(25점)	114회

	• 옹벽에서 다짐유발응력(10점)
	• 보강토옹벽 보강재의 구비조건 및 내구성에 영향을 미치는 요소(10점)
	• 굴착벽체 배면의 지표면에 상재하중이 작용하게 될 경우 아래 1), 2) 조건에서 굴착벽체에 추가적으로 발생하는 수평압력을 Boussinesq 탄성해와 비교하여 설명하시오.
	  1) 상재하중 전 굴착벽체 설치
	  2) 상재하중 후 굴착벽체 설치(25점)
	• 연성벽체에 작용하는 토압에 대하여 다음 질문에 답하시오.
	  1) 연성벽체(가설 흙막이구조물)에 Rankine, Coulomb 토압을 적용하지 않는 이유
	  2) 굴착단계별 적용토압과 굴착완료된 후의 적용토압
	  3) 실무설계에서 연성벽체에 작용하는 토압 적용 시 고려사항(25점)
	• 사면보강공법 중 소일네일링 공법과 어스앵커공법의 공학적 차이점과 설계 시 검토사항에 대하여 설명하시오.(25점)
	• Mohr원을 이용하여 Rankine의 주동토압을 유도하시오.(25점)
	• 지반굴착 시 인접구조물 손상예측 절차와 방법에 대하여 설명하시오.(25점)
		115회

구분	출제문제	회차
토압/ 막이	• 석축 안정해석(10점) • 지하 터파기 과정에서 발생하는 흙막이공 배면지반침하를 예측하는 경험공식 중 Peck방법, Clough와 O'Rourke방법, Caspe방법에 대하여 설명하시오.(25점) • 도심지 연약지반에 시공하는 지하매설관에 작용하는 토압과 매설관의 파괴원인 및 대책에 대하여 설명하시오.(25점) • 해안매립지에서 흙막이 구조물을 지반앵커로 지지하면서 굴착하는 경우에 예상되는 문제점과 시공 중 중점관리 사항에 대하여 설명하시오.(25점) • 보강토 옹벽에서 보강토체와 그 주변에 설치하는 배수시설에 대하여 설명하시오.(25점)	116회
	• 록볼트의 인발시험(10점) • 기설구조물에 근접하여 가설구조물을 설치하기 위하여 지반을 굴착하고자 한다. 지반 굴착 시 고려사항과 주변지반의 영향을 설명하시오.(25점) • 보강토옹벽의 보강원리와 안정성 검토사항에 대하여 설명하시오.(25점) • 다층지반에서의 흙막이 가시설 설계 시 경험토압 적용의 문제점과 합리적인 토압 산정 방법에 대하여 설명하시오.(25점)	117회
	• 흙막이 벽체의 가상지지점(10점) • 석축옹벽의 전도에 대한 안정조건(10점) • 점토지반에서 수직굴착이 가능한 이유와 중력식 옹벽에 작용하는 이론 및 실제토압에 대하여 설명하시오.(25점) • 지표면이 수평이고 균질하며 반무한인 지층 내에 있는 한 요소에 대하여 정지토압계수를 탄성론으로 구하고, 정지토압의 합력에 대하여 설명하시오.(25점) • 흙막이 벽체에서 발생할 수 있는 지반침하 영향범위와 인접구조물과의 간섭을 판정하기 위한 개략적인 근접정도를 파괴포락선을 이용하여 설명하시오.(25점) • 철도운행으로 진동이 심한 지역에서 흙막이 벽체(H-Pile+토류판)를 설치하고, 지지공법으로 상부에는 인장형 앵커(Ground Anchor), 하부에는 암반 록볼트로 시공하였으나 최종 굴착심도 GL(-)37m를 2m 남겨 둔 상태에서 흙막이 벽체가 붕괴되었다. 붕괴의 주된 원인을 지반공학적 측면에서 설명하시오.(25점)	118회
	• 옹벽의 활동방지 메커니즘(10점) • 사질토지반에서 토목구조물에 작용하는 주동토압, 수동토압, 정지토압 상태의 변화를 설명하고, 사질토의 내부마찰각이 30도일 때 토압계수 크기와 수평변위와의 관계도를 설명하시오.(25점)	119회

구분	출제문제	회차

토압/막이	• 지진 시 아래 그림과 같은 옹벽에 대하여 kv = 0, kh = 0.3일 때 다음을 구하시오.
	  1) Pae
	  2) 옹벽의 바닥에서부터 합력의 작용위치 z(25점)
	• 국내 보강토옹벽 현장에서는 양질의 토사확보가 어려워 현장에 있는 흙을 종종 사용한다. 현장에 존재하는 흙이 대부분 화강풍화토인 점을 고려하여, 현장조건에 적합한 인발시험을 통해 보강재의 인발저항 평가 및 설계가 이루어져야 한다. 아래 사항에 대하여 설명하시오.
	  1) 외적 안정성 검토사항
	  2) 내적 안정성 검토사항
	  3) 인발시험에 의한 인발저항 평가방법(25점)
		119회

	• 석축의 안정성 검토 시 시력선(示力線)의 역할(10점) • 지하수위 상승 또는 지표수 침투에 의한 옹벽 붕괴사고 메커니즘, 배수재(경사재, 연직재) 설치효과와 방지대책에 대하여 설명하시오.(25점) • 기존에 운영 중인 지하철 노선에 근접하여 지하도로 시공을 위한 지하연속벽을 설치하고자 한다. 지하연속벽 공법의 특징, 슬라임 제거방식, 설계 및 시공 시 검토사항에 대하여 설명하시오.(25점) • 지하수위가 높은 연약지반 구간의 흙막이 시공 시 문제점 및 대책과 계측관리에 대하여 설명하시오.(25점)	120회

	• 앵커(Anchor)의 진행성 파괴(10점)
	• 소일네일링(Soil Nailing)공법과 록볼트(Rock Bolt)공법(10점)
	• 구조물별로 발생하는 지반공학적 Arching 현상에 대하여 설명하시오.(25점)
	• 흙막이 구조물 해석 방법 중 탄성법과 탄소성법에 대하여 다음 사항을 설명하시오.
	  1) 탄성법과 탄소성법의 기본가정과 해석모델
	  2) 탄소성법의 소성변위 고려여부에 따른 토압적용 방법(25점)
	• 보강띠(지오그리드)로 얕은기초 하부지반을 보강한 경우 다음 사항을 설명하시오.
	  1) 기초지반 파괴형태
	  2) 기초하부의 중심선에서 거리 x만큼 떨어진 깊이 z에서 발생하는 전단응력(τxz)(25점)
	• 흙막이 구조물 설계 시 경험토압 적용에 따른 다음 사항을 설명하시오.
	  1) 지층구성이 동일한 토층이 아닌 다층지반에서의 지반물성치 평가방법
	  2) 암반지반 굴착에서 경험토압 적용방안(25점)
		121회

구분	출제문제	회차

토압/막이	• 흙막이 공사의 시설물 안전을 확보하기 위한 계측계획 수립 시 검토항목, 계측기기의 종류 및 특성, 계측관리 기법 및 평가기준에 대하여 설명하시오.(25점)
	• 옹벽의 뒤채움에 지하수가 흘러들어와 지하수면이 형성되면 수압이 작용하여 주동토압이 크게 증가하므로 옹벽이 불안정한 상태가 될 수 있다. 이러한 지하수면 형성을 방지하여 수압의 증가, 즉 주동토압의 증가를 막고자 경사 배수설비(Sloping Drain)를 설치할 경우 다음 사항을 설명하시오.
	  1) 유선망(Flow Net)을 작성하여 뒤채움 내의 간극수압이 0이 됨을 증명
	  2) 높이 H인 옹벽에 작용하는 주동토압의 합력(P_A)을 구하는 방법
	  3) 배수설비 없이 뒤채움이 포화되었을 때와 경사 배수설비가 설치되었을 때의 주동토압합력(P_A)의 차이(25점)
		121회

	• 토류벽의 계측관리(Monitoring)(10점) • 상향볼록 지반아치와 하향볼록 지반아치(10점) • 급경사지에 흙막이 시공 시 근입깊이가 부족한 경우 예상되는 문제점 및 보강방안에 대하여 설명하시오.(25점) • 보강토 옹벽 배면부에 말뚝기초가 설계되어 있어 보강토 옹벽의 그리드와 말뚝기초가 간섭이 예상되고 있다. 이에 대한 문제점 및 대책방안에 대하여 설명하시오.(25점)	122회
	• 보강토옹벽의 보강재 선정 시 고려사항(10점) • 정지토압계수 산정방법(10점) • 도심지 내 하천과 인접하여 SCW벽체+STRUT지지 공법으로 시공된 소규모 지하 흙막이 현장에서 굴착과정 중 인접한 노후건물이 침하하여 붕괴되는 사고가 발생하였다. 침하의 원인 및 대책에 대하여 설명하시오.(25점)	123회
	• 측압계수(K_0)를 산정하는 방법과 문제점(10점) • 가시설 흙막이 굴착 시 인접구조물 안전성 평가기준(10점) • 고성토 토사지반 위에 보강토 옹벽을 계획하는 경우 설계, 시공 시 문제점 및 대책에 대하여 설명하시오.(25점) • 개착구조물 시공을 위한 지하터파기공법 중 주변지반의 변형을 억제하기 위해 적용하는 흙막이 및 지보공을 이용한 굴착공법 가시설 구조물의 계획 수립 시 고려해야 할 주요 항목에 대하여 설명하시오.(25점) • Mohr원을 이용하여 Rankine의 주동토압계수, 수동토압계수 산정방법에 대하여 설명하시오.(단, 내부마찰각이 ϕ인 사질토이며, 지표면 경사를 α가 되도록 뒷채움한 옹벽 기준)(25점)	124회

구분	출제문제	회차
토압/막이	• 도심지 지하굴착공사가 주변 지반에 미치는 영향 검토 방법 중 Peck방법, Clough방법, Caspe방법에 대하여 설명하시오.(25점) • 가설 흙막이 벽의 안정성 검토에 적용하는 경험 토압식 중에서 Peck식, Tschebotarioff식에 대하여 설명하시오.(25점) • 콘크리트 옹벽의 안정성 검토방법과 불안정하게 하는 원인과 대책에 대하여 설명하시오.(25점)	125회
	• 지반굴착에 따른 주변침하 영향범위 산정방법(10점) • 보강토옹벽 내에서의 파괴단면과 토압분포(10점) • 보강토 옹벽의 결함(손상) 종류별 원인 및 대책을 설명하시오.(25점) • 점성토 지반에 Sheet pile과 Strut로 흙막이가시설을 설치하여 지하취수장 구조물을 축조하였다. Sheet pile 토류벽의 강성을 높이기 위해 배면에 H-pile을 용접·보강하여 구조물 밑면으로부터 3m 정도 더 근입하였다면, 구조물 완성 후 흙막이가시설을 인발 시 발생되는 문제점과 대책에 대하여 설명하시오.(25점) • 보강토 옹벽 보강재중 띠형보강재와 그리드형보강재의 극한인발저항력이 발휘되는 개념(Mechanism)에 대하여 설명하시오.(25점) • 흙막이 굴착 시 굴착저면의 안정검토 방안에 대하여 설명하시오.(25점)	126회
	• 지하연속벽 시공 시 안정액 시험(10점) • 다음 그림과 같이 지반을 연직 굴착하여 높이 4m인 사면을 형성하였다. 임계 파괴면(AC)은 수평면과 45°를 이룬다고 할 때 다음 물음에 대하여 설명하시오. (단, $\gamma_t = 16kN/m^3$, $\Phi_u = 0°$, $Cu = 32kN/m^2$) 1) Culmann의 방법으로 이 사면의 안전율을 구하시오. 2) Fellenius의 방법으로 이 사면의 안전율을 구하시오. 3) Bishop 간편법으로 이 사면의 안전율을 구하시오. 4) Janbu 간편법으로 이 사면의 안전율을 구하시오. (단, f_0에 대한 보정은 실시하지 말 것) 5) Rankine 토압이론을 응용하여 높이에 대한 안전율 Fh를 구하시오.(25점) • 흙막이 벽체의 근입깊이 결정 시 검토해야 할 사항에 대하여 설명하시오.(25점) • 지진 시 콘크리트 옹벽과 보강토 옹벽에 대한 토압 적용 방법에 대하여 설명하시오.(25점)	127회
	• 앵커 지반보강에서 내적안정해석과 설계 앵커력(10점) • Coulomb 토압이론에서 주동 및 수동 토압의 합력 산정과정과 설계적용에 대하여 설명하시오.(25점)	128회

구분	출제문제	회차

토압/
막이
	• 지반구조물 굴착과정에서는 주변구조물의 침하(땅꺼짐), 지하수 유출, 매설물 파손 등 피해가 발생하며, 이러한 피해를 방지하기 위한 공법 중 약액주입에 관한 다음 사항에 대하여 설명하시오.
	  1) 약액주입이 주변 환경에 미치는 영향
	  2) 약액주입 공법 설계 시 고려사항(문제점 및 개선대책)(25점)
	• 아래 그림은 습윤단위중량이 15.7kN/m³인 지반을 터파기한 후 되메우기하는 과정을 도시한 것이다. 터파기한 원지반의 중량은 100kN이고, 되메움 흙의 비중은 2.66이다. 되메움 흙의 현장다짐 계획을 수립하기 위해 현장 다짐에너지와 동일한 조건으로 실내 다짐시험을 수행하였고, 그 결과는 다음 표와 같다. 되메우기 시 다짐조건(상대다짐도 ≥95%)을 만족시키기 위한 흙의 현장함수비의 범위와 습윤 중량 범위를 구하시오. (단, 다짐에너지가 달라지더라도 최적함수비 상태의 포화도는 일정한 것으로 가정한다.)(25점)
	• 흙막이가시설 구조물의 버팀보와 띠장 설계에 대하여 설명하시오.(25점)
		128회

	• 지중 매설관에 작용하는 토압(10점)
	• 가설 흙막이구조물 벽체형식 선정 시 고려사항(10점)
	• 보강토 옹벽과 관련하여 아래 사항에 대하여 설명하시오.
	  가. 보강토 옹벽의 경제성
	  나. 보강방식에 따른 보강토 공법 분류
	  다. 보강재의 구비조건
	  라. 보강토 옹벽의 외적 안정성(25점)
	• 가설 흙막이구조물의 지반 보조공법에 대하여 설명하시오.(25점)
		129회

	• 지반앵커의 정착방식, 사용기간, 기능에 따른 구분(10점) • 그리드형 보강재의 인발저항개념(10점) • 소일네일링(soil nailing) 흙막이벽의 적용성에 대하여 설명하시오.(25점) • 지하연속벽 해석 시 고려사항과 굴착 중 트랜치 내에서 작용하는 안정액(Bentonite Slurry)의 시험에 대하여 설명하시오.(25점)	130회

6. 기초

구분	출제문제	회차
기초	• 현장타설말뚝의 주면저항계수(10점) • 말뚝의 부마찰력(Drag Force)과 중립면(Neutral Plane)(10점) • 지표면이 수평이고 균질한 지반에 얕은기초를 설계하고자 한다. 기반암층이 무한히 깊게 위치한 지반과 기반암층이 기초폭 이내에 위치한 지반에 하중이 재하될 경우 기초 하부지반의 파괴형상을 그림으로 표현하고, 두 지반의 극한지지력 평가방법의 차이점을 설명하시오.(25점) • 현장타설말뚝에 대하여 다음 사항을 설명하시오. 　1) 암반에 근입된 경우의 연직하중 지지 개념 　2) 풍화암 및 암반에서의 지지력 산정방법 　3) 시공 시 예상문제점과 대책방안(25점)	108회
	• 기초형식에 따른 지지메커니즘(10점) • 기초구조물 부등침하(Differential Settlement)의 원인과 대책에 대하여 설명하시오.(25점)	109회
	• 기초의 지지력확인을 위한 평판재하시험결과 적용 시 유의사항(10점) • 연직말뚝에서 두부구속조건에 따른 횡방향지지력을 구하는 방법에 대하여 설명하시오.(25점) • 다음과 같은 조건에 직사각형(2m×4m) 얕은기초를 설계하려고 한다. 기초의 전체하중 2,400kN, 한방향모멘트 480kN·m가 작용할 경우 아래에 주어진 계수를 이용하여 Meyerhof 공식으로 허용지지력(q_a)을 구하고, 기초의 안정을 검토하시오.(25점) • 연약점성토지반상에 공동구 박스구조물 시공 후 단지부지정지를 실시할 예정이다. 다음 사항을 설명하시오. 　1) 부분보상기초(Partially Compensated Foundation) 의미 　2) 부분보상기초를 이용한 구조물의 지지력 　3) 박스구조물 하부의 침하량 산정(25점)	110회
	• 성토지지말뚝(10점) • 말뚝지지력의 시간경과효과(10점) • 점성토지반 상부에 위치한 줄기초에 그림과 같이 하중이 작용하면 기초하부 지반에서 원형 전단파괴가 발생한다고 가정하고 지반의 극한지지력 산정방법을 설명하시오.(25점) • 지반종류별 군말뚝의 효율에 대하여 설명하시오.(25점) • 얕은기초 시공 시 양압력 발생원인 및 대책공법, 설계 시 고려사항에 대하여 설명하시오.(25점)	112회

구분	출제문제	회차
	• 기초에서의 LRFD(10점) • 점성토 및 모래층에서 강성기초와 연성기초의 침하곡선 및 접지압 분포(10점) • 수평력을 받는 말뚝은 주동말뚝과 수동말뚝의 대별되는데 각각의 말뚝에 대하여 설명하시오.(25점) • 방파제 케이슨이 모래지반 위에 건설되었다. 시공 후 상당한 시간이 경과한 후 파랑에 의한 케이슨이 침하되는 메커니즘에 대하여 설명하시오.(25점) • 말뚝기초 시공 시 항타장비를 이용한 경우와 천공장비를 이용하여 시공하는 경우 흙의 거동변화 양상 및 장·단점에 대하여 설명하시오.(25점) • 연약한 점성토층 위에 기초지반으로 적용 가능한 모래층이 분포하는 경우 직접기초 형식의 구조물 기초 계획 시 지지력개념과 직사각형 및 세장기초 형식의 지지력 산정방법에 대하여 설명하시오.(25점) • 중력식 안벽의 기초 지지력 검토에 사용되는 Bishop법에 의한 원호활동해석에 대하여 설명하시오.(25점)	113회

기초	• 강성기초와 연성기초 차이(10점)
	• 수평재하 말뚝의 설계개념(10점)
	• 현장타설말뚝의 설계와 시공 시 고려사항을 설명하시오.(25점)
	• 말뚝시공 공사와 관련하여 다음 사항에 대하여 설명하시오.
	  1) 말뚝의 부마찰력과 중립점을 정의하시오.
	  2) 선단지지된 단독말뚝에서 qu(일축압축강도) = $20kN/m^2$, D(말뚝의 직경) = 0.5m, Lc(관입깊이) = 15m일 때 부마찰력을 계산하시오.
	  3) 부마찰력 작용 시 말뚝의 축방향 허용지지력 산정방법을 설명하시오.(25점)
	• 강성법과 연성법에 의한 전면기초(Mat Foundation)의 설계방법에 대하여 설명하시오.(25점)
	• 군말뚝의 침하량 산정방법에 대하여 설명하시오.(25점)
		114회

	• 평판재하시험에 의한 지지력과 침하량 산정방법(10점) • 말뚝 폐색효과(10점) • 원형기초의 직경은 2m이다. 이 기초를 지지하고 있는 기초지반의 내부마찰각(ϕ)은 30°이고 점착력(c)은 $20kN/m^2$이다. 이 기초의 근입깊이(Df)는 2m이고 지하수위는 지표면 아래 3m에 위치해 있다. 지하수위 상부 흙의 단위중량은 $18kN/m^3$이고 지하수위 아래의 흙의 포화단위중량(γ_{sat})은 $20kN/m^3$일 때, 상기 원형기초에 작용할 수 있는 전 허용하중을 결정하시오.(단, F.S = 3.0, 전반전단파괴를 가정하며, Nc = 33, Nq = 20, Nr = 18 사용)(25점)	115회

구분	출제문제	회차
기초	• 부간극수압(Negative Pore Water Pressure)과 부마찰력(Negative Skin Friction) (10점) • 흙 평판재하시험의 Scale Effect에 대하여 설명하시오.(25점) • 사질토 지반(강도정수)에서 다음 그림처럼 쐐기형태의 파괴가 일어났다. 직접기초의 극한지지력을 구하는 데 사용되는 아래의 'Bell의 공식'을 유도하고 이에 대하여 설명하시오.(25점) • 대구경 현장타설말뚝기초의 양방향재하시험에 대하여 설명하시오.(25점) • 말뚝이음과 장경비에 따른 말뚝의 지지력 감소에 대하여 설명하시오.(25점) • 연약지반상에 축조하는 도로 및 제방의 지지력보강과 침하방지를 위하여 설치하는 성토지지말뚝 공법에 대하여 설명하시오.(25점)	116회
	• 말뚝의 주면마찰력에 대하여 설명하시오.(25점)	117회

	• 해상풍력 기초형식 중 모노파일의 트랜지션 피스(10점)
	• 필댐 코어부의 기초처리방법(10점)
	• 케이슨 기초의 설계 시 다음 사항에 대하여 설명하시오.
	  1) 지반반력 및 침하량 결정 시 고려사항
	  2) 케이슨의 형상 및 치수 설계 시 고려사항(25점)
	• 사질토 및 점성토지반, 암반에서의 무리말뚝 효과에 대하여 설명하시오.(25점)
		118회

	• PHC 말뚝의 LRFD 설계(10점)
	• 압력구근(Pressure Bulb)(10점)
	• 부마찰력이 작용하는 말뚝기초에 대한 다음 사항에 대하여 설명하시오.
	  1) 중립면의 결정
	  2) 부마찰력의 크기와 말뚝 침하량의 관계
	  3) 부마찰력을 받는 말뚝기초의 설계방향(25점)
		119회

	• 그물망식 뿌리말뚝(Reticulated Root Piles)(10점) • 초고층 건축물의 기초를 말뚝기초로 설계하고자 할 때 필요한 설계개념과 계산으로 산정된 주면 마찰력의 신뢰성 평가에 대하여 설명하시오.(25점) • 낙동강 하구 지역에 대구경 장대 현장타설 말뚝시공을 계획하고 있다. 경제적인 설계 절차에 대하여 설명하시오.(25점)	120회
	• 석회암 공동지역의 기초설계를 위한 현장조사와 보강방안에 대하여 설명하시오.(25점) • 무리말뚝의 지지력 결정방법에 대하여 설명하시오.(25점) • Meyerhof의 얕은기초 지지력 결정방법과 실제와의 일치성에 대하여 설명하시오.(25점)	121회

구분	출제문제	회차
기초	• 매입말뚝의 한계상태설계법(10점) • 말뚝의 부마찰력(Negative Skin Friction)(10점) • 매립된 점토지반에 말뚝기초로 교량을 설계하고자 한다. 말뚝의 연직지지력 산정 시 고려 사항과 필요한 시험 종류, 예상 문제점에 대하여 설명하시오.(25점) • 해상 및 육상 교량 기초에 지반재해가 발생되고 있다. 지반재해 발생 원인과 대책방법에 대하여 각각 설명하시오.(25점) • 고성토부에 말뚝기초로 설계된 교대의 수평변위 발생인자와 수평변위 최소화 방안에 대하여 설명하시오.(25점) • 항타말뚝과 매입말뚝 시공방법에 따른 지반응력 변화와 시공방법별 장단점, 지지력 산정 방법에 대하여 설명하시오.(25점)	122회
	• 말뚝지지 전면기초(10점) • 얕은기초의 전단파괴 양상(10점) • 사질토 지반에서 얕은 기초의 침하량을 구하는 Schmertmann and Hartman 공식을 설명하시오.(25점) • 말뚝 정재하시험 결과의 분석방법을 설명하시오.(25점) • Terzaghi의 전반전단파괴 지지력 공식을 사용하여 아래 그림과 같은 조건의 정방형 기초에 작용하는 허용지지력과 허용하중을 각각에 대하여 구하시오.(25점)	123회

	• 인발말뚝의 파괴메커니즘(Mechanism)과 인발저항력 산정방법(10점)
	• 말뚝기초의 LRFD 설계법(10점)
	• 현장타설말뚝이 풍화암 및 암반(연암 이상)에 각각 근입된 경우 다음에 대하여 설명하시오.
	  1) 연직하중 지지개념
	  2) 말뚝의 지지력 산정방법
	  3) 실무적용 시 유의사항(25점)
		124회

	• 말뚝의 수평저항력 산정방법 중 Broms방법(10점) • 보상기초(10점) • 스톤컬럼(Stone Column)공법에 대하여 설명하고 시공 및 품질관리방안에 대하여 설명하시오.(25점)	125회
	• 현장타설말뚝기초 양방향재하시험의 오스터버그 셀(Osterberg Cell) 설치위치에 따른 시험의 적용성에 대하여 설명하시오.(25점)	126회
	• 배토 말뚝, 소배토 말뚝, 비배토 말뚝(10점) • 강말뚝의 선단지지면적 및 주면장의 결정 방법(10점) • 지반 조건에 따른 무리말뚝의 허용 인발저항력 산정 방법에 대하여 설명하시오.(25점) • 케이슨기초의 침하 발생 요인 및 침하량 산정 방법에 대하여 설명하시오.(25점)	127회

구분	출제문제	회차
기초	• 말뚝기초에서 하중전달 메커니즘(Load Transfer Mechanism)(10점)	128회
	• 말뚝의 주면마찰력(10점) • 기초의 탄성침하와 접지압(10점) • 말뚝지지전면기초(Piled Raft Foundation)의 하중분담 특성에 대하여 설명하시오. (25점)	129회

	• 횡방향 하중을 받고 있는 무리말뚝의 그림자 효과(Shadow Effect)(10점)
	• 부마찰력 중립면(Neutral Plane)의 깊이(10점)
	• 강관파일과 마이크로파일의 축방향 지지 Mechanism(10점)
	• 무리말뚝의 축방향 압축지지력 산정 시 다음 사항에 대하여 설명하시오.
	  가) 무리말뚝 효율
	  나) 지반조건(사질토, 점성토, 암반)에 따른 무리말뚝의 지지력(25점)
	• 쇄석다짐말뚝 공법에서 다음 사항에 대하여 설명하시오.
	  가) Clogging 현상 대책
	  나) 균질, 비균질 지반에서 팽창파괴(Bulging Failure) 현상(메커니즘)(25점)
	• 바다에 요트 계류장을 잔교식으로 건설하고자 한다. 아래의 지층조건에서 잔교구조물의 기초를 강관말뚝으로 설계하고자 할 때, 다음 사항에 대하여 설명하시오.
	  가) 말뚝의 축방향 지지력 산정과 횡방향 지지력 산정 시 적용되는 말뚝길이산정(기호로 표기) 및 적용 사유
	  나) 말뚝 시공법(25점)
	• 직접기초인 기존 교량의 교각이 석회암 공동으로 인해 침하가 발생하여 기존교량철거 후에 신설 교량을 설치하고자 한다. 교량기초 설계 시 공동조사와 기초 보강방법에 대하여 설명하시오.(25점)
		130회

7. 연약지반

구분	출제문제	회차

연약지반	• 토목섬유 보강재의 장기 설계인장강도(10점)
	• 선행재하공법은 재하방법에 따라 성토하중공법, 지하수위저하공법, 진공압밀공법 등이 있다. 각 공법의 개요와 깊이에 따른 유효응력증가량 관계의 차이점을 설명하시오.(25점)
	• 지표면이 수평이고 두께가 50미터 이상되는 연약지반을 연직으로 굴착하고 굴착부에 폭 10미터, 높이 5미터의 내부 공간을 갖는 박스형 구조물을 시공한 후 되메움(토피 5미터 이상 확보)에 따른 다음 사항을 설명하시오.
	  1) 흙막이 가시설 적정 근입장 산정방법의 기본원리와 본 지역에 강널말뚝(Steel Sheet Pile)을 설치할 경우 구비하여야 할 사항을 제시하시오.
	  2) 말뚝을 사용하지 않는 박스형 구조물의 기초형식을 제시하시오.(25점)
	• 웰 저항(Well Resistance)은 플라스틱보드드레인(PBD) 공법의 배수성능에 매우 중요한 영향을 미치는 요인이다. 다음 사항에 대하여 설명하시오.
	  1) 웰 저항 영향요소
	  2) 웰 저항에 따른 압밀지연 특성
	  3) 웰 저항의 영향 산정방법(25점)
	• 다짐시공에 의해 점성토체가 조성되는 경우 다짐조건이 조성된 점성토체의 공학적 특성에 미치는 영향을 설명하시오.(25점)
		108회

	• 부등침하에 따른 각변위(Angular Distortion)(10점) • 교대의 측방유동 영향요인 및 대책공법에 대하여 설명하시오.(25점) • 비배수전단강도가 15.0kPa인 연약지반에 PBD 타설을 하고자 한다. 장비의 주행성 확보를 위한 Sand Mat 두께를 구하시오.(25점)	109회

	• 점토지반의 Sand Seam(10점)
	• 흙의 다짐과 관련하여 다음 사항을 설명하시오.
	  1) 다짐에너지 – 다짐곡선
	  2) 다짐에너지 – 건조단위중량(25점)
		110회

	• 압성토공법(10점) • 연약지반에서 다짐말뚝공법을 적용할 경우 융기량 추정방법에 대하여 설명하시오.(25점)	111회
	• 동치환(Dynamic Replacement)공법(10점) • 점성토의 다짐구조와 함수비(10점) • 지하공동 상부에 위치한 구조물 설계 시 지하공동 처리방법에 대하여 설명하시오.(25점) • 연약지반에 설치된 쇄석말뚝의 파괴거동에 대하여 설명하시오.(25점)	112회

구분	출제문제	회차
연약 지반	• 측방유동을 정의하고 측방유동 판정방법과 대책공법에 대하여 설명하시오.(25점) • 매립으로 이루어진 연약한 점성토 지반위에 침하유도를 위한 선행하중을 제하하고 있는 지역에서의 선행하중 제거시기결정 방법 및 하중 제거에 따른 과잉간극수압 분포에 대하여 설명하시오.(25점)	113회
	• 지반함몰, 지반침하(10점) • 철도에서의 분니현상(Mud Pumping)(10점) • Well Resistance, Smear Zone(10점) • 최근 도심지에서 지하철, 전력구, 대형건축공사 등의 지반굴착으로 인해 지하수 유출 및 지반침하가 발생하고 있다. 이에 대한 지반공학적 측면에서의 지하수관리 문제점 및 대책을 설명하시오.(25점) • 지반공학적 측면에서 폐기물 매립장 설계 시 고려사항을 설명하시오.(25점)	114회
	• 붕괴성 흙(10점) • 지반침하 시 구조물의 각 변위와 처짐비(10점) • EPS 공법의 특성 및 적용분야, 설계 시 검토사항에 대하여 설명하시오.(25점) • 아래 그림과 같이 시공된 교대 기초에서 신축이음(A) 및 교량받침(B)에 손상이 발생되었다. 지반공학적 측면에서 손상 원인 및 대책에 대하여 설명하시오.(25점)	115회
	• 성토 하중으로 인하여 연약지반이 소성변형을 일으켜서 지반이 측방으로 크게 변형하는 현상을 측방유동이라고 한다. 측방유동 판정법과 대책공법에 대하여 설명하시오.(25점)	116회
	• 프리로딩공법(10점) • 준설매립지의 실트포켓(Silt Pocket)(10점) • 연약지반에서 장래 침하량추정방법에 대하여 설명하시오.(25점) • 연약지반의 표층처리를 위해 토목섬유를 이용하고자 한다. 토목섬유의 종류, 기능, 특징 그리고 적용 시 문제점에 대하여 설명하시오.(25점) • 폐기물 매립지를 건설부지로 활용하고자 한다. 매립부지 재활용상의 문제점과 지반환경 공학적 검토사항 그리고 구조물기초 및 매립지반 처리방안에 대하여 설명하시오.(25점) • 연약지반상의 기존도로를 편측으로 확장하고자 한다. 설계 시 고려사항에 대하여 설명하시오.(25점) • 고함수비의 준설점토에 석탄재를 혼합하여 투기할 때 침강특성과 자중압밀 특성에 대하여 설명하시오.(25점)	117회

구분	출제문제	회차

연약
지반
	• 모래다짐말뚝의 지반개량 후 형상 예측(10점)
	• 최근 지반함몰이 사회적 이슈가 되고 있다. 다음에 대하여 설명하시오.
	  1) 인위적 영향에 의한 지반함몰의 종류와 특징
	  2) 파손된 하수도관을 기준으로 지하수위가 위, 동일, 아래에 존재할 경우에 발생하는 지반함몰 메커니즘(25점)
	• 강제치환공법의 특징과 치환깊이 산정방법에 대하여 설명하시오.(25점)
		118회

	• 지오텍스타일 튜브(10점)
	• 지중에서 오염물질의 이동 메커니즘(10점)
	• 교대의 측방이동 판정법 중 측방이동지수와 판정수에 의한 방법(10점)
	• 연약지반 기초보강 시의 콘크리트 중공블록 공법(10점)
	• 폐기물매립에 따른 침하특성은 폐기물과 매립지반의 침하로 일반적인 지반침하와 다른 양상을 나타낸다. 즉, 폐기물이 매립되어 안정화되는 데에는 많은 시간이 소요된다. 이러한 과정을 경과시간에 따른 침하곡선모델을 이용하여 초기단계에서 잔류침하 단계까지 구분하여 설명하고, 침하량 산정 방법 및 현장계측을 통한 장기침하량 예측방법에 대하여 설명하시오.(25점)
	• 준설매립지역에 지하철공사를 위해 타입된 Sheet Pile 인발 시 침하원인 및 대책을 설명하시오.(25점)
	• 준설매립토량 산정을 위하여 항만 및 어항 설계기준에 제시하는 유보율 결정방법과 침강자중 압밀시험에 의한 유보율 결정방법에 대하여 설명하시오.(25점)
	• 흙의 다짐에 영향을 미치는 요소와 관련하여 다음 사항을 설명하시오.
	  1) 함수비가 다짐에 미치는 영향
	  2) 다짐에너지 크기가 다짐에 미치는 영향
	  3) 흙의 종류에 따른 다짐 효과(25점)
		119회

	• 계면활성제 계열인 고성능다기능 그라우트재의 공학적 특성(10점) • PBD(Plastic Board Drain)의 웰저항에 영향을 미치는 내·외적 요인(10점) • 흙속에 토목섬유(Geosynthetics)와 같은 필터재가 설치되는 경우, 지하수와 같은 1차원적인 물의 흐름에서는 시간경과에 따라 흙필터층(Soil Filter Layer)을 포함한 고체필터구조가 형성된다. 이에 대한 메커니즘을 설명하시오.(25점) • 낙동강 하구에 있는 지하수가 높은 지역에서 건물 신축을 위한 지하 터파기 작업진행 중 인접 건물(12층 건물)이 기울어지는 사고가 발생하였다. 이에 대한 원인을 규명하고 사전 평가할 수 있는 기법과 방지대책에 대하여 설명하시오.(25점)	120회

구분	출제문제	회차
연약 지반	• 평야지대를 통과하는 고속국도(B=23.4m)의 교통량이 증가하여 왕복 6차로 도로(B=30.6m)로 확장하고자 한다. 공사기간이 짧고 재료의 수급이 불리한 공사구간에 가장 적용이 유리한 연약지반처리공법과 설계 시 유의사항 및 시공 시 고려사항에 대하여 설명하시오.(25점) • 도로의 노면에 발생되는 인위적인 지반함몰의 종류와 원인을 설명하고, 지하에 매설된 하수도관의 파손을 중심으로 지하수위 위치(파손된 하수도관의 상부, 중간부, 하부)에 따른 지반함몰 발생 메커니즘에 대하여 설명하시오.(25점)	120회
	• 토양오염 복원방법에 대하여 설명하시오.(25점) • 부산 낙동강 하류 대심도 연약지반 아래에 피압대수층이 존재하는 것으로 알려져 있다. 부지조성공사 시 이러한 지반조건에서 연약지반을 개량하기 위해 연직배수공법을 적용할 경우 예상 문제점 및 대책에 대하여 실무적 관점에서 설명하시오.(25점) • 국내에서는 해안가, 습지 주변으로 연약지반이 분포되어 있다. 연약지반 개량공사에서 Sand Mat 공법은 매우 중요한 역할을 하고 있다. Sand Mat 공법의 설계 및 시공 시 고려사항, 기능 저하 시 문제점 및 대책에 관한 사항을 설명하시오.(25점) • 국내에서 부산과 거제도를 연결한 거가대교의 일부구간인 침매터널구간의 해저 연약지반을 개량하기 위해 모래다짐말뚝(SCP)을 시공한 사례가 있다. SCP 처리지반의 치환율 결정방법, 파괴형태, 복합지반의 압밀침하량 산정방법을 설명하시오.(25점) • 흙의 다짐효과에 영향을 미치는 요소 중 다음 사항을 설명하시오. 1) 다짐에너지의 크기와 흙의 종류가 다짐에 미치는 영향 2) 다짐함수비에 따른 점토의 구조와 다져진 점토의 압축성 비교(25점)	121회
	• 연약지반 침하예측 방법 중 쌍곡선 방법(10점) • GCP(Gravel Compaction Pile)(10점) • 포항지역의 이암지반을 성토재료로 사용 시 문제점 및 활용을 위한 고려사항에 대하여 설명하시오.(25점)	122회
	• 저유동성 모르터 주입공법(10점) • 수정 CBR(10점) • 배수재의 복합통수능 시험(10점) • 준설토 투기장에 강제치환공법 설계 시 고려사항에 대하여 설명하시오.(25점) • 측방유동이 우려되는 연약지반에 시공되는 교대의 기초말뚝 설계 절차에 대하여 설명하시오.(25점)	123회

구분	출제문제	회차
연약지반	• 석회암 공동이 발달된 지역에 교량을 설계하고자 한다. 설계 시 고려사항에 대하여 설명하시오.(25점) • 토목섬유의 장기설계인장강도를 산정하기 위한 강도감소계수에 대하여 설명하시오.(25점)	123회

	• 폐기물 매립 지반을 건설부지로 사용할 경우에 다음 항목에 대하여 지반공학적 측면에서 설명하시오.
	  1) 매립지 건설부지 활용을 위한 설계 시 고려사항
	  2) 건설부지 활용 시 문제점 및 대책(25점)
	• 포화된 연약지반에서의 구속압 증가 시와 파괴 시 간극수압 영향인자에 대하여 설명하시오.(25점)
	• 준설토를 매립하여 필요한 면적의 부지를 조성하고자 할 때, 매립에 필요한 준설물량을 산정하는 방법을 설명하고, 준설매립 공사 시 발생할 수 있는 문제점과 개선방안에 대하여 설명하시오.(25점)
	• 연약지반 위에 단계별 성토 시 안정관리 방법에 대하여 설명하시오.(25점)
		124회

	• CCS(Carbon Capture and Storage)(10점)
	• 토목섬유매트 시험방법 중 그랩(Grap)법과 스트립(Strip)법(10점)
	• 석회암지역의 공동과 화산암지역의 공동(10점)
	• 연약지반상에 도로 구조물(흙성토, 배수구조물)을 설계할 때 아래 사항에 대하여 설명하시오.
	  1) 시추주상도에서 얻을 수 있는 지반 공학적 특성과 분석 내용
	  2) 필요한 실내 및 현장시험 종류와 공학적 특성(25점)
	• 성토지지말뚝 공법의 종류 및 특징 그리고 각 공법별 하중전달 메커니즘에 대하여 설명하시오.(25점)
	• 해상공사에서 호안제체를 축조하기 위한 강제치환공법의 설계와 시공 상 문제점 및 해결 방안에 대하여 설명하시오.(25점)
	• 연약지반 개량에서 이론적 최종 침하량 산정방법에 대하여 설명하시오. 또한 개량공사 중 이론 침하량과 실제 침하량이 다른 경우 추가 지반조사 내용과 이를 통한 차이점 분석방법, 계측결과를 이용한 차이점 분석방법에 대하여 설명하시오.(25점)
	• 연약지반 개량을 위하여 사용하는 연직배수재(Plastic Board Drain)의 통수능 시험방법 중 ASTM 시험방법과 Delft 시험방법에 대하여 설명하시오.(25점)
	• 해상 심층혼합처리공법에서 시공 중 발생하는 부상토의 처리방법과 고려사항에 대하여 설명하시오.(25점)
		125회

구분	출제문제	회차
연약 지반	• 육상과 해상 폐기물매립장에 관한 아래 사항에 대하여 설명하시오. 　1) 육상과 해상 폐기물 매립장의 비교 　2) 해상 폐기물 매립장 조성에 필요한 지반공학적 특성 　3) 해상 폐기물 매립장 운영 시 유지관리 고려사항(25점) • 석회암 공동지역의 기초지반 보강공법에 대하여 설명하시오.(25점) • 건설현장에서 발생하는 산성배수와 피해저감 대책에 대하여 설명하시오.(25점)	125회
	• Smear Effect와 Well Resistance의 정의(10점) • "지하안전관리에 관한 특별법"에서 지하안전점검 대상 및 방법(10점) • 지반함몰(침하)의 정의 및 원인(10점) • "지하안전관리에 관한 특별법"에 따른 지하안전영향평가에서 지반안전성 확보방안에 대하여 설명하시오.(25점) • 연약지반이 분포하는 지역에서 말뚝으로 지지하는 교량설치시 교대부에서 발생되는 측방유동 검토방법 및 대책방안에 대하여 설명하시오.(25점)	126회
	• 토목섬유의 주요 기능(10점) • 심층혼합처리공법의 강도열화와 환경오염 대책(10점) • 해안매립지에 고함수비의 준설점토를 투기할 때 침강특성 및 자중압밀특성에 대하여 설명하시오.(25점) • 폐기물 매립지를 건설부지로 활용 시 지반공학적 문제점과 지반 환경공학적 검토사항에 대하여 설명하시오.(25점) • 연약지반의 비배수전단강도(C_u)가 17.0kPa인 연약지반에 무한궤도장비의 주행성 확보를 위하여 Sand Mat를 포설하는 경우 적절한 두께를 산정하고 실무 적용시 유의사항을 설명하시오.(단, 장비본체의 중량=500kN, Leader 중량=200kN, Casing 중량=25kN, Vibro Hammer 중량=25kN, 궤도 길이=4.8m, 궤도 폭=0.8m, 기준 안전율=1.5, 하중분산각=30°, N_c=5.14, 형상계수 α=1, 한쪽 무한궤도에 작용하는 접지압을 이용하여 검토)	127회
	• 교대 측방유동 판정법 및 대책에 대하여 설명하시오.(25점)	128회
	• 지반침하위험도평가 방법 및 절차(10점) • 생활폐기물 매립지를 재활용할 때 예상되는 문제점과 공학적 검토사항 그리고 기초지반으로 활용 시 처리방안에 대하여 설명하시오.(25점) • 지하안전평가 시 아래 사항에 대하여 설명하시오. 　가. 평가대상 　나. 평가항목 및 평가방법 　다. 지하안전평가서 작성방법(25점)	129회

구분	출제문제	회차
연약 지반	• 연약지반 암성토 시 시공속도, 암버력 최대치수(10점) • 연약지반 개량공법 중 진공압밀공법의 원리, 적용범위 및 설계 시공 시 주의사항에 대하여 설명하시오.(25점) • 연약지반 개량공법 중 연직배수공 적용 시 배수재의 웰저항(well resistance)과 스미어 존(smear zone)의 정의와 발생원인에 대하여 설명하시오.(25점)	130회

8. 사면/조사

구분	출제문제	회차
사면/ 조사	• 평사투영법에 의한 암반비탈면의 안정해석방법을 설명하고, 절리면이 깎기비탈면에 노출된 급경사 암반비탈면의 안정화 공법을 제시하시오.(25점)	108회
	• Televiewer와 BIPS(Borehole Image Processing System)의 차이점(10점) • 무한사면의 활동에 대하여 설명하고, 아래 그림에서 지하수위가 지표면에 위치하고 사면에 침투가 일어나는 경우를 고려하여 안전율을 구하시오.(25점) • 암반 비탈면의 붕괴형태에 따른 계측기 배치에 대하여 설명하시오.(25점) • 최근 국내강우특성이 아열대성 기후로 변화하고 있고 국지성 집중호우가 빈번해짐에 따라 산악지형이 많은 우리나라에서 발생되고 있는 토석류에 대하여 설명하시오.(25점)	109회
	• 암반사면의 파괴형태(10점) • 사운딩(Sounding)의 의미와 종류에 따른 시험결과 이용(10점) • 사면안정해석 시 전응력해석법과 유효응력해석법을 비교 설명하시오.(25점) • 수치해석을 이용한 사면안정해석에서 강도감소법(Strength Reduction Method)에 대하여 설명하시오.(25점) • 암깎기 비탈면의 발파설계 절차를 설명하시오.(25점)	110회
	• 크로스홀(Crosshole) 시험(10점) • 흙의 함수특성곡선(10점) • Land Creep(10점) • 암반 시추 코어 회수 시 불연속면 방향성(10점) • 원자력발전소 부지의 지반특성 파악을 위한 지반조사에 대하여 설명하시오.(25점) • 경사버팀대(Raker)에서 지지블록(Kicker Block)의 안정에 대하여 설명하시오.(25점) • 건조한 무한 사질토지반에 강우에 의하여 연직방향의 침투수류가 발생할 경우 사면의 안전율 변화를 설명하시오.(25점)	111회
	• Land Creep(10점) • GPR(Ground Penetration Radar) 탐사(10점)	112회
	• 암반사면 안정해석을 위한 평사투영해석 방법의 개념과 파괴발생형태 및 조건에 대하여 설명하시오.(25점) • 표면파기법(SASW : Spectral Analysis of Surface Waves)으로 지반의 특성 평가 시 표면파의 특성, 표면파기법의 시험방법 및 시험결과의 이용에 대하여 설명하시오.(25점)	113회

구분	출제문제	회차

사면/
조사
	• 한계상태설계법과 허용응력설계법(10점)
	• 사면안정해석법 중 절편법에서의 부정정차수(10점)
	• 불포화토 사면 내 집중강우로 인한 사면 파괴는 상부 얕은사면 파괴와 하부 깊은사면 파괴로 나눌 수 있다. 각각의 경우에 대하여 한계 평형법에 의한 안전율 계산 시 고려사항을 설명하시오.(25점)
	• 현장 베인 전단시험으로 측정된 점토질 흙의 비배수전단강도(Su) 보정 방법을 설명하고, 보정이 필요한 이유를 설명하시오.(25점)
	• 이상기후로 인한 집중강우로 해마다 장마철이 되면 산사태가 빈번히 발생하여 피해가 발생하고 있다. 다음 사항에 대하여 설명하시오.
	  1) 산사태의 발생 강우조건 및 지반/지질조건
	  2) 발생 가능한 토석류
	  3) 산사태와 토석류의 재해방지 대책(25점)
		114회

	• 프레셔미터시험(10점) • 암반사면의 파괴형태와 사면안정에 영향을 미치는 불연속면의 특성에 대하여 설명하시오.(25점)	116회
	• 부동수(Unfrozen Water)(10점) • 탄성파 지오토모그래피 탐사(10점) • 루전시험(Lugeon Test)(10점) • 토사 사면붕괴 원인과 대책을 전단응력 및 전단강도로 설명하시오.(25점)	117회

	• 함수특성곡선(10점)
	• 시추조사 후 폐공처리방법(10점)
	• 어떤 자연사면의 경사가 20°로 측정되었고 지표면에서 5m 아래에 암반층이 있다. 흙과 암반의 경계면에서 점착력(c) = 10kN/m²이고 내부마찰각(ϕ) = 25°이며, 흙의 단위중량(γ_t) = 17kN/m³, 흙의 포화단위중량(γ_{sat}) = 19kN/m³, 물의 단위중량(γ_w) = 9.8kN/m³일 때, 다음을 구하시오.
	  1) 지하수 영향이 없는 경우의 안전율
	  2) 지하수위가 지표면과 동일한 경우의 안전율
	  3) 정지해 있는 물속에 잠겨 포화되어 있는 경우의 안전율(25점)
	• 포화점토 지반에서 성토 및 절토사면의 시간경과에 따른 강도특성과 안전율 변화에 대하여 설명하시오.(25점)
		118회

구분	출제문제	회차
사면/ 조사	• 베인전단시험(Vane Shear Test) 값의 보정 이유(10점) • 터널 설계 시 전기비저항 탐사(10점) • 카이저효과(10점) • 지표투과레이더(GPR) 탐사 원리 및 특징(10점) • 암반사면의 안정성을 평사투영법과 SMR분류법으로 검토하였다. 이 해석결과로 사면 설계를 수행할 때 각 방법의 가정 및 적용한계를 고려하여 실제 발생할 수 있는 사면 거동과의 차이점을 설명하시오.(25점) • 석회암지대를 통과하는 교량기초에 대한 지반조사 방법에 대하여 설명하시오.(25점)	119회

	• 동적콘관입시험(DCPT : Dynamic Cone Penetration Test)의 현장적용성(10점)
	• 지반 내에서의 모관현상과 관련하여 다음 사항에 대하여 설명하시오.
	  a) 지반 내에 있는 물의 모관상승 및 모관수(Capillary Water)
	  b) 모관상승 영역에서의 포화도에 따른 간극수압
	  c) 모관수를 지지하는 힘인 모관 포텐셜(Capillary Potential)에 영향을 주는 인자(25점)
	• 암반의 투수성 평가를 위한 루전시험법(Lugeon Test)을 설명하고, 일반적으로 투수계수보다 루전값을 이용하는 이유를 설명하시오.(25점)
	• 표준관입시험(SPT)으로 측정한 N값은 여러 요인에 의해 영향을 받게 되어 오차가 발생할 수 있으므로 보정이 필요하다. 이러한 N값의 주된 보정항목과 보정방법에 대하여 설명하시오.(25점)
		120회

	• 붕괴포텐셜(CP : Collapse Potential)(10점)
	• 틸트시험(Tilt Test)(10점)
	• 함수특성곡선(Soil-water Characteristic Curve)(10점)
	• 부분수중사면이란 그림과 같이 사면 내외에 수평한 정수위가 형성되어 사면 일부가 물속에 잠겨 있는 경우를 말하는데, 절편법으로 부분수중사면의 안정해석을 할 경우 다음 사항을 설명하시오.
	  1) 유효응력해석법으로 해석할 경우 사면 밖에 있는 물의 영향을 고려하는 방법
	  2) 전응력해석법으로 해석할 경우 입력자료(25점)
		121회

	• 토석류(Debris flow)(10점) • 경사도가 30°인 무한사면이 존재한다. 이 무한사면의 파괴가능면까지의 깊이는 2.0m 이고 $c = 15kN/m^2$, $\phi = 30°$, $\gamma_{sat} = 20kN/m^3$이다. 지하수가 없을 때, 지하수가 표면까지 차오르고 사면에 평행하게 침투가 일어날 때, 수중무한사면일 때의 안전율을 각각 구하시오.(25점)	122회

구분	출제문제	회차
사면/조사	• 불포화사면의 안정해석을 위한 원위치 흡인력(Matric Suction) 측정방법을 설명하시오.(25점) • 깎기 비탈면을 굴착완료한 후 비탈면의 산마루 측구 인접부에 인장균열과 슬라이딩이 발생하였다. 발생원인 및 보강방안을 설명하시오.(25점)	122회
	• 사면 형성이 어려운 지반에서 깎기를 시행할 때 사면안정을 지배하는 요인과 발생될 수 있는 문제점 및 대책에 대하여 설명하시오.(25점) • 아래 그림과 같이 점토지반을 굴착하여 사면을 조성하였다. 지하수위 아래 가상파괴선 상의 P점에 대하여 시간 경과에 따른 전단응력, 간극수압, 전단강도, 안전율의 변화를 착공, 완공, 정상침투상태로 구분하여 설명하시오.(25점) • SPT시험의 N Value를 이용하여 지반설계에 활용하는 방법에 대하여 설명하시오.(25점)	123회
	• 불포화토 사면의 안전성 문제 및 그에 따른 유효응력 경로(10점) • 최근 우리나라는 아열대성 기후로 변화하고 있어 국지성 집중호우가 빈번해짐에 따라 산사태로 인한 시설물과 인명 피해가 발생하고 있다. 다음 사항에 대하여 설명하시오. 1) 설계 시 토석류 특성 값 산정방법 2) 토석류 발생원인 및 보강대책 공법(25점)	124회
	• 건설공사 비탈면 보강을 위한 억지말뚝공법에 대하여 설명하시오.(25점)	125회
	• Downhole Test(10점) • Geotechnical Centrifuge & Similarity Law(10점) • 토사사면과 암반사면의 해석방법 차이점과 암반사면의 파괴형태에 대하여 설명하시오.(25점)	126회
	• 모관포텐셜에 의한 표면장력(10점) • 지중경사계(Inclinometer)(10점) • 콘관입시험에 의한 액상화 간편예측법(10점) • 실내풍화가속실험(10점)	127회
	• 깎기 비탈면의 표준경사 및 소단기준(10점) • 쌓기 비탈면(10점) • 억지말뚝보강 비탈면 설계에 대하여 설명하시오.(25점) • 비탈면의 내진설계 기준 및 절차에 대하여 설명하시오.(25점) • 깎기 비탈면 계측에 대하여 설명하시오.(25점) • 낙석방지울타리의 설계에 대하여 설명하시오.(25점)	128회

구분	출제문제	회차
사면/ 조사	• Seed & Idriss(1987)는 표준관입시험 N값을 사용하여 액상화를 예측하는 간편법을 제안하였다. 아래 지반조건, 표 및 그림을 활용하여 액상화 발생 가능성에 대하여 설명하시오. 〈지반조건〉 1) 지하수가 지표면 GL-2m 깊이 위치 2) 사질토 지반의 평균 간극비(e)는 0.82, 비중(Gs)은 2.65, 통일분류법상 SM 분류 3) 지진규모(M) 7.5에 대한 지표면 수평가속도는 0.16g(중력가속도) 가정(25점)	128회

	• 토석류 대책시설의 종류 및 결정 시 고려사항(10점)
	• 평판재하시험과 관련하여 아래 사항에 대하여 설명하시오.
	  가. 지지력과 침하량 산정방법
	  나. 항복하중 결정방법
	  다. 결과 이용 시 문제점과 유의사항(25점)
	• 깎기비탈면의 설계 시 고려사항과 안정해석방법에 대하여 설명하시오.(25점)
	• 전단강도 감소기법을 이용한 사면안정해석 방법과 검토순서에 대하여 설명하시오. (25점)
	• 모아-쿨롱(Mohr-Coulomb) 파괴이론과 이 원리를 이용한 사면안정 해석방법에 대하여 설명하시오.(25점)
		129회

	• 암반사면의 전도파괴(Toppling Failure) 발생조건 및 분류(10점)
	• BIM(Building Information Modeling) 기반 지반설계 활용(10점)
	• 사면안전율을 증가시키는 공법(10점)
	• 비탈면 안정검토 시 지반의 강도변화 및 파괴 주요 요인에 대하여 설명하시오.(25점)
	• 도심지 도로 상부에 트램을 건설하고자 한다. 다음 사항에 대하여 설명하시오.
	  가) 시추조사 계획과 현장시험 계획
	  나) 트램 궤도기초 지내력 평가방법(트램 궤도 기초폭은 2m로 가정)(25점)
	• 지반신소재(토목섬유)를 이용한 보강비탈면공법(Reinforced Soil Slopes)의 공법개념, 설계 및 시공 시 유의사항에 대하여 설명하시오.(25점)
		130회

9. 진동/암반

구분	출제문제	회차
진동/암반	• 암반의 초기응력(Ko)(10점) • 응답스펙트럼과 표준설계응답스펙트럼(10점) • 암반의 절리면 전단강도(10점)	108회
	• 벽개(Cleavage)(10점) • 지진발생 시 상대밀도에 따른 모래지반의 거동특성에 대하여 설명하시오.(25점)	109회

	• 암석의 원위치강도와 실내시험강도가 상이한 이유(10점)
	• 암석의 강도특성에 영향을 주는 다음 사항에 대하여 설명하시오.
	  1) 구속압에 의한 영향
	  2) 재하속도에 의한 영향
	  3) 공시체 치수에 의한 영향(25점)
		110회

	• 교량 내진 설계 시 기능수행수준(10점) • 유동액상화(10점) • 액상화의 개념과 가능성이 높은 지반 조건 및 대책공법에 대하여 설명하시오.(25점) • 암반의 초기지압 측정종류 및 시험방법에 대하여 설명하시오.(25점)	111회
	• Brazilian Test(10점) • 암석시료에 축차하중을 재하하는 응력-변형률 시험에서 암석의 전단강도에 미치는 영향 요소들을 설명하시오.(25점) • 암석과 암반의 탄성계수를 비교하여 설명하시오.(25점) • 계곡부, 습곡구조가 암반의 초기연직응력에 미치는 영향에 대하여 설명하시오.(25점)	112회
	• 발파 시 Decoupling Effect(10점) • 암석의 화학적 풍화지수(10점) • 국제암반공학회(ISRM)에서 제시한 암반의 불연속면 표시 방법에 대하여 설명하시오.(25점)	113회
	• 지진 시 기초구조물의 해석방법(10점) • 액상화 평가 시 제외조건 및 영향요소(10점) • 느슨하고 포화된 사질토 지반에서 진동이나 지진하중 등에 의해 발생하는 액상화 현상의 판정방법 및 대책에 대하여 설명하시오.(25점)	114회

구분	출제문제	회차
진동/ 암반	• 암석 Creep 현상(10점) • 액상화 상세평가법에서 전단응력비 산정 세부절차에 대하여 설명하시오.(25점) • 지중구조물의 진동특성과 내진설계 방법에 대하여 설명하시오.(25점) • 화강암에서 수압파쇄시험을 2회 실시하여 결과가 아래와 같을 때, 각각의 지점에서 초기응력 및 초기 지중응력 계수를 구하시오.(단, 암석의 단위중량 27kN/m³, 암석의 인장강도 10MPa)(25점)	115회
	• 재료감쇠(Material Damping)(10점) • 설계응답스펙트럼(10점) • 강봉 경계조건을 따라 전파되는 압축파의 파동변화(10점) • 암반역학에서 초기지중응력(10점) • 발파공으로부터 거리에 따른 발파 응력파의 전파형태에 대하여 설명하시오.(25점) • 암반 불연속면 전단강도 모델에서 Patton의 Bilinear모델, Barton의 비선형모델, Mohr-Coulomb모델에 대하여 설명하시오.(25점)	116회
	• 합경도(10점) • 불연속면의 공학적 특성(10점) • Q분류(Rock Mass Quality), RMR(10점) • 암반 불연속면의 전단강도 모델 평가방법에 대하여 설명하시오.(25점) • 건설공사 시 인위적으로 발생되는 지반진동의 진동전파 특성과 방진대책에 대하여 설명하시오.(25점)	117회
	• 지진규모(M)(10점) • 케이블볼트(10점) • 암석에서의 점하중 강도시험(10점) • 점토질 암반에서 건조습윤 반복에 의한 강도저하 현상과 암반 평가방법에 대하여 설명하시오.(25점) • 지하매설관로에 대하여 내진설계 시 고려할 사항을 설명하시오.(25점)	118회
	• 지하구조물의 진동특성 및 지하구조물의 지진 시 변형양상을 설명하고 산악을 관통하는 600m 길이의 NATM 터널을 예를 들어 구간별 내진해석법을 설명하시오.(25점) • 진동기계기초는 기계진동으로 인해 발생할 수 있는 공진의 영향이 최소화하도록 설계한다. 공진상태를 파악하기 위한 기계-기초-지반계의 고유진동수 결정방법에 대하여 설명하시오.(25점)	119회

구분	출제문제	회차
진동/ 암반	• 암석의 동결작용(10점) • 제어발파의 디커플링(Decoupling) 방법(10점) • 기초구조물 설계 시 지반 액상화 평가를 생략할 수 있는 Case(10점) • 소할발파 방법 및 장약량 계산(10점) • 최근 지진 발생으로 인한 피해 사례가 보고되고 있다. 터널 구조물의 지진하중에 대한 피해형태와 안정성(동적해석) 검토에 대하여 설명하시오.(25점)	120회
	• 플래트잭 시험(Flatjack Test)(10점) • 지반응답해석(Ground Response Analysis)(10점) • 활성단층(Active Fault)(10점) • 국제암반공학회(ISRM)에서 제시한 불연속면의 조사항목에 대하여 설명하시오.(25점)	121회
	• 일면 전단시험 시 다일러턴시(Dilatancy) 보정(10점) • 습곡이 형성된 지역에서 댐과 터널 설계 시 지반공학적으로 고려해야할 사항에 대하여 각각 설명하시오.(25점)	122회
	• 액상화 가능 지수(LPI : Liquefaction Potential Index)(10점) • 암석 크리프 거동의 3단계(10점) • 암반의 암시적 모델링(Implicit Modeling)(10점) • 기초 지반의 액상화 평가 방법에 대하여 설명하시오.(25점)	123회
	• 암반 불연속면의 전단강도를 Barton이 제안한 $S = \sigma_n \tan[JRC\log(\frac{JCS}{\sigma_n}) + \Phi_b]$을 이용하여 구할 때, 전단강도 산정방법과 JRC(거칠기 계수)를 프로파일러측정기(Profilometer)를 이용하여 구하는 경우 발생할 수 있는 문제점에 대하여 설명하고, 이를 개선하기 위해 암반 불연속면의 거칠기 데이터를 정량화하여 사용하는 경우 거칠기 계수 산정방법과 그 특징에 대하여 설명하시오.(25점)	124회
	• 암반 변형시험의 종류(10점) • 연성암반(Soft Rock)에서 터널시공 중 발생할 수 있는 압착(Squeezing)에 대한 경험적 평가방법과 대책에 대하여 설명하시오.(25점)	125회
	• 교량기초의 강성을 고려한 내진설계 절차에 대하여 설명하시오.(25점) • Liquefaction의 정의, 평가방법 및 방지대책에 대하여 설명하시오.(25점)	126회
	• 액상화가 예상되는 지반에 교각 말뚝기초, 건물의 직접기초, 지중 박스구조물을 설치하고자 한다. 각 구조물에 대한 예상 문제점 및 대책에 대하여 설명하시오.(25점) • 기존 시설물의 내진보강 공사에 사용되는 저유동성 모르타르 주입공법의 품질관리방안에 대하여 설명하시오.(25점)	127회

구분	출제문제	회차
진동/암반	• 암석의 점하중 강도시험(10점) • 내진설계에서 지반 운동(10점)	128회
	• 평사투영법(10점) • 암반의 Q분류(10점) • 액상화 평가방법 및 대책공법에 대하여 설명하시오.(25점) • 지반진동의 전파 특성과 방진 대책에 대하여 설명하시오.(25점) • 내진설계 시 응답변위 해석방법에 필요한 지반정수의 종류와 실내 및 현장시험법에 대하여 설명하시오.(25점)	129회
	• 암파열 (Rock Bursting)(10점)	130회

10. 터널

구분	출제문제	회차
터널	• 터널굴착에 따른 Terzaghi의 이완압력(10점) • 터널 내공변위–제어법의 지반반응곡선(10점) • 터널설계기준(건설교통부, 2007년) 제8장 배수 및 방수, 8.1.1 항에는 '터널은 지하수의 처리방법에 따라 배수형 방수형식과 비배수형 방수형식으로 구분할 수 있다'라고 규정하고 있다. 다음 사항을 설명하시오. 　1) 상기 항의 기준을 설계기준으로서의 명확성을 제고하기 위한 측면에서 수정이 필요하다면 귀하의 의견을 제시하시오. 　2) 배수형 방수형식과 비배수형 방수형식에 대하여 각각의 특징 및 설계자가 시공자에게 부여하여야 할 내용을 제시하시오. 　3) 국내의 NATM 터널에서 비배수형 방수형식이 성공적으로 적용되지 않는 이유를 지적하고, 비배수형 방수형식을 성공적으로 시공하기 위한 설계와 시공대안을 제시하시오.(25점) • 균질하고 등방인 암반에 원형단면의 터널을 굴착하였을 경우 굴착면 주변에 발생되는 응력에 대하여 탄성 및 탄소성상태로 구분하여 설명하시오.(25점)	108회
	• 쉴드 TBM터널의 Tail Void(10점) • 쉴드(Shield) TBM 설계 시 고려사항에 대하여 설명하시오.(25점) • 싱글쉘(Single Shell)터널공법 설계 시 고려사항에 대하여 설명하시오.(25점)	109회
	• 터널 라이닝 배면의 잔류수압(10점) • 터널굴착에서 연성파괴조건과 취성파괴조건(10점) • NATM터널에서 지반반응곡선 및 지보재 특성곡선을 이용하여 지보재 압력작용의 원리에 대하여 설명하시오.(25점)	110회
	• 터널 2차원 해석 시 하중분담률(10점) • NATM 터널 굴착 시 붕락이 발생하였을 경우 붕락유형 및 원인, 추가적인 붕락 방지를 위한 터널 안정성 확보방안에 대하여 설명하시오.(25점)	111회
	• 터널발파의 손상영역(Damage Zone)(10점) • 이수가압식(Slurry Type) 쉴드 TBM공법과 토압식(EPB Type) 쉴드 TBM공법 선정 시 고려할 사항에 대하여 설명하시오.(25점) • 각력암층이 존재하는 터널에서 적용 가능한 굴착공법과 보강공법에 대하여 설명하시오.(25점) • NATM 터널굴착에서 내공변위–제어법의 3가지 요소에 대하여 설명하시오.(25점) • 암반터널 안정성 평가 방법 중 블록이론에 대하여 설명하시오.(25점)	112회

구분	출제문제	회차
터널	• 지반공학적 측면에서 운영 중인 터널의 라이닝 변상원인 및 변상형태에 대하여 설명하시오.(25점) • 터널굴착 중 터널붕괴 유형에 대하여 설명하시오.(25점)	112회

	• 터널굴착 시 사용되는 보조공법과 관련하여 아래 사항을 설명하시오.
	  1) 보조공법의 적용목적
	  2) 보강목적에 따른 분류
	  3) 보조공법이 필요한 경우 및 적용방법(25점)
	• Shield TBM 공법의 특징, 막장안정방법(이수식과 토압식) 및 지반침하가 발생되는 원인 및 대책에 대하여 설명하시오.(25점)
	• 핵석풍화대를 터널로 통과하기 위해 핵석풍화대의 강도 평가가 필요하다. 아래 항목에 대하여 설명하시오.
	  1) 핵석의 정의
	  2) 핵석의 분포비율 평가 방법
	  3) 핵석의 분포비율에 따른 강도평가 방법(25점)
		113회

	• 도심지 복합지반에서 쉴드 TBM 설계 시 발생되는 문제점, 관리항목 및 대책에 대하여 설명하시오.(25점) • 운영 중인 도로, 지하철 노후터널의 배수공 막힘 원인, 문제점 및 방지대책에 대하여 설명하시오.(25점)	114회
	• 터널라이닝에서 유연성비(Flexibility Ratio)와 압축성비(Compressibility Ratio)(10점)	115회
	• 아칭효과(터널굴착의 막장면 부근에서)(10점) • 토사터널에서 숏크리트 측벽기초의 안정성(10점) • 터널설계에서 NMT방법의 기본 원리와 표준지보패턴 결정방법에 대하여 설명하시오.(25점)	116회
	• 습곡이 터널구조물에 미치는 영향(10점) • 하저구간을 통과하는 터널 라이닝 설계 시 라이닝에 작용하는 수압에 대하여 방배수 개념을 이용하여 설명하시오.(25점) • 핵석 풍화대에 터널 갱구부를 설계하고자 한다. 예상되는 문제점과 합리적인 조사방법 및 강도정수 평가방법에 대하여 설명하시오.(25점)	117회

	• 불연속면의 방향성이 터널굴착에 미치는 영향(10점)
	• 터널해석에 사용되는 수치해석과 관련하여 다음 사항에 대하여 설명하시오.
	  1) 수치해석 기법의 종류와 특징
	  2) 유한요소법에서 토사지반 및 암반의 구성모델(25점)
		118회

구분	출제문제	회차
터널	• 터널의 안정성을 위해서는 적정 토피의 확보가 중요함에도 불구하고 도심지 지하철에서는 토피가 점점 작아지는 경향이 있다. 이처럼 도심지 지하철의 천층화가 지속될 것으로 예상되는 이유와 지반특성에 따른 천층터널의 공사 중 고려할 사항에 대하여 설명하시오.(25점)	118회
	• 터널 설계 시 2차원 모델링 기법을 사용하는 이유와 장단점에 대하여 설명하시오.(25점)	119회
	• 미고결 점토광물이 존재하는 구간에서 터널 공사 후 공용 중인 터널 내 일부구간에서 도로포장의 변형이 발생하였다면, 이에 대한 변형 발생 원인과 지반조사 방법, 대책방안에 대하여 설명하시오.(25점)	120회
	• NATM(New Austrian Tunnelling Method)과 NMT(Norwegian Method of Tunnelling)의 기본 원리에 대하여 설명하시오.(25점) • 산악 장대터널 지반조사 시 조사절차와 주요 착안사항에 대하여 설명하시오.(25점)	121회
	• 터널 각부보강방법(10점) • 쉴드터널 세그먼트 두께 결정인자(10점) • 터널 붕괴의 원인과 대책을 지반공학적 메커니즘으로 설명하시오.(25점) • 테일러스 지층의 대단면 비탈면에 터널 갱구부를 조성하려고 한다. 이때 예상되는 문제점 및 비탈면 보강대책에 대하여 설명하시오.(25점) • Shield TBM 공법의 특징과 막장안정방법, 지반침하 원인 및 대책에 대하여 설명하시오.(25점)	122회
	• NATM터널 라이닝 설계 시 작용하는 하중의 종류, 계산 및 적용방법에 대하여 설명하시오.(25점) • 아래 그림은 하천하부를 횡단한 쉴드터널의 단면을 보여주고 있다. 지하수위는 지표에 위치하고 있으며 DCM그라우팅으로 지반이 보강된 상태(15m×30m)에서 상·하행선 쉴드 터널을 관통하였고 이후 상행선에서 하행선 방향으로 피난연락갱을 설치하던 중 붕락사고가 발생하였다. 붕락의 원인 및 보강 방안을 설명하시오.(단, DCM그라우팅의 현장시공압축강도는 1.5MPa 이하로 확인됨)(25점)	123회
	• 쉴드TBM 굴진 시 붕락 발생 메커니즘(Mechanism)(10점) • 도심지 NATM 터널공사 중 지반침하(막장침하 포함)의 원인 및 방지대책에 대하여 설명하시오.(25점) • 폐탄광지역을 통과하는 장대터널을 계획하고 있다. 터널구조물 설계 시 검토하여야 할 주요 사항에 대하여 설명하시오.(25점)	124회

구분	출제문제	회차
터널	• 다음의 RMR(Rock Mass Rating), Q시스템 도표는 터널지보 설계에 일반적으로 이용되고 있는 Bieniawski(1976), Barton(1993)이 제시한 도표이다. 다음을 설명하시오. 1) RMR, Q시스템에 대한 비교 분석 및 개선방안(현장 실무적용 시) 2) ESR(Excavation Support Ratio) 정의 3) RMR = 50, Q = 5.0일 때 도표를 이용하여 철도터널(폭 = 10m, H = 9m)에 요구되는 터널의 지보량을 결정하시오.(25점)	124회
	• 터널에서 콘크리트 라이닝의 기능(10점) • TBM 굴진율에 관한 경험적 예측모델(10점) • 터널 굴착 중 발생하는 지반침하의 특징과 인접구조물에 미치는 영향에 대하여 설명하시오.(25점)	125회
	• 과지압 암반에서 터널의 파괴유형(10점) • 터널구조물의 내진해석방법(10점) • 터널공사시 막장면 자립공(10점) • 터널굴착 시 종단방향과 횡단방향에 대한 보조공법에 대하여 설명하시오.(25점) • 쉴드터널의 세그먼트 라이닝 구조해석 시 고려되는 하중에 대하여 설명하시오.(25점) • 터널의 붕괴유형을 지보재 설치 전, 후로 구분하여 설명하시오.(25점)	126회
	• 테일보이드(Tail Void) 뒤채움 주입 방식(10점) • 터널 안정해석 시 굴착과정을 모사하기 위해서는 3차원 해석이 필요하지만 실무에서는 2차원 해석을 실시하기도 한다. 터널 안정해석의 2차원 모델링 기법의 개념과 2차원 해석을 위한 응력분배법 및 강성변화법에 대하여 설명하시오.(25점) • 전면접착형 록볼트(Rock bolt)를 소성영역에 설치하는 경우와 탄성영역까지 확대 설치하는 경우, 축력분포의 차이 및 지반의 강도 증가 효과와 지반반응곡선의 변화에 대하여 설명하시오.(25점)	127회
	• 쉴드 TBM 챔버압 관리(10점) • 터널 설계에서 지반의 측압계수(10점) • 도심지 대심도 대단면 NATM 터널의 설계 시 고려사항에 대하여 설명하시오.(25점) • 도심지 터널의 경우 『지하안전관리에 관한 특별법』에 근거하여 의무적으로 터널 지하안전영향평가를 수행하여야 한다. 도심지 대심도 터널의 설계 및 사업승인 시 필요한 지하안전영향평가 방법에 대하여 설명하시오.(25점) • 도심지 대심도 터널 굴착에서 소음 및 진동 방지를 위한 조사, 설계 및 시공단계별 대책에 대하여 설명하시오.(25점)	128회

구분	출제문제	회차
터널	• 록볼트의 인발시험(10점) • 병렬터널의 필라(Pillar)부 보강 방법과 안정성 평가 방법에 대하여 설명하시오.(25점) • 천층 터널 설계 시 지반조건에 따른 고려사항과 지표침하에 대하여 설명하시오.(25점)	129회
	• 터널굴착 시 Convex Arch 및 Inverted Arch(10점) • Semi Shield공법과 Shield TBM(Tunnel Boring Machine) 공법(10점) • NATM터널 공사 중 계측결과에 따른 지보패턴의 변경 방법을 다음 사항에 대하여 설명하시오. 　가) 지보변위량이 예상변위량보다 큰 경우 　나) 지보변위량이 예상변위량보다 작은 경우(25점) • 터널설계에서 터널 천단부에 강관보강그라우팅 공법을 적용하고자 한다. 다음 사항에 대하여 설명하시오. 　가) 강관보강그라우팅의 역할 　나) 수치해석 시 강관보강그라우팅의 해석 물성치 산정 방법(25점) • 지하 60m 깊이의 암반에서 터널 폭이 약 28m인 대단면 NATM 터널 정거장설계 시 고려사항에 대하여 설명하시오.(25점) • 아래 그림과 같이 기존 지하철 BOX 구조물 하부에 약 5m 이격하여 복선의 NATM터널을 설계하고자 한다. 다음 사항에 대하여 설명하시오. 　가) 터널 주변 지반이 풍화토 지반 조건과 암반 조건일 때 측압계수(Ko) 　나) 기존 지하철 BOX 구조물 안정성 평가(25점)	130회

❸ 토질및기초기술사 필기 수험기간 동향분석(2016~2022년)

[출처 : Q-net]

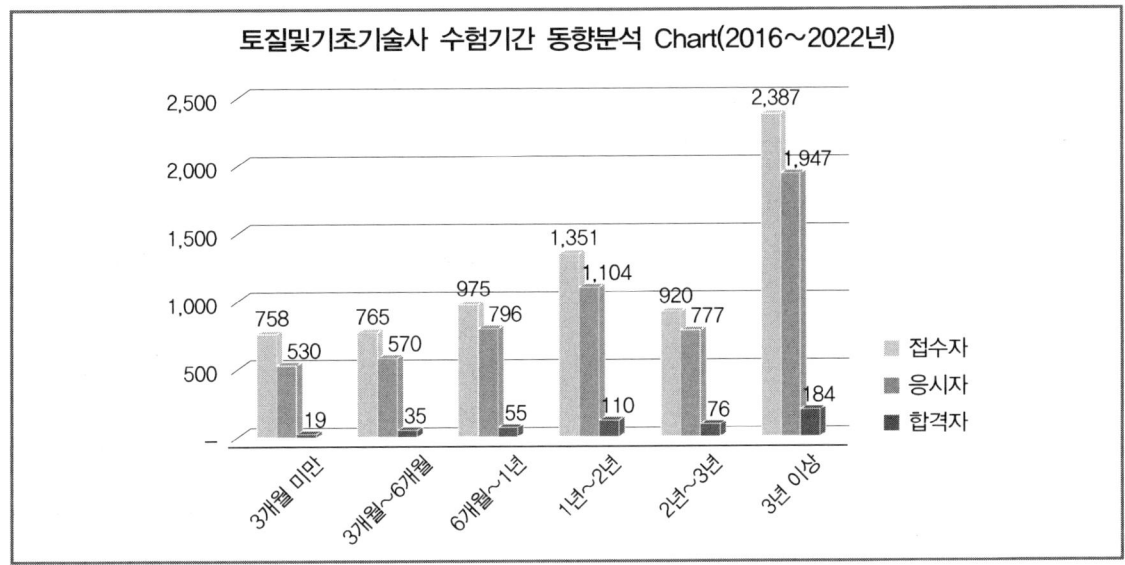

○ 필기 수험기간 총괄 동향분석(2016~2022년)

분류	접수자(명)	응시자(명)	응시율(%)	합격자(명)	합격률(%)
3개월 미만	758	530	70%	19	4%
3개월~6개월	765	570	75%	35	6%
6개월~1년	975	796	82%	55	7%
1년~2년	1,351	1,104	82%	110	10%
2년~3년	920	777	84%	76	10%
3년 이상	2,387	1,947	82%	184	9%

○ 필기 수험기간 세부 동향분석(2016~2022년)

[2016년]

분류	접수자(명)	응시자(명)	응시율(%)	합격자(명)	합격률(%)
3개월 미만	107	74	69.2	3	4.1
3개월~6개월	91	69	75.8	5	7.2
6개월~1년	107	87	81.3	8	9.2
1년~2년	154	113	73.4	7	6.2
2년~3년	134	110	82.1	8	7.3
3년 이상	356	290	81.5	33	11.4

[2017년]

분류	접수자(명)	응시자(명)	응시율(%)	합격자(명)	합격률(%)
3개월 미만	101	64	63.4	2	3.1
3개월~6개월	83	64	77.1	5	7.8
6개월~1년	102	81	79.4	9	11.1
1년~2년	178	149	83.7	19	12.8
2년~3년	135	110	81.5	18	16.4
3년 이상	389	324	83.3	49	15.1

[2018년]

분류	접수자(명)	응시자(명)	응시율(%)	합격자(명)	합격률(%)
3개월 미만	101	71	70.3	2	2.8
3개월~6개월	100	77	77	4	5.2
6개월~1년	145	115	79.3	6	5.2
1년~2년	209	170	81.3	13	7.6
2년~3년	120	103	85.8	13	12.6
3년 이상	396	325	82.1	17	5.2

[2019년]

분류	접수자(명)	응시자(명)	응시율(%)	합격자(명)	합격률(%)
3개월 미만	69	51	73.9	4	7.8
3개월~6개월	67	52	77.6	1	1.9
6개월~1년	91	77	84.6	5	6.5
1년~2년	154	131	85.1	18	13.7
2년~3년	67	58	86.6	10	17.2
3년 이상	257	217	84.4	26	12

[2020년]

분류	접수자(명)	응시자(명)	응시율(%)	합격자(명)	합격률(%)
3개월 미만	115	82	71.3	3	3.7
3개월~6개월	125	86	68.8	8	9.3
6개월~1년	163	138	84.7	8	5.8
1년~2년	202	167	82.7	31	18.6
2년~3년	122	97	79.5	11	11.3
3년 이상	301	232	77.1	29	12.5

[2021년]

분류	접수자(명)	응시자(명)	응시율(%)	합격자(명)	합격률(%)
3개월 미만	146	100	68.5	2	2
3개월~6개월	157	114	72.6	6	5.3
6개월~1년	189	154	81.5	10	6.5
1년~2년	230	189	82.2	12	6.3
2년~3년	163	145	89	7	4.8
3년 이상	346	277	80.1	14	5.1

[2022년]

분류	접수자(명)	응시자(명)	응시율(%)	합격자(명)	합격률(%)
3개월 미만	119	88	73.9	3	3.4
3개월~6개월	142	108	76.1	6	5.6
6개월~1년	178	144	80.9	9	6.3
1년~2년	224	185	82.6	10	5.4
2년~3년	179	154	86	9	5.8
3년 이상	342	282	82.5	16	5.7

4 토질및기초기술사 필기 응시연령 동향분석(2016~2022년)

[출처 : Q-net]

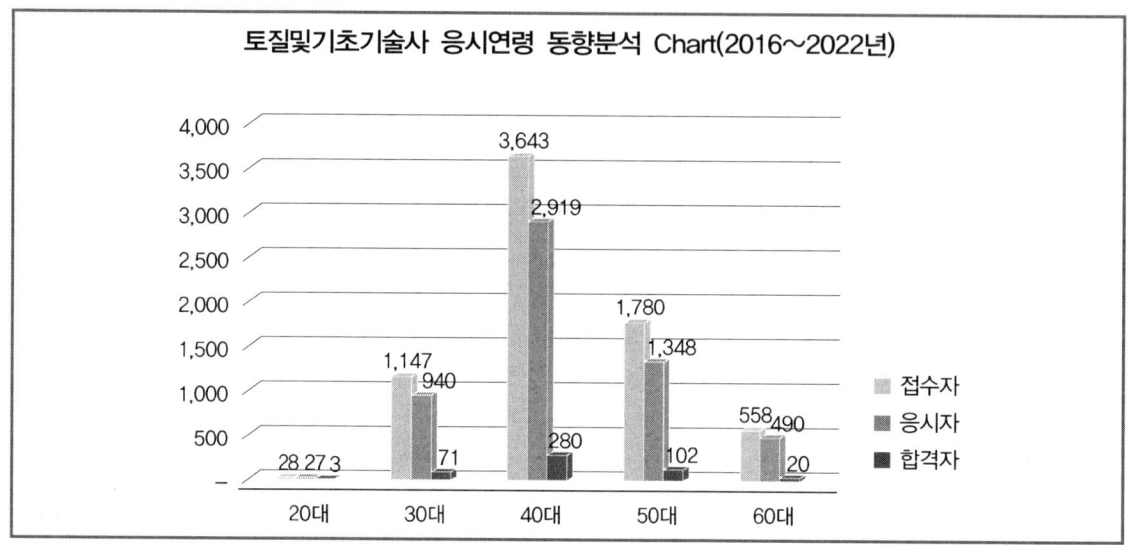

○ 응시연령 총괄 동향분석(2016~2022년)

분류	접수자(명)	응시자(명)	응시율(%)	합격자(명)	합격률(%)
20대	28	27	96%	3	11%
30대	1,147	940	82%	71	8%
40대	3,643	2,919	80%	280	10%
50대	1,780	1,348	76%	105	8%
60대	558	490	88%	20	4%

○ 응시연령 세부 동향분석(2016~2022년)

[2016년]

분류	접수자(명)	응시자(명)	응시율(%)	합격자(명)	합격률(%)
20대	2	2	100	0	0
30대	243	195	80.2	13	6.7
40대	496	378	76.2	41	10.8
50대	156	119	76.3	10	8.4
60대	52	49	94.2	0	0

[2017년]

분류	접수자(명)	응시자(명)	응시율(%)	합격자(명)	합격률(%)
20대	1	1	100	0	0
30대	178	146	82	16	11
40대	530	426	80.4	56	13.1
50대	222	168	75.7	23	13.7
60대	57	51	89.5	7	13.7

[2018년]

분류	접수자(명)	응시자(명)	응시율(%)	합격자(명)	합격률(%)
20대	0	0	0	0	0
30대	176	149	84.7	11	7.4
40대	575	459	79.8	32	7
50대	237	179	75.5	9	5
60대	83	74	89.2	3	4.1

[2019년]

분류	접수자(명)	응시자(명)	응시율(%)	합격자(명)	합격률(%)
20대	0	0	0	0	0
30대	104	92	88.5	10	10.9
40대	370	307	83	39	12.7
50대	168	134	79.8	8	6
60대	63	53	84.1	7	13.2

[2020년]

분류	접수자(명)	응시자(명)	응시율(%)	합격자(명)	합격률(%)
20대	5	4	80	0	0
30대	158	124	78.5	9	7.3
40대	493	385	78.1	49	12.7
50대	285	215	75.4	31	14.4
60대	87	74	85.1	1	1.4

[2021년]

분류	접수자(명)	응시자(명)	응시율(%)	합격자(명)	합격률(%)
20대	15	15	100	0	0
30대	150	117	78	7	6
40대	615	503	81.8	33	6.6
50대	345	257	74.5	10	3.9
60대	106	87	82.1	1	1.1

[2022년]

분류	접수자(명)	응시자(명)	응시율(%)	합격자(명)	합격률(%)
20대	5	5	100	3	60
30대	138	117	84.8	5	4.3
40대	564	461	81.7	30	6.5
50대	367	276	75.2	14	5.1
60대	110	102	92.7	1	1

저자소개 AUTHOR INTRODUCTION

최정식(崔淨植)

• 전문영역
- 흙막이가시설, 옹벽, 사면 구조해석보고서
- 안전관리계획서, 안전성검토
- 동바리, 거푸집 등 각종 가시설 구조해석보고서 등

• 학력
- 서울과학기술대 토목공학과 졸업(공학사 / 2006.02.)
- 서울과학기술대 대학원 토목공학과 졸업(공학석사 / 2008.02.)

• 주요경력
- 엔지니어링 근무(도시지하철 실시설계 등 / 2008~2009)
- 도시공사 근무(산업단지 감독업무 등 / 2009~2013)
- 시청 근무(도시계획위원회 운영 등 / 2013~2017)
- 도청 근무(지하안전 업무 등 / 2017~現在)

• 취득자격증
- 토질및기초기술사(2019.05.)
- 지질및지반기술사(2020.11.)
- 토목시공기술사(2015.08.)

• 논문
- 자중효과를 고려한 말뚝의 좌굴하중(대한토목학회 / 2023)
- 친환경 폐PET Fiber를 이용한 섬유보강콘크리트의 특성 (대한환경공학회 / 2008)
- 일체식 연속다가구 RC교량의 역학적 거동 특성 분석 (한국콘크리트학회 / 2007)

토질및기초기술사
수험 요령 및 핵심문제 풀이

발행일 | 2021. 11. 30. 초판발행
2023. 9. 25. 개정 1판1쇄

저 자 | 최정식
발행인 | 정용수
발행처 | 예문사

주 소 | 경기도 파주시 직지길 460(출판도시) 도서출판 예문사
T E L | 031) 955-0550
F A X | 031) 955-0660
등록번호 | 11-76호

- 이 책의 어느 부분도 저작권자나 발행인의 승인 없이 무단 복제하여 이용할 수 없습니다.
- 파본 및 낙장은 구입하신 서점에서 교환하여 드립니다.
- 예문사 홈페이지 http://www.yeamoonsa.com

정가 : 38,000원
ISBN 978-89-274-5099-3 13530

| 최신판 |

토질및기초 기술사

수험 요령 및 핵심문제 풀이

기술사 답안지 양식

최정식 저

예문사

※ 10권 이상은 분철(최대 10권 이내)

제   회
국가기술자격검정 기술사 필기시험 답안지(제 교시)

| 제1교시 | 종목명 | |

답안지 작성 시 유의사항

1. 답안지는 연습지를 제외하고 **총7매(14면)**이며, 교부받는 즉시 매수, 페이지 순서 등 정상여부를 반드시 확인하고 1매라도 분리되거나 훼손하여서는 안 됩니다.
2. 시험문제지가 본인의 응시종목과 일치하는지 확인하고, 시행 회, 종목명, 수험번호, 성명을 정확하게 기재하여야 합니다.
3. 수험자 인적사항 및 답안작성(계산식 포함)은 검정색 필기구만을 계속 사용하여야 합니다. (그 외 연필류·유색필기구 등으로 작성한 답항은 0점 처리됩니다.)
4. 답안정정 시에는 두 줄(=)을 긋고 다시 기재 가능하며, 수정테이프(액)등을 사용했을 경우 채점상의 불이익을 받을 수 있으므로 사용하지 마시기 바랍니다.
5. 연습지에 기재한 내용은 채점하지 않으며, 답안지(연습지 포함)에 답안과 관련 없는 **특수한 표시**를 하거나 특정인임을 암시하는 경우 답안지 전체가 0점 처리 됩니다.
6. 답안작성 시 자(직선자, 곡선자, 템플릿 등)를 사용할 수 있습니다.
7. 문제의 순서에 관계없이 답안을 작성하여도 되나 주어진 문제번호와 문제를 기재한 후 답안을 작성하고 전문용어는 원어로 기재하여도 무방합니다.
8. 요구한 문제수 보다 많은 문제를 답하는 경우 기재 순으로 요구한 문제수 까지 채점하고 나머지 문제는 채점대상에서 제외됩니다.
9. 답안작성 시 답안지 양면의 페이지 순으로 작성하시기 바랍니다.
10. 기 작성한 문항 전체를 삭제하고자 할 경우 반드시 해당 문항의 답안 전체에 대하여 명확하게 **X표시**(X표시 한 답안은 채점대상에서 제외) 하시기 바랍니다.
11. 시험시간이 종료되면 즉시 답안작성을 멈춰야 하며, 종료시간 이후 계속 답안을 작성하거나 감독위원의 **답안제출 지시에 불응**할 때에는 채점대상에서 제외됩니다.
12. 각 문제의 답안작성이 끝나면 **"끝"**이라고 쓰고 다음 문제는 두 줄을 띄워 기재하여야 하며 최종 답안작성이 끝나면 그 다음 줄에 **"이하빈칸"**이라고 써야 합니다.

※ 부정행위처리규정은 뒷면 참조

HRDK 한국산업인력공단

부 정 행 위 처 리 규 정

 국가기술자격법 제10조 제6항, 같은 법 시행규칙 제15조에 따라 국가기술자격검정에서 부정행위를 한 응시자에 대하여는 당해 검정을 정지 또는 무효로 하고 3년간 이법에 따른 검정에 응시할 수 있는 자격이 정지됩니다.

1. 시험 중 다른 수험자와 시험과 관련된 대화를 하는 행위
2. 답안지를 교환하는 행위
3. 시험 중에 다른 수험자의 답안지 또는 문제지를 엿보고 자신의 답안지를 작성하는 행위
4. 다른 수험자를 위하여 답안을 알려주거나 엿보게 하는 행위
5. 시험 중 시험문제 내용과 관련된 물건을 휴대하여 사용하거나 이를 주고 받는 행위
6. 시험장 내외의 자로부터 도움을 받고 답안지를 작성하는 행위
7. 미리 시험문제를 알고 시험을 치른 행위
8. 다른 수험자와 성명 또는 수험번호를 바꾸어 제출하는 행위
9. 대리시험을 치르거나 치르게 하는 행위
10. 수험자가 시험시간에 통신기기 및 전자기기[휴대용 전화기, 휴대용 개인정보 단말기(PDA), 휴대용 멀티미디어 재생장치(PMP), 휴대용 컴퓨터, 휴대용 카세트, 디지털 카메라, 음성파일 변환기(MP3), 휴대용 게임기, 전자사전, 카메라 펜, 시각표시 외의 기능이 부착된 시계]를 사용하여 답안지를 작성하거나 다른 수험자를 위하여 답안을 송신하는 행위
11. 그 밖에 부정 또는 불공정한 방법으로 시험을 치르는 행위

[연 습 지]

※ 연습지에 기재한 사항은 채점하지 않으나 분리 훼손하면 안됩니다.

HRDK 한국산업인력공단

[연 습 지]

※ 연습지에 기재한 사항은 채점하지 않으나 분리 훼손하면 안됩니다.

번호		

번호

번호

번호

번호		

번호

번호	

번호			

HRDK 한국산업인력공단

번호		

번호

번호		

번호

번호	

번호		

번호

번호

번호	

번호	

번호

번호	

번호		

번호

번호

번호

번호	

번호		

번호